高职高专"十三五"规划教材
高等职业教育土建类专业"互联网＋"数字化创新教材

建筑工程概论

张　强　主编

田金丰　王二辉　副主编

中国建筑工业出版社

图书在版编目（CIP）数据

建筑工程概论/张强主编.—北京：中国建筑工业出版社，2019.8（2023.12重印）

高职高专"十三五"规划教材 高等职业教育土建类专业"互联网＋"数字化创新教材

ISBN 978-7-112-24082-1

Ⅰ.①建… Ⅱ.①张… Ⅲ.①建筑工程－高等职业教育－教材 Ⅳ.①TU

中国版本图书馆CIP数据核字（2019）第165076号

本教材为高职高专"十三五"规划教材，高等职业教育土建类专业"互联网＋"数字化创新教材，共有9个教学单元，内容包括：建筑概述，建筑构造，建筑材料，建筑施工组织，建筑工程施工，装配式建筑，建筑项目管理，建筑工程造价，BIM技术应用。

本教材可用于高等职业教育土建类专业，也可作为岗位培训教材或供土建工程技术人员参考使用。

为便于本课程教学，作者自制免费课件资源，可加本教材交流QQ群751637330下载。

《建筑工程概论》
交流 QQ 群

责任编辑：刘平平　李　阳
责任校对：姜小莲

高职高专"十三五"规划教材
高等职业教育土建类专业"互联网＋"数字化创新教材
建筑工程概论
张　强　主编
田金丰　王二辉　副主编

*

中国建筑工业出版社出版、发行（北京海淀三里河路9号）
各地新华书店、建筑书店经销
北京建筑工业印刷厂制版
北京云浩印刷有限责任公司印刷

*

开本：787×1092毫米　1/16　印张：13½　字数：332千字
2019年8月第一版　2023年12月第三次印刷
定价：**35.00**元（赠课件）
ISBN 978-7-112-24082-1
（34569）

前　言

　　本教材内容紧跟专业发展方向，满足培养"高素质技术技能人才"的需求，适用于建筑工程技术、建筑工程管理、工程监理、工程造价等相关专业的教学用书，也可供从事工程监理、项目管理人员及相关岗位和培训人员学习参考。

　　全书突出框架设计力求创新。在教材各章前提出知识目标和能力目标，配有思维导图，便于学生系统地学习建筑工程的知识体系。每个章节配有思考及练习题，还有相应答案解析，便于教师教学和学生练习，有助于快速掌握教材中的知识结构系统。

　　教材内容广泛全面。本教材在知识体系上不仅涵盖了建筑工程领域涉及的建筑基本知识、设计、施工、管理、监理、法规、造价等方面内容，还紧跟当前工程生产实际，加入了装配式建筑、BIM 技术应用等相关知识。

　　本教材还是一本"互联网＋"数字化创新教材，引入"云学习"在线教育创新理念，增加了与课程知识点相关的云课，将传统教育模式对接到网络，学生通过手机扫描文中的二维码，可以自主反复学习，帮助理解知识点、学习更有效。感谢广联达科技股份有限公司提供了相关技术支持。

　　本教材是经过多所院校的专业教师多次讨论，总结了高等职业技术教育的经验，结合当前教学要求而编写的。由贵州建设职业技术学院张强担任主编，大连职业技术学院田金丰、贵州建设职业技术学院王二辉担任副主编。其中由黑龙江工业学院韩学贵、贵州建设职业技术学院蒋晓瑜负责教学单元 1 的编写，贵州建设职业技术学院张强、高吉军负责教学单元 2、教学单元 3 的编写，湖南工学院刘赛负责教学单元 4 的编写，大连职业技术学院田金丰负责教学单元 5 的编写，贵州建设职业技术学院杨意志、赵文玉负责教学单元 6、教学单元 8 的编写，贵州建设职业技术学院王二辉、范入丹负责教学单元 7 的编写，贵州建设职业技术学院王二辉、任萍萍负责教学单元 9 的编写。

　　由于编者水平有限，书中疏漏、错误难免，恳请使用本教材的师生和读者批评、指正。

目　录

Chapter 01

教学单元1

建筑概述

知识目标

了解建筑物的类型，了解建筑的基本构成要素，了解建筑分类、分级、设计的内容、程序和依据，掌握建筑模数协调统一标准。

能力目标

通过了解建筑物的构成要素，建筑的分类分级和设计的相关知识，结合实际建施图的识读，最终达到对建筑有基本上认识的效果。

思维导图

建筑的概念
建筑物的分类 → 建筑及建筑物的分类

建筑分级
建筑设计的内容和程序
建筑设计的依据
→ 建筑设计概述

建筑概述

建筑的基本要素 → 建筑基本构成要素

建筑模数协调统一
建筑模数协调统一标准
建筑模数协调应用的一般规定

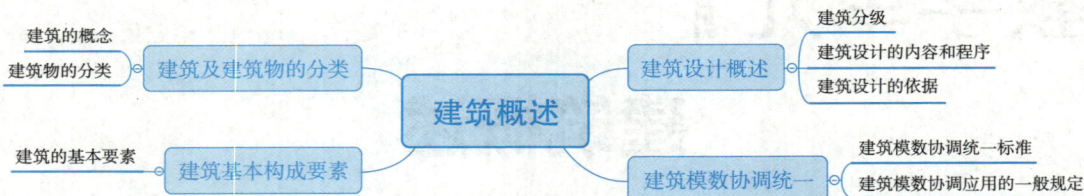

1.1 建筑及建筑物的分类

1.1.1 建筑的概念

"建筑"含义很广，既表示建造房屋和从事其他土木工程的活动，又表示这种活动的成果——建筑物。当然，一般来讲建筑是建筑物和构筑物的统称。建筑物是指供人们在其生产、生活或其他活动的房屋或场所，如厂房、住宅、学校、医院等；构筑物则是指人们不在其中生产、生活的建筑，如烟囱、堤坝、水塔、电塔等。建筑最初是人类为了满足遮风挡雨和防备野兽侵袭的需要而产生的，最初产生的建筑的材料天然、形式单一，主要就是一些树枝棚和石屋等原始建筑。后来随着社会生产力的不断发展，人们对建筑物的要求也日益多样和复杂，根据选材选型、地域、风俗、审美等要求的不同，出现了各种各样的建筑。

1.1.2 建筑物的分类

1. 按照建筑物的使用功能分类

按照建筑物的使用功能通常将建筑分为生产性建筑（工业建筑、农业建筑）和非生产性建筑（民用建筑）。

（1）民用建筑根据建筑的使用功能，又分为居住建筑、公共建筑和综合性建筑三大类。居住建筑是指满足家庭和集体生活起居用的建筑，如住宅、公寓、集体宿舍。公共建筑是指满足人们进行政治、经济、文化科学技术交流活动等所需要的建筑物，如托幼建筑、科研建筑、医疗建筑、商业建筑、行政办公建筑、园林建筑、纪念性建筑等。综合性建筑是指集合居住建筑和综合性建筑功能为一体的建筑，如酒店等。

公共建筑按照使用功能分类具体又可以分为下列的建筑类型：

1）生活服务性建筑：菜场、食堂、浴室、服务站等。

2）行政办公建筑：机关、企事业单位的办公楼。

3）文教建筑：学校、图书馆、文化宫等。

4）托教建筑：托儿所、幼儿园等。

5）科研建筑：研究所、科学实验楼等。

6）医疗建筑：医院、门诊部、疗养院等。

7）商业建筑：商店、商场、购物中心等。

8）观览建筑：电影院、剧院、购物中心等。

9）体育建筑：体育馆、体育场、健身房、游泳池等。

10）旅馆建筑：旅馆、宾馆、招待所等。

11）交通建筑：航空港、水路客运站、火车站、汽车站、地铁站等。

12）通信广播建筑：电信楼、广播电视台、邮电局等。

13）园林建筑：公园、动物园、植物园、亭台楼榭等。

14）纪念性的建筑：纪念堂、纪念碑、陵园等。

15）其他建筑类：监狱、派出所、消防站等。

（2）工业建筑：供人们进行工业生产活动的建筑。如铸造车间、机械加工车间、机修车间、车库、仓库等。

（3）农业建筑：供人们进行农牧业的种植、养殖、储存等用途的建筑，如温室、粮仓等。

2. 按照民用建筑的层数分类

包括低层建筑、多层建筑、中高层建筑、高层建筑、超高层建筑。

（1）低层建筑：指 1～3 层建筑。

（2）多层建筑：指 4～6 层建筑。

（3）中高层建筑：指 7～9 层建筑。

（4）高层建筑：指 10 层以上住宅。公共建筑及综合性建筑总高度超过 24m 为高层。

（5）超高层建筑：建筑物高度超过 100m 时，不论住宅或者公共建筑均为超高层。

3. 按照民用建筑的规模大小分类

包括大量性建筑、大型性建筑。

（1）大量性建筑：指建筑规模不大，但修建数量多的；与人们生活密切相关的；分布面广的建筑。如住宅、中小学校、医院、中小型影剧院、中小型工厂等。

1.1 按材料分类

（2）大型性建筑：指规模大，耗资多的建筑。如大型体育馆、大型影剧院、航空港、火车站、博物馆、大型工厂等。

4. 按照主要承重结构材料分类

包括木结构建筑、砖混结构建筑、钢筋混凝土结构建筑、钢结构建筑、其他结构建筑。

1.2 按结构体系分类

（1）木结构：由木墙、木楼板或木屋架建造的房屋。这种建筑结构耐火性差，耗费木材多，不太环保，已经很少使用，主要用于古建筑的复原和维修。

（2）砖混结构：用砖墙、钢筋混凝土楼面板和屋面板建造的房屋。这种建筑结构的抗震性能太差，现在也用得较少了，主要用于 6 层及 6 层以下的中小型民用建筑和小型工

业厂房。

（3）钢筋混凝结构：建筑物的主要承重构件均由钢筋混凝土制作，这种建筑的结构的整体性较好，抗震性能较强，目前建筑中用的最多的结构形式就是这种，常见的形式有框架结构、框架剪力墙结构、剪力墙结构、框架核心筒结构、筒体结构等，主要用于公共建筑和高层建筑。

（4）钢结构：建筑物的主要承重构件均由钢材制作而成，这种建筑的结构性能好，自重轻，施工效率高，但成本造价高，目前建筑中用的也并不是特别多，主要用于超高层和大跨度的建筑中。

（5）其他结构：比如悬索结构、壳体结构、充气膜结构等。这类建筑的造型美观，但成本造价高，施工难度高，一般用于大跨度建筑或重要的标志性建筑。

1.2 建筑基本构成要素

1.3
房屋概述

1.4
单层工厂
结构类型

构成建筑的基本要素包括：建筑功能、建筑技术和建筑形象，统称为建筑的三要素。

1. 建筑功能

建筑功能是指建筑物在物质和精神方面必须满足的使用要求，它体现着建筑物的目的性。不同类别的建筑具有不同的使用要求。例如交通建筑要求人流线路流畅，观演建筑要求有良好的视听环境，工业建筑必须符合生产工艺流程的要求等；同时，建筑必须满足人体尺度和人体活动所需的空间尺度；以及人的生理要求，如良好的朝向、保温隔热、隔声、防潮、防水、采光、通风条件等。

2. 建筑技术

建筑技术是建造房屋的手段，包括建筑材料与制品技术、结构技术、施工技术、设备技术等，建筑不可能脱离技术而存在。其中材料是物质基础，结构是构成建筑空间的骨架，施工技术是实现建筑生产的过程和方法，设备是改善建筑环境的技术条件。随着生产和科学技术的不断发展，这种新材料、新技术、新设备的发展和新施工工艺水平的提高，新的建筑形式不断涌现，更加能满足人们对建筑使用功能的需求。

3. 建筑形象

构成建筑形象的因素有建筑的体型、内外部空间的组合、立面构图、细部与重点装饰处理、材料的质感与色彩、光影变化等。建筑形象处理得当能产生良好的艺术效果，给人以感染力，如庄严雄伟、朴素大方、生动活泼等不同的感觉。当然，建筑形象还因社会、民族、地域的不同而不同。

建筑的三要素是辩证的统一体，是不可分割的，但又有主次之分的。第一是建筑功能，起主导作用；第二是建筑技术，是达到目的的手段，技术对功能又有约束和促进作用；第三是建筑形象，是功能和技术的反映，但如果充分发挥设计者的主观作用，在一定的功能和技术条件下，可以把建筑设计的更加美观。总之，在一个优秀的建筑作品中，这三者应该是和谐统一的。

1.3 建筑设计概述

1.5
跟着设计
去旅行

1.3.1 建筑分级

由于建筑自身对质量的标准要求不同，通常按建筑物的设计使用年限和耐火程度进行分级。

1. 按照建筑的设计使用年限分级

建筑物的设计使用年限主要是根据建筑物的重要性和规模大小来划分，作为基本建设投资和建筑设计和材料的重要依据，见表1-1。

设计使用年限分类　　　　　　　　　　　　　　　　表1-1

类别	设计使用年限（年）	示例
1	5	临时性建筑
2	25	易于替换结构构件的建筑
3	50	普通建筑和构筑物
4	100	纪念性建筑和特别重要的建筑

2. 按照建筑物耐火等级分类

建筑物的耐火等级是衡量建筑物耐火程度的指标，由建筑物构件燃烧性能和耐火极限两个方面的最低值来决定的，共分为四个等级，一级的耐火性能最好，四级最差。性能重要的或者规模宏大的或者具有代表性的建筑，通常按一、二级耐火等级进行设计；大量性的或一般性的建筑按二、三级耐火等级设计；次要的或者临时建筑按四级耐火等级设计。

（1）燃烧性能：按照建筑构件在空气中遇火时的不同反应把构件的燃烧性能分成非燃烧体、燃烧体、难燃烧体。

1）非燃烧体：用金属、砖、石、混凝土等不燃性材料制成的构件，称为非燃烧体，这种构件在空气中遇明火或高温作用下不起火、不微燃、不碳化。如砖墙、钢屋架、钢筋混凝土梁等构件都属于不燃烧体，常被用作承重构件。

2）难燃烧体：用难燃烧材料做成的构件或用燃烧材料做成而用非燃烧材料做保护层的构件。难燃烧材料系指在空气中受到火烧或高温作用时难起火、难微燃、难碳化，当火源移走后燃烧或微燃立即停止的材料。如沥青混凝土、经过防火处理的木材、用有机物填充的混凝土和水泥刨花板等。

3）燃烧体：用燃烧材料做成的构件。燃烧材料系指在空气中受到火烧或高温作用时立即起火或燃烧，且火源移走后仍继续燃烧或微燃的材料。如木材、纤维板、胶合板等。

（2）耐火极限：是指任一建筑构件在规定的耐火试验条件下，从受到火的作用时起，到失去支持能力，完整性被破坏或失去隔火作用时为止的这段时间，用小时表示。

各级建筑所用构件的燃烧性能和耐火极限见表1-2。

建筑所用构件的燃烧性能和耐火极限   表1-2

构件名称		耐火等级			
		一级	二级	三级	四级
墙	防火墙	非燃烧体 4.00	非燃烧体 4.00	非燃烧体 4.00	非燃烧体 4.00
	承重墙、楼梯间、电梯井的墙	非燃烧体 3.00	非燃烧体 2.50	非燃烧体 2.50	难燃烧体 0.50
	非承重外墙、疏散走道两侧的隔墙	非燃烧体 1.00	非燃烧体 1.00	非燃烧体 0.50	难燃烧体 0.25
	房间隔墙	非燃烧体 0.75	非燃烧体 0.50	难燃烧体 0.50	难燃烧体 0.25
柱	支承多层的柱	非燃烧体 3.00	非燃烧体 2.50	非燃烧体 2.50	难燃烧体 0.50
	支承单层的柱	非燃烧体 2.50	非燃烧体 2.00	非燃烧体 2.00	燃烧体 0.50
梁		非燃烧体 2.00	非燃烧体 1.50	非燃烧体 1.00	难燃烧体 0.50
楼板		非燃烧体 1.50	非燃烧体 1.00	非燃烧体 0.50	难燃烧体 0.25
屋顶的承重构件		非燃烧体 1.50	非燃烧体 0.50	燃烧体	燃烧体
疏散楼梯		非燃烧体 1.50	非燃烧体 1.00	非燃烧体 1.00	燃烧体
吊顶（包括吊顶搁栅）		非燃烧体 0.25	难燃烧体 0.25	难燃烧体 0.15	燃烧体

1.3.2　建筑设计的内容和程序

1. 设计内容

（1）建筑设计是建筑工程设计的一部分，建筑工程设计是指一个建筑物或一个建筑群体所要做的全部工作，一般包括建筑设计、结构设计和设备设计三部分。

1）建筑设计

建筑设计在整个建筑工程设计中起着主导和"龙头"的作用，一般由建筑师来完成，它主要是根据建设单位提供的设计任务书，在满足总体规划的前提下，对基地环境、建筑功能、材料设备、建筑经济和建筑形象等方面做全面的综合分析，在此基础上提出建筑设计方案，再将这一方案深化，进而设计出建筑施工图。

2）结构设计

结构设计是在建筑设计的基础上选择结构方案，确定结构类型，进行结构计算和构件设计，完成建筑工程的骨架设计，最终形成完整的结构施工图，是由结构工程师来完成的。

3）设备设计

设备设计包括给水排水、采暖通风、电气照明、通信、燃气、动力等专业的设计，确定其方案类型，设备选型，最终形成完整的施工图，是由各相关专业工程师共同完成的。

（2）建筑设计的依据文件有：

1）主管部门有关建设任务的使用要求、建筑面积、单方造价和总投资的批文，以及国家有关部、委或各省、市、地区规定的有关设计定额和指标。

2）工程设计任务书：由建设单位根据使用要求，提出各个房间的用途、面积大小以及其他的一些要求，工程设计的具体内容、面积、建筑标准等都必须和主管部门的批文相符合。

3）城建部门同意设计的批文：内容包括用地范围（常用红线划定），以及有关规划、环境等城镇建设对拟建房屋的要求。

4）委托设计工程项目表：建设单位根据有关批文向设计单位正式办理委托设计的手续。规模较大的工程还常采用投标方式，委托得标单位进行设计。

设计人员根据上述有关文件，通过调查研究，收集必要的原始数据和勘测设计资料，综合考虑总体规划、基地环境、功能要求、结构施工、材料设备、建筑经济以及建筑艺术等多方面的问题，进行设计并绘制成建筑图纸，编写主要设计意图的说明书，其他工种也相应设计并绘制各类图纸，编制各工种的计算书、说明书以及概算和预算书。这整套设计图纸和文件便成为房屋施工的依据。

2. 建筑设计的程序和设计阶段

由于建造房屋是一个较为复杂的物质生产过程，影响房屋设计和建造的因素又很多，因此必须在施工前有一个完整的设计方案，划分必要的设计阶段，综合考虑多种因素，这对提高建筑物的质量，多快好省地设计和建造房屋是极为重要的。

（1）设计前的准备工作

1）落实设计任务

建设单位必须具有上级主管部门对建设项目的批文和城市规划管理部门同意设计的批文后，方可向建筑设计部门办理委托设计手续。

主管部门的批文是指建设单位的上级主管部门对建设单位提出的拟建报告和计划任务书的一个批准文件。该批文表明该项工程已被正式列入建设计划，文件中应包括工程建设项目的性质、内容、用途、总建筑面积、总投资、建筑标准（每平方米造价）及建筑物使用期限等内容。

城市规划管理是经城镇规划管理部门审核同意工程项目用地的批复文件。该文件包括基地范围、地形图及指定用地范围（常称"红线"），该地段周围道路等规划要求以及城镇建设对该建筑设计的要求（如建筑高度）等内容。

2）熟悉计划任务书

具体着手设计前，首先需要熟悉计划任务书，以明确建设项目的设计要求。计划任务书的内容一般有：

① 建设项目总的要求和建造目的的说明。

② 建筑物的具体使用要求、建筑面积以及各类用途房间之间的面积分配。

③ 建设项目的总投资和单方造价。

④ 建设基地范围、大小，周围原有建筑、道路、地段环境的描述，并附有地形测量图。

⑤ 供电、供水、采暖、空调等设备方面的要求，并附有水源、电源接用许可文件。

⑥ 设计期限和项目的建设进程要求。

设计人员必须认真熟悉计划任务书，在设计过程中必须严格掌握建筑标准、用地范围、面积指标等有关限额。必要时，也可对任务书中的一些内容提出补充或修改意见，但须征得建设单位的同意，涉及用地、造价、使用面积的问题，还须经城市规划部门或主管部门批准。

3）收集必要的设计原始数据

通常建设单位提出的计划任务，主要是从使用要求、建设规模、造价和建设进度方面考虑的，建筑的设计和建造，还需要收集有关的原始数据和设计资料，并在设计前做好调查研究工作。

有关原始数据和设计资料的内容有：

① 气象资料，即所在地区的温度、湿度、日照、雨雪、风向、风速以及冻土深度等。

② 场地地形及地质水文资料，即场地地形标高，土壤种类及承载力、地下水位以及地震烈度等。

③ 水电等设备管线资料，即基地地下的给水、排水、电缆等主线布置，基地上的架空线等供电线路情况。

④ 设计规范的要求及有关定额指标，例如学校教室的面积定额，学生宿舍的面积定额，以及建筑用地、用材等指标。

4）设计前的调查研究

① 建筑物的使用要求：认真调查同类已有建筑物的实际使用情况，通过分析和总结，对所设计的建筑有一定了解。

② 所在地区建筑材料供应及结构施工等技术条件：了解预制混凝土制品以及门窗的种类和规格，掌握新型建筑材料的性能、价格以及采用的可能性。结合建筑使用要求和建筑空间组合的特点，了解并分析不同结构方案的选型，当地施工技术和起重、运输等设备条件。

③ 现场踏勘：深入了解基地和周围环境的现状及历史沿革，包括基地的地形、方位、面积和形状等条件，以及基地周围原有建筑、道路、绿化等多方面的因素，考虑拟建建筑物的位置和总平面布局的可能性。

④ 了解当地传统建筑设计布局、创作经验和生活习惯：结合拟建建筑物的具体情况，创造出人们喜闻乐见的建筑形式。

（2）初步设计阶段

初步设计是建筑设计的第一阶段，它的主要任务是提出设计方案，即在已定的基地范围内，按照设计要求，综合技术和艺术要求，提出设计方案。

初步设计的图纸和设计文件有：

1）建筑总平面。比例尺 1：500 ～ 1：2000（建筑物在基地上的位置、标高、道路、绿化以及基地上设施的布置和说明）。

2）各层平面及主要剖面、立面。比例尺 1：100 ～ 1：200 标出房屋的主要尺寸，房间的面积、高度以及门窗位置，部分室内家具和设备的布置。

3）说明书（设计方案的主要意图，主要结构方案及构造特点，以及主要技术经济指标等）。

4）建筑概算书。

5）根据设计任务的需要，辅以必要的建筑透视图或建筑模型。

（3）技术设计阶段

技术设计是初步设计具体化的阶段，其主要任务是在初步设计的基础上，进一步确定各设计工种之间的技术问题。一般对于不太复杂的工程可省去该设计阶段。

建筑工种的图纸要标明与具体技术工种有关的详细尺寸，并编制建筑部分的技术说明书；结构工种应有建筑结构布置方案图，并附初步计算说明；设备工种也应提供相应的设备图纸及说明书。

（4）施工图设计阶段

施工图设计是建筑设计的最后阶段。在施工图设计阶段中，应确定全部工程尺寸和用料，绘制建筑、结构、设备等全部施工图纸，编制工程说明书、结构计算书和预算书。施工图设计的图纸及设计文件有：

1）建筑总平面。比例尺 1：500（建筑基地范围较大时，也可用 1：1000，1：2000，应详细标明基地上建筑物、道路、设施等所在位置的尺寸、标高，并附说明）。

2）各层建筑平面、各个立面及必要的剖面。比例尺 1：100 ～ 1：200。

3）建筑构造节点详图。根据需要可采用 1：1、1：5、1：10、1：20 等比例尺（主要为檐口、墙身和各构件的连接点，楼梯、门窗以及各部分的装饰大样等）。

4）各工种相应配套的施工图。如基础平面图和基础详图、楼板及屋顶平面图和详图，结构构造节点详图等结构施工图。给水排水、电器照明以及暖气或空气调节等设备施工图。

5）建筑、结构及设备等的说明书。

6）结构及设备的计算书。

7）工程预算书。

1.3.3　建筑设计的依据

1. 建筑设计的要求

（1）满足建筑功能要求

满足建筑物的功能要求，为人们的生产和生活活动创造良好的环境，是建筑设计的首要任务。

（2）采用合理的技术措施

正确选用建筑材料，根据建筑空间组合的特点，选择合理的结构、施工方案，使房屋坚固耐久、建造方便。

（3）符合良好的经济要求

设计和建造房屋要有周密的计划和核算，重视经济领域的客观规律，讲究经济效果。房屋设计的使用要求和技术措施，要和相应的造价、建筑标准统一起来。

（4）考虑建筑美观要求

建筑物是社会的物质和文化财富，它在满足使用要求的同时，还需要考虑人们对建筑物在美观方面的要求，考虑建筑物所赋予人们精神上的感受。

（5）符合总体规划要求

单体建筑是总体规划中的组成部分，单体建筑应符合总体规划提出的要求。新设计的单体建筑，应使所在基地形成协调的室外空间组合、良好的室外环境。

2. 建筑设计的依据

（1）人体尺度及人体活动的空间尺度

人体尺度及人体活动所占的空间尺度是确定民用建筑内部各种空间尺度的主要依据之一。在建筑设计中，首先必须满足的就是人体和人体活动的空间尺度要求。如踏步、窗台及栏杆的高度，门洞、走廊、楼梯的高宽，家具设备的尺寸，以及房间的高度和面积大小等，都与人体尺度及人体活动所需的空间尺度有关。我国成年男子和成年女子的平均高度分别为 1670mm 和 1560mm，人体尺度和人体活动所需的空间尺度如图 1-1 所示。

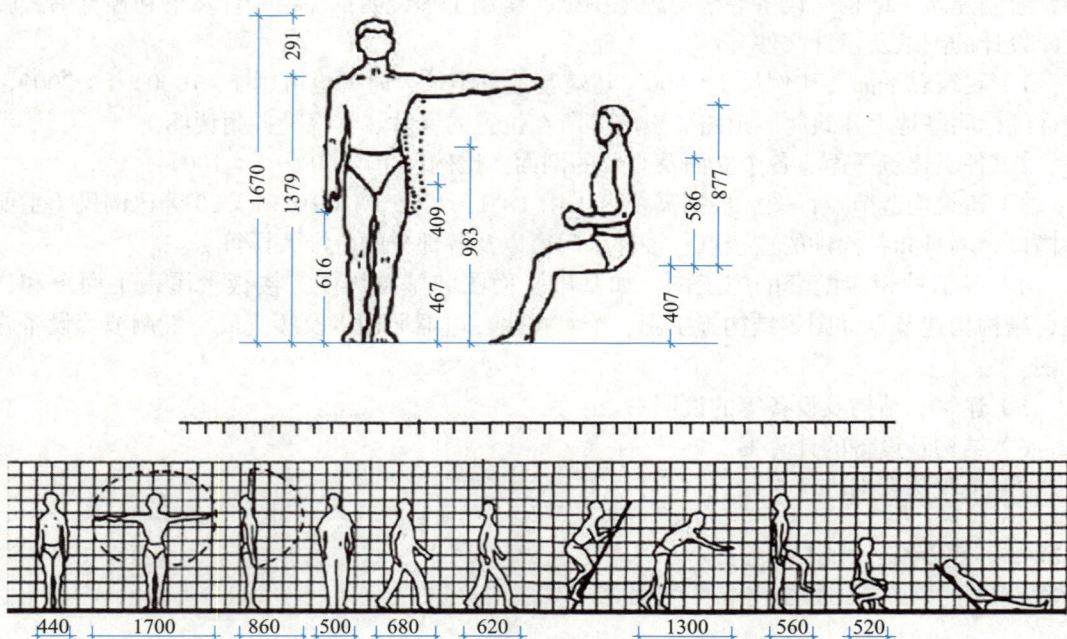

图 1-1　人体尺度和人体活动所需的空间尺度

（2）家具、设备的空间尺度

在进行房间布置尺寸，应先确定家具、设备的数量，了解每件家具、设备的基本尺寸以及人们在使用它们时占用活动空间的大小。这些都是考虑房间内部使用面积的重要依据。

如图 1-2 为民用建筑常用的家具尺寸示例。

图 1-2 建筑常用的家具尺寸示例

（3）自然条件

自然条件即环境因素，它对建筑物设计有着较大的影响。

1）温度、湿度、日照、雨雪、风向、风速等气候条件的影响

气候条件对建筑物的设计有较大影响。例如炎热地区的建筑应考虑隔热、通风和遮阳等问题；干冷地区的建筑体型应尽可能设计得紧凑一些，以减少外围护面的散热，有利于室内采暖、保温。

日照和主导风向，通常是确定建筑朝向和间距的主要因素，风速是高层建筑、电视塔等设计中考虑结构布置和建筑体型的重要因素，雨量较大的地区要特别注意屋顶形式、屋面排水方案的选择，以及屋面防水构造的处理。在设计前，需要收集当地上述有关的气象资料，将之作为设计的依据。

图 1-3 为我国部分城市的风向频率玫瑰图（简称玫瑰图），图中实线部分表示全年风向频率，虚线部分表示夏季风向频率。玫瑰图上所表示风的吹向，是指由外吹向地区中心。玫瑰图是依据该地区多年来统计的各个方向吹风的平均日数的百分数按比例绘制而成，一般用 16 个罗盘方位表示。

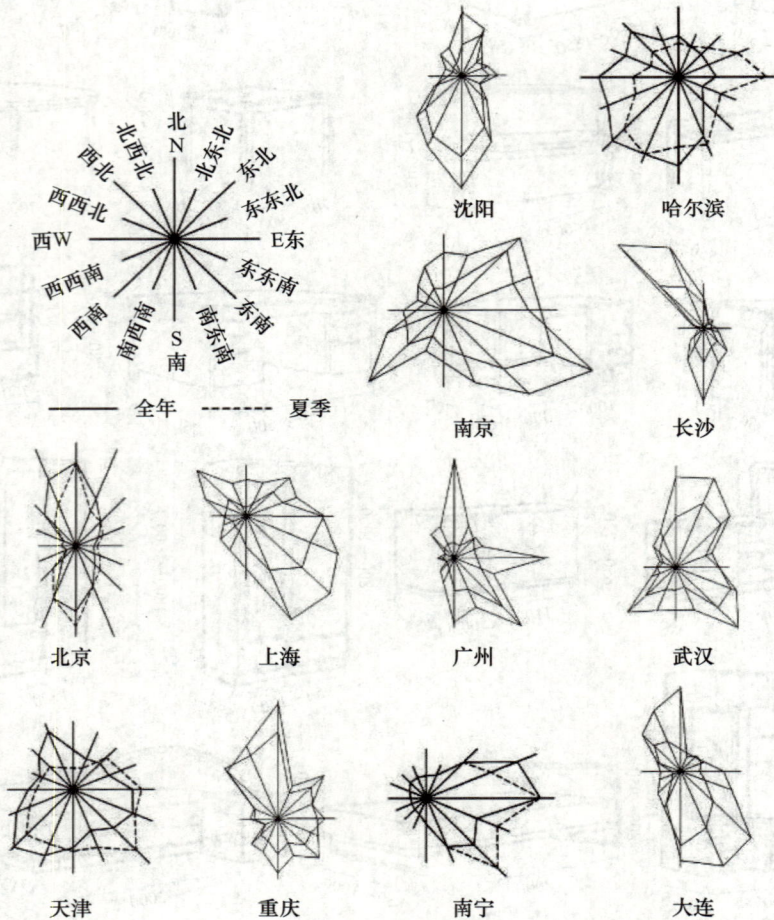

图 1-3　我国部分城市的风向频率玫瑰图

2）地形、地质条件及地震烈度

基地的平缓起伏、地质构成、土壤特性与承载力的大小，对建筑物的平面组合、结构布置与造型都有明显的影响。坡地建筑常结合地形错层建造，复杂的地质条件要求基础采用不同的结构和构造处理等。地震对建筑的破坏作用也很大，有时是毁灭性的。这就要求我们无论是从建筑的体形组合到细部构造设计必须考虑抗震措施，才能保证建筑的使用年限与坚固性。

地震烈度表示地面及建筑物遭受地震破坏的程度。烈度在6度以下时，地震对建筑物的损坏影响较小，一般可不考虑抗震措施。对于烈度9度以上地区，由于地震过于强烈，从经济因素及耗用材料考虑，一般应尽可能避免在这些地区建设。因此，地震烈度为6度、7度、8度、9度地区均需进行抗震设计。建筑抗震设防的重点是7、8、9度地震烈度的地区。震级与烈度之间的对应关系（参考）见表1-3，不同烈度的破坏程度见表1-4。

震级与烈度之间的对应关系（参考）　　　　　　　　　表1-3

震级	1～2	3	4	5	6	7	8	9
震中烈度	1～2	3	4～5	6～7	7～8	9～10	11	＞12

不同烈度的破坏程度　　　　　　　　　表1-4

地震烈度	感知和破坏程度
1～2度	人们一般无感，只有地震仪才能记录
3度	室内少数静止中人有感觉门窗轻微作响悬挂物微动
4～5度	室内普遍、室外多数人有感觉，多数人梦中惊醒；门窗、屋顶、屋架颤动作响，灰土掉落，抹灰出现微细裂缝；有檐瓦掉落，个别屋顶烟囱掉砖；不稳定器物摇动或翻倒
6度	多数人站立不稳，少数人惊逃户外；墙体出现裂缝，檐瓦掉落，少数屋顶烟囱裂缝；掉落河岸和松软土上出现裂缝，饱和砂层出现喷砂冒水；有的独立砖烟囱轻度裂缝
7度	多数人惊逃户外，骑自行车的人有感觉，行驶中的汽车驾乘人员有感觉轻度破坏；房屋局部破坏，开裂，小修或不需要修理可继续使用河岸出现塌方；饱和砂层常见喷砂冒水，松软土地上裂缝较多；大多数独立砖烟囱中等破坏
8度	多数人摇晃颠簸，行走困难。房屋中等破坏，需要修复才能使用；干硬土上亦出现裂缝，大多数独立砖烟囱严重破坏；树梢折断；房屋破坏导致人畜伤亡
9度	一般建筑倒塌或部分倒塌，修复困难；干硬土上出现许多地方有裂缝；基岩可能出现裂缝、错动；滑坡塌方常见；独立砖烟囱许多倒塌
10度	建筑严重破坏，大多数房屋倒塌，山崩和地震断裂出现；部分铁轨弯曲变形
11～12度	建筑普遍倒塌，地面变形严重，造成巨大的自然灾害

3）水文条件

水文条件是指地下水位的高低及地下水的性质，直接影响到建筑物基础及地下室。一般应根据地下水位的高低及地下水性质确定是否在该地区建造房屋或采用相应的防水和防腐蚀。

（4）建筑设计标准、规范、规程

建筑设计应遵循国家制定的标准、规范、规程以及各地或各部门颁发的标准，如：建筑设计防火规范、住宅建筑设计规范、采光设计标准等。以提高建筑科学管理水平，保证建筑工程质量，加快基本建设步伐，这体现了国家的现行政策和我国的经济技术水平。

另外，设计标准化是实现建筑工业化的前提。只有设计标准化，做到构件定型化，减少构配件规格、类型，才有利于大规模采用工厂生产及施工的工业化，从而提高工业化水平。为此，建筑设计应实行国家规定的建筑模数协调统一标准。

1.4 建筑模数协调统一

1.4.1 建筑模数协调统一标准

1.6
震级、烈度、
设防标准

建筑模数和模数制是建筑设计人员必须掌握的基本知识。模数的意义和目的是为了使建筑制品、建筑构配件和组合件实现工业化大规模生产，使不同材料、不同形式和不同制造方法的建筑构配件、组合件符合模数并具有较大的通用性和互换性，以加快设计速度，提高施工质量和效率，降低建筑造价。

在我国现行的《建筑模数协调标准》GB/T 50002—2013 第 3.1.1 条中规定：基本模数的数值应为 100mm（1M 等于 100mm）。整个建筑物和建筑物的一部分以及建筑组合件的模数化尺寸，应是基本模数的倍数。

第 3.1.2 条规定导出模数应分为扩大模数和分模数，其基数应符合下列规定：一、水平扩大模数基数为 3M、6M、12M、15M、30M、60M，其相应的尺寸分别为 300、600、1200、1500、3000、6000mm；竖向扩大模数的基数为 3M 与 6M，其相应的尺寸为 300mm 和 600mm。二、分模数基数为 M/10、M/5、M/2、其相应的尺寸为 10、20、50mm。

1.4.2 建筑模数协调应用的一般规定

1. 模数数列

模数数列应根据功能性和经济性原则确定。

《建筑模数协调标准》GB/T 50002—2013 中规定建筑物的开间或柱距，进深或跨度，梁、板、隔墙和门窗洞口宽度等分部件的截面尺寸宜采用水平基本模数和水平扩大模数数列，且水平扩大模数数列宜采用 $2nM$、$3nM$ 为（n 为自然数）。

建筑物的高度、层高和门窗洞口高度等宜采用竖向基本模数和竖向扩大模数数列，且竖向扩大模数数列宜采用 nM。

构造节点和分部件的接口尺寸等宜采用分模数数列，且分模数数列宜采用 M/10、M/5、M/2。

2. 模数协调应用的一般规定

模数协调应利用模数数列调整建筑与部件或分部件的尺寸关系，减少种类，优化部件或分部件的尺寸。部件与安装基准面关联到一起时，应利用模数协调明确各部件或分部件的位置，使设计、加工及安装等各个环节的配合简单、明确，达到高效率和经济性。主体结构部件和内装、外装部件的定位可通过设置模数网格来控制，并应通过部件安装接口要求进行主体结构、内装、外装部件和分部件的安装。

思考及练习题

1. 按照建筑物的使用功能分类分为哪几类？
2. 建筑基本构成要素有哪些，它们之间有什么样的关系？
3. 建筑设计的主要依据有哪些？
4. 简述建筑模数数列的适用范围。

答案及解析

教学单元 1

教学单元 2

Chapter 02

建筑构造

▶▶

知识目标

了解建筑的分类；熟悉建筑的组成和作用、影响建筑构造的因素及设计原则；掌握建筑结构的形式有哪些。

能力目标

具备认识民用建筑构造各部分的能力，能够辨别不同建筑物的构造形式。

思维导图

```
                              建筑物的分类
                              建筑构造的概念及组成
              建筑构造及其作用  建筑构造的作用
                              建筑构造设计的原则
建筑构造      影响建筑构造的要素
                              按所用材料分类
              建筑结构形式     按结构承重体系分类
```

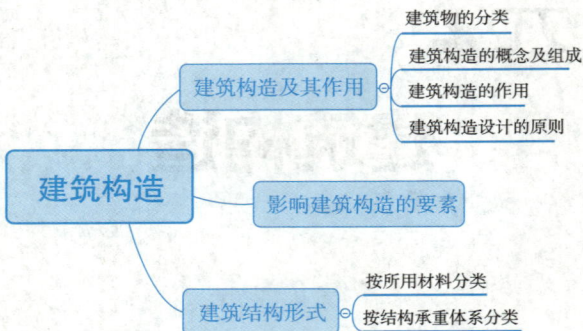

2.1 建筑构造及其作用

2.1.1 建筑物的分类

2.1
墙柱的一般
构造要求

1. 按使用功能和用途分类

建筑物按使用功能和用途通常可以分为工业建筑、民用建筑和农业建筑等。

（1）民用建筑

民用建筑是指供人们工作、学习、生活、居住用的建筑物。

（2）工业建筑

工业建筑指为工业生产服务的生产车间和为生产服务的辅助车间、动力用房等建筑物。

（3）农业建筑

农业建筑指供农业生产加工用的建筑，如种子库，温室大棚，畜禽饲养场、农副品加工厂等。

2. 按规模和数量分类

建筑按规模和数量可以分为普遍性建筑和大型性建筑。

（1）普遍性建筑

普遍性建筑指建筑规模不大，但修建数量多，分布广泛，与人们生活密切相关的建筑，如住宅、中小学教学楼、中小型影剧院等。

（2）大型性建筑

大型性建筑指规模大、造价高的建筑，如大型体育馆、大型剧院、商务办公大楼、航空港、博物馆、大型工厂等。比如上海的上海中心、东方明珠塔，广州的广州塔。这类建筑在一个城市具有代表性，一般多是城市的地标建筑，是城市繁华的象征。

3. 按层数分类

建筑按层数可以分为低层、多层、中高层、高层和超高层建筑。

（1）住宅建筑

住宅建筑 1～3 层为低层建筑，4～6 层为多层建筑，7～9 层为中高层建筑，10 层以上为高层建筑。

（2）公共建筑及综合性建筑

总高度超过 24m 的公共建筑或综合性建筑（不包括总高度超过 24m 的单层主体建筑）为高层建筑。

（3）超高层建筑

建筑物高度超过 100m 时，不论住宅建筑还是公共建筑均为超高层建筑。

4. 按承重结构的材料分类

建筑按承重结构的材料可以分为木结构建筑、砖或石结构建筑，钢筋混凝土结构建筑、钢结构建筑和混合结构建筑。

（1）木结构建筑

木结构建筑指以木材作房屋承重骨架的建筑，传统历史建筑多采用此结构。如故宫三大殿。

（2）砖（或石）结构建筑

砖（或石）结构建筑指以砖或石材作为承重墙柱和楼板的建筑。这种结构可以就地取材，能节约钢筋水泥等建筑材料，降低造价。但坚固程度一般、自重大，抗震性能差。

（3）钢筋混凝土结构建筑

钢筋混凝土结构建筑指以钢筋混凝土作为承重结构的建筑物。如框架结构、剪力墙结构、筒体结构等，具有抗震性强、防火和可塑性强等优点，目前广泛应用于建设各类建筑物。

（4）钢结构建筑

钢结构建筑指以钢材作为房屋承重骨架的建筑。钢结构力学性能好，便于制作和安装，工期短，结构自重小，适合在超高层和大跨度建筑中使用。

（5）混合结构建筑

混合结构建筑指采用两种或两种以上材料作为承重结构的建筑。如由砖墙、木楼板构成的砖木结构建筑；由砖墙、钢筋混凝土楼板构成的砖混结构建筑；由钢和混凝土构成的钢混结构建筑。其中，砖混结构广泛应用于民用建筑。

2.1.2　建筑构造的概念

建筑构造是指建筑物各构成部分基于建筑原理的材料选用及其做法。其作用是根据建筑物的功能、材料性质、受力情况、施工方法和建筑外观等要求选择合理的构造方案，以作为建筑设计中综合解决技术问题及进行施工图设计的依据。

建筑构造是建筑设计不可缺少的一部分，其研究建筑物各组成部分的构造原理和构造方法，具有很强的实践性和综合性，内容涉及建筑材料、建筑物理、建筑力学、建筑结构、建筑施工，以及建筑经济等有关方面的知识。

2.1.3 建筑构造的组成

对于一般的民用建筑而言，其功能不同，种类也多种多样，但都是由基础、墙或柱、楼地层、楼梯、屋顶、门窗六大部分组成的（图 2-1）。在不同的部位，发挥着各自的作用，共同组成一栋建筑物。

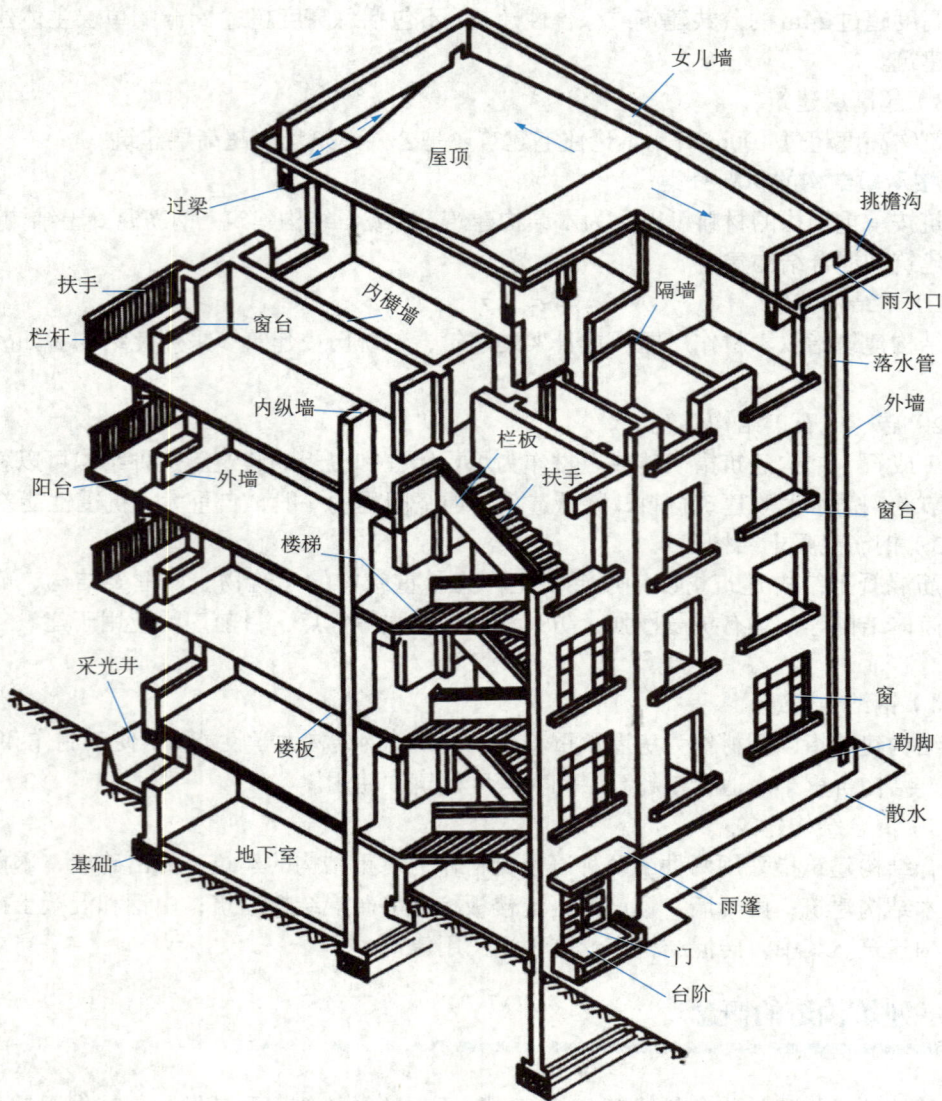

图 2-1 民用建筑的构造组成

1. 基础

基础是位于建筑物最底部的承重构件，承受建筑物的全部重量，并把这些重量传递给地基。因此，基础必须坚固稳定，并能经受住气候变化和地下水对它的影响和化学物质的侵蚀。

2. 墙或柱

墙或柱是建筑物的垂直承重构件，承受楼地层和建筑物顶部的重量荷载，并把这些荷载传递给基础。作为围护结构，外墙起着抵御自然界各种因素对室内的侵袭的作用；内墙起着分隔空间、组成房间、隔声等作用。为此，要求墙体要有足够的强度和稳固性，具有保温、隔声、防水、防火等众多性能。

3. 楼地层

楼地层指楼板层和地坪层。楼板层直接承受着各楼层上的家具、设备、人的重量和楼层自重；同时楼板层对墙或柱有水平支撑作用，承受着风、地震等侧向水平冲击力，并把上述各种力量传递给墙或柱。楼板层常由面层、结构层和顶棚等部分组成，对房屋有竖向分割空间的作用。地坪层是首层房间与土层相接触的部分，承受首层房间的荷载，要求具有一定的强度和刚度，并具有防潮、防水、保暖、耐磨的性能。

4. 楼梯

楼梯是房屋建筑中联系上、下各层的垂直建筑设施，供人们上下楼层和紧急疏散之用。故要求楼梯具有较强的通行能力，此外必须具有较强的防火、耐磨和防滑性能。

2.1.4　建筑构造的作用

在建筑物中，建筑构造的作用归纳为以下三个方面：

1. 空间应用和美观要求

建筑物是人类社会生活必要的物质条件，是人类社会生活的人为物质环境，各种构件构成一个使用空间，如房间、门厅、楼梯、过道等。同时，建筑物也是历史、文化、艺术的产物，建筑物不仅要反映人类的物质需要，还要表现人类的精神需求，符合人类的审美要求。而各类建筑物都要由结构来组成，所以建筑结构服务于人类对空间的应用和美观要求是其存在的根本目的。

2. 承受自然界或人为荷载作用

建筑物要承受自然界或人为施加的各种荷载或作用，建筑结构就是这些荷载或作用的支承者，它要确保建筑物在这些作用力的施加下不破坏、不倒塌，并且要使建筑物持久地保持良好的使用状态。可见，建筑结构作为荷载或作用的支承者，是其存在的根本原因，也是其最核心的任务。

3. 发挥建筑材料的作用

建筑结构的物质基础是建筑材料，结构是由各种材料组成的，如用钢材做成的结构称为钢结构，用钢筋和混凝土做成的结构称为钢筋混凝土结构，用砖（或砌块）和砂浆做成的结构称为砌体结构。

2.1.5　建筑构造设计的原则

建筑构造是建筑设计不可缺少的一部分。建筑物作为一种产品，在设计过程中，必须综合全面考虑、处理好构造设计中的各种因素，以使建筑物满足适用、安全、经济、美观等方面的要求。因此，需遵循以下设计原则：

1. 具有良好的建筑使用功能

由于建筑物使用性质和所处地理位置、气候条件、自然环境的不同，对建筑构造设计也有不同的要求。例如，北方地区要求建筑物冬季能保温，南方地区则要求建筑物能通风、隔热，对要求有良好音响环境的建筑则要考虑吸声、隔声等。总之，为了满足使用功能要求，在构造设计时，应综合运用有关技术知识，进行合理设计，提出合理的构造方案。

2. 结构稳定、坚固耐用

建筑物除按荷载大小及结构要求确定主要承重构件的基本断面尺寸外，对一些构配件的设计，如阳台、楼梯栏杆、顶棚、门窗与墙体的连接等构造设计，都必须在构造上采取相应的技术措施，以保证这些构配件在使用时的稳定和安全。

3. 技术先进

在进行建筑构造设计时，应大力改进传统的建筑方式，从材料、结构、施工等方面引入先进技术，并注意因地制宜、就地取材。

4. 合理降低成本

各种构造设计时，均要注重整体建筑物的经济、社会和环境三个效益，即综合效益。在经济上注意节省建筑成本，降低材料的消耗，还必须保证工程质量，不能单纯追求经济效益而偷工减料，降低质量标准，而是应做到合理降低成本。

5. 美观大方

一座建筑物的形象除了取决于建筑设计中的体形组合和立面处理外，一些建筑细部的构造设计对整体美观也有很大影响。例如，窗户的形式、室内外的细部装修，各种转角、交接的处理，都应合理设计，相互协调统一，美观大方。

2.2　影响建筑构造的因素

一栋建筑物建成投入使用后，要经受来自于人为和自然界各种因素的作用。为了提高建筑物对外界各种影响的抵抗能力以及延长使用寿命和保证质量，在建筑构造设计时，必须充分考虑到各种因素对它的影响，以便根据影响程度采取合理的构造方案和措施。影响建筑构造的因素很多，大致可归纳为以下几方面：

1. 物理作用的影响

作用在建筑物上的外力称为荷载。荷载的大小和作用方式是结构设计和结构选型的重要依据，它决定着构件的形状、尺度和用料，而构件的选材、尺寸、形状等又与建筑构造密切相关。因此，在确定建筑构造方案时。必须考虑外力的影响。

2. 自然气候的影响

自然界的风霜雨雪、冷热寒暖的气温变化，太阳热辐射等均是影响建筑物使用质量和使用寿命的重要因素。在建筑构造设计时，必须针对所受影响的性质与程度，对建筑物的相关部位采取相应的措施，如防潮、防水、保温、隔热、设变形缝、设隔蒸汽层等，未雨绸缪，防患于未然。

3. 人类活动因素的影响

人们在从事生产和生活的活动中，也常常会受到机械振动、化学腐蚀、爆炸、火灾、噪声等。因此，在建筑构造设计时，应针对各种影响因素采取防振、防腐、防火、隔声等相应的构造措施，防止建筑物受到不必要的损害。

4. 建筑技术条件的影响

随着建筑业的发展，建筑施工技术不断进步和创新，对建筑构造要求越来越高。而建筑材料、结构、设备和施工技术是构成建筑的基本要素之一，由于建筑物的质量标准和等级的不同，在材料的选择和构造方式上均有所区别。新材料、新结构、新设备和新工艺的不断出现，建筑构造要解决的问题越来越多、越来越复杂，所以建筑技术对建筑构造的影响越来越大。

5. 经济条件的影响

为了减少能耗、降低建造成本及日后使用维护费用，在建筑方案设计阶段即影响工程总造价的关键阶段，就必须深入分析各建筑设计参数与造价的关系，即在满足适用、安全的条件下，合理选择技术上可行、经济上节约的设计方案。建筑构造设计是建筑设计不可缺少的一部分，也是必须考虑社会经济效益的问题。

2.3　建筑结构形式

2.3.1　建筑构造按所用材料分类

根据所用材料不同，可分为混凝土结构、砌体结构、钢结构和木结构。

1. 混凝土结构（图 2-2）

图 2-2　混凝土结构

混凝土结构是以混凝土为主要建筑材料的结构，包括素混凝土结构、钢筋混凝土结构和预应力混凝土结构。随着生产技术的发展以及施工技术的改进，这一结构形式得到逐步发展提升及完善，得到了迅速的发展，在建筑行业中得到广泛应用。

（1）基本类别

1）素混凝土

素混凝土是指无筋或不配置受力钢筋的混凝土结构。素混凝土是钢筋混凝土结构的重要组成部分，由水泥、砂（细骨料）、石子（粗骨料）、矿物参合料、外加剂等，按一定比例混合后加一定比例的水拌制而成。普通混凝土干表观密度为 $1900 \sim 2500kg/m^3$，是由天然砂、石制成的。当构件的配筋率小于钢筋混凝土中纵向受力钢筋最小配筋百分率时，应视为素混凝土结构。这种材料具有较高的抗压强度，而抗拉强度却很低，故一般在以受压为主的结构构件中采用，如柱墩、基础墙等。

2）钢筋混凝土

2.2 钢筋与混凝土间的粘连

当在混凝土中配以适量的钢筋，则为钢筋混凝土。钢筋和混凝土这两种物理、力学性能很不相同的材料之所以能有效地结合在一起发挥作用，主要靠两者之间存在的粘结力，受荷后协调变形，再者这两种材料温度线膨胀系数接近。此外钢筋至混凝土边缘之间的混凝土，作为钢筋的保护层，使钢筋不受锈蚀并提高构件的防火性能。由于钢筋混凝土结构合理地利用钢筋和混凝土两者的物理和化学性能特点，形成了强度较高，刚度较大的结构，其耐久性和防火性能好，可模性好，结构造型灵活，以及整体性、延性好，减少自身重量，适用于抗震结构等特点，因而在建筑结构及其他土木工程中得到广泛应用。

3）预应力混凝土

预应力混凝土是指配置受力的预应力筋，通过张拉或其他方法建立预加应力的混凝土结构。

预应力混凝土在混凝土结构构件承受荷载之前，利用张拉在混凝土中的高强度预应力钢筋而使混凝土受到挤压，所产生的预压应力可以抵消外荷载所引起的大部分或全部拉应力，也就提高了结构构件的抗裂度。这样的预应力混凝土一方面由于不出现裂缝或裂缝宽度较小，所以它比相应的普通钢筋混凝土的截面刚度要大，变形要小；另一方面预应力使构件或结构产生的变形与外荷载产生的变形方向相反（习惯称为"反拱"），因而可抵消后者一部分变形，使之容易满足结构对变形的要求，故预应力混凝土适宜于建造大跨度结构。混凝土和预应力钢筋强度越高，可建立的预应力值越大，则构件的抗裂性越好。同时，由于合理有效地利用高强度钢材，从而节约钢材，减轻结构自重。由于抗裂性高，可建造水工、储水和其他不渗漏结构。

（2）结构优缺点

1）优点

混凝土结构和其他材料的结构相比，优点具体体现在以下几个方面：整体性好，可灌筑成为一个整体；可模性好，可灌筑成各种形状和尺寸的结构；耐久性和耐火性好；工程造价和维护费用低。

2）缺点

混凝土结构的缺点具体体现在以下几个方面：混凝土抗拉强度低，如钢筋混凝土楼板，容易出现裂缝；结构自重比钢、木结构大；室外施工受气候和季节的限制；新旧混凝土不易连接，增加了补强修复的困难。

此外，混凝土结构施工工序复杂，周期较大，且受季节和气候的影响较大。如遇损伤，

则修复比较困难。混凝土的隔热、隔声性能也较差。

2. 砌体结构（图 2-3）

砌体结构是由块体（如砖、石和混凝土砌块）及砂浆经砌筑而成的结构，大量用于居住建筑和多层民用房屋中，并以砖砌体的应用最为广泛。在一般的工程建筑中，砌体占整个建筑物自重的约 1/2，用工量和造价约各占 1/3，是建筑工程的重要材料。长期以来，砌体材料烧结的黏土砖在我国建筑行业占主导地位。但是，这种砌体材料需要大量黏土作原材料，为有效地保护耕地，国家要求尽量不用黏土砖。砌体材料正朝着充分利用各种工业废料，轻质、高强、空心、大块、多功能的方向发展。

图 2-3　砌体结构

（1）砌体结构的主要优点是：① 容易就地取材。砖主要用黏土烧制；石材的原料是天然石；砌块可以用工业废料——矿渣制作，来源方便，价格低廉。② 砖、石或砌块砌体具有良好的耐火性和较好的耐久性。③ 砌体砌筑时不需要模板和特殊的施工设备，可以节省木材。新砌筑的砌体上即可承受一定荷载，因而可以连续施工。在寒冷地区，冬季可用冻结法砌筑，不需特殊的保温措施。④ 砖墙和砌块墙体能够隔热和保温，节能效果明显。所以既是较好的承重结构，也是较好的围护结构。

（2）砌体结构的缺点是：① 与钢和混凝土相比，砌体的强度较低，因而构件的截面尺寸较大，材料用量多，自身重量大。② 砌体的砌筑基本上是手工方式，施工劳动量大，耗费时间多。③ 砌体的抗拉、抗剪强度都很低，因而抗震较差，在使用上受到一定限制；砖、石的抗压强度也不能充分发挥；抗弯能力低。④ 黏土砖需用黏土制造，在某些地区会占用农田，影响农业生产，破坏生态环境。

3. 钢结构（图 2-4）

钢结构是以钢材为主制作的结构，主要用于大跨度的建筑屋盖（如体育馆、剧院等）、吊车吨位很大或跨度很大的工业厂房骨架和吊车梁，以及超高层建筑的房屋骨架等。钢结构材料质量均匀、强度高，构件截面小、重量轻，可焊性好，制造工艺比较简单，便于工业化施工。它具有以下特点：

（1）材料强度高，自身重量轻

钢材强度较高，弹性模量也高。与混凝土和木材相比，其密度与屈服强度的比值相对较低，因而在同样受力条件下钢结构的构件截面小，自重轻，便于运输和安装，适于跨度大，高度高，承载重的结构。

图2-4 钢结构

（2）钢材韧性，塑性好，材质均匀，结构可靠性高

适于承受冲击和动力荷载，具有良好的抗震性能。钢材内部组织结构均匀，近于各向同性匀质体。钢结构的实际工作性能比较符合计算理论。所以钢结构可靠性高。

（3）钢结构制造安装机械化程度高

钢结构构件便于在工厂制造、工地拼装。工厂机械化制造钢结构构件成品精度高、生产效率高、工地拼装速度快、工期短。钢结构是工业化程度最高的一种结构。

（4）钢结构密封性能好

由于焊接结构可以做到完全密封，可以做成气密性、水密性均很好的高压容器、大型油池、输油管道等。

（5）钢结构耐热不耐火

当温度在150℃以下时，钢材性质变化很小。因而钢结构适用于热车间，但结构表面受150℃左右的热辐射时，要采用隔热板加以保护。温度在300～400℃时，钢材强度和弹性模量均显著下降，温度在600℃左右时，钢材的强度趋于零。在有特殊防火需求的建筑中，钢结构必须采用耐火材料加以保护以提高耐火等级。

（6）钢结构耐腐蚀性差

特别是在潮湿和腐蚀性介质的环境中，容易锈蚀。一般钢结构要除锈、镀锌或涂料，且要定期维护。对处于海水中的海洋平台结构，需采用"锌块阳极保护"等特殊措施予以防腐蚀。

（7）节能、绿色环保，可重复利用

钢结构建筑拆除几乎不会产生建筑垃圾，钢材可以回收再利用。

4. 木结构（图2-5）

木结构是以木材为主建造的结构，木结构是单纯由木材或主要由木材承受荷载的结构，通过各种金属连接件或榫卯手段进行连接和固定。这种结构因为是由天然材料所组成，受木材料本身条件的限制（由于受自然条件的限制，我国木材缺乏），木材使用的范围和对象较少，仅在山区、林区和农村有一定的采用，大部分应用于单层建筑结构，且以传统建筑为主。

中国木结构建筑历史悠久，早在5千多年前的石器时代就已出现木构架支承屋顶的半穴居式建筑，以后在这个基础上逐步发展和形成具有中国特色的穿斗式和梁架式建筑。西方也从古希腊、罗马原始木支承结构发展到后来的桁架式木屋架建筑和具有西方特色的木框架填充墙建筑。至今这两种木结构体系仍在东西方的一些民居中被采用。

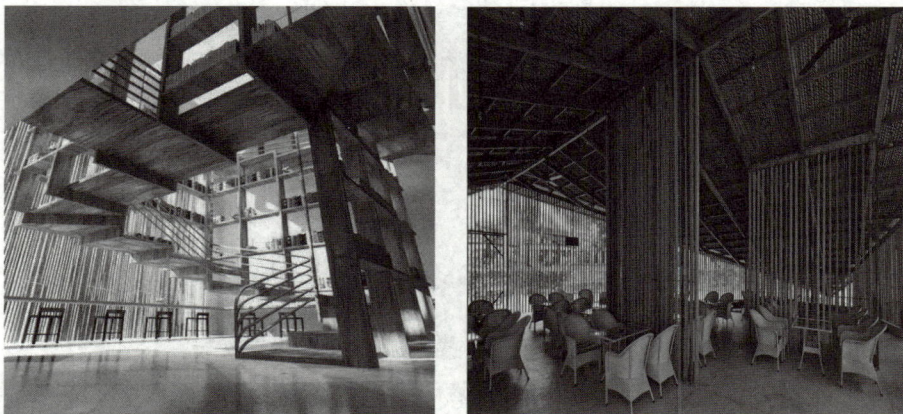

图 2-5　木结构

木材的主要特性是体积密度小、导热系数小、加工方便，有一定的强度和韧性。缺点是易燃、易腐、易蛀和材质不匀等。

随着科学技术的发展，现代木材的防火、防腐、防蛀等药物处理技术日臻完善，木材的改性、胶合和结合技术等均有较大改进，木结构已可用于大跨度结构建筑。因此，木结构在建筑行业中仍占有一定的比重。

2.3.2　按结构承重体系分类

1. 墙承重结构

用墙体来承受由屋顶、楼板传来的荷载的建筑，称为墙承重受力建筑。如砖混结构的住宅、办公楼、宿舍等，适用于多层建筑。大致有以下三种分类：

（1）横墙承重

房间的开间大部分相同，开间的尺寸符合钢筋混凝土板经济跨度时，常采用横墙承重的结构布置。

横墙承重的结构布置，建筑横向刚度好，立面处理比较灵活，但由于横墙间距受梁板跨度限制，房间的开间不大，因此，适用于有大量相同开间，而房间面积较小的建筑，如职工宿舍、单身公寓等。

（2）纵墙承重

房间的进深基本相同，进深的尺寸符合钢筋混凝土板的经济跨度时，常采用纵向承重的结构布置。

纵墙承重的主要特点是平面布置时房间大小比较灵活，建筑在使用过程中，可以根据需要改变横向隔断的位置，以调整使用房间面积的大小，但建筑整体刚度和抗震性能差，立面开窗受限制，适用于一些开间尺寸比较多样的办公楼，以及房间布置比较灵活的住宅建筑中采用。

（3）纵横墙混合承重（图 2-6）

在建筑平面组合中，一部分房间的开间尺寸和另一部分房间的进深尺寸符合钢筋混凝土板的经济跨度时，建筑平面可以采用纵横墙承重的结构布置。

图 2-6　墙承重结构

　　这种布置方式，平面中房间安排比较灵活，建筑刚度相对也较好；但是由于楼板铺设的方向不同，平面形状较复杂，因此施工时比上述两种布置方式麻烦。一些开间进深都较大的教学楼，可采用有梁板等水平构件的纵横墙承重的结构布置。

2. 排架结构（图 2-7）

图 2-7　排架结构

　　排架结构是指排架是下面两排柱子，上面屋架，在这两排柱子上面的屋架之间放上一个板子形成的空间连续的结构。采用柱和屋架构成的排架作为其承重骨架，外墙起围护作用，单层厂房是其典型。有以下特点：

　　在自身的平面内承载力和刚度都较大，而排架间的承载能力则较弱，通常在两个支架之间应该加上相应的支撑，避免风荷载的一个推动，发生侧向的移动。适合用于单层的工业厂房。

　　排架体系常用于高大空旷的单层建筑物如工业厂房、飞机库和影剧院的观众厅等。其柱顶用大型屋架或桁架连接，再覆以装配式的屋面板，根据需要，有的排架建筑屋顶还要设置大型的天窗、有的则需沿纵向设置吊车梁。由于排架体系的房屋刚度小，重心高，需承受动荷载，因此需要安装柱间斜支撑和屋盖部分的水平平斜支撑，还要在两侧山墙设置抗风柱。

3. 框架结构（图 2-8）

　　框架结构是指由梁和柱以钢筋相连接而成，构成承重体系的结构，即由梁和柱组成框架共同抵抗使用过程中出现的水平荷载和竖向荷载。以柱、梁、板组成的空间结构体系作为骨架的建筑。常见的框架结构多为钢筋混凝土建

2.5
框架结构的
特点及类型

造，多用于 10 层以下建筑。框架结构的房屋墙体不承重，仅起到围护和分隔作用，一般用预制的加气混凝土、膨胀珍珠岩、空心砖或多孔砖、浮石、蛭石、陶粒等轻质板材砌筑或装配而成。

图 2-8　框架结构

框架结构又称构架式结构。房屋的框架按跨数分有单跨、多跨；按层数分有单层、多层；按立面构成分为对称、不对称；按所用材料分为钢框架、混凝土框架、胶合木结构框架或钢与钢筋混凝土混合框架等。其中最常用的是混凝土框架（现浇式、装配式、整体装配式，也可根据需要施加预应力，主要是对梁或板）、钢框架。装配式、装配整体式混凝土框架和钢框架适合大规模工业化施工，效率较高，工程质量较好。它有以下优缺点：

（1）框架建筑的主要优点：① 空间分隔灵活，自重轻，节省材料；② 具有可以较灵活地配合建筑平面布置的优点，利于安排需要较大空间的建筑结构；③ 框架结构的梁、柱构件易于标准化、定型化，便于采用装配整体式结构，以缩短施工工期；④ 采用现浇混凝土框架时，结构的整体性、刚度较好，设计处理好也能达到较好的抗震效果，而且可以把梁或柱浇注成各种需要的截面形状。

（2）框架结构体系的缺点为：① 框架节点应力集中显著；② 框架结构的侧向刚度小，属柔性结构框架，在强烈地震作用下，结构所产生水平位移较大，易造成严重的非结构性破坏，吊装次数多，接头工作量大，工序多，浪费人力，施工受季节、环境影响较大；③ 不适宜建造超高层建筑，框架是由梁柱构成的杆系结构，其承载力和刚度都较低，特别是水平方向的受力，它的受力特点类似于竖向悬臂剪切梁，其总体水平位移上大下小，但相对于各楼层而言，层间变形上小下大，设计时如何提高框架的抗侧刚度及控制好结构侧移为重要因素，对于钢筋混凝土框架，当高度大、层数相当多时，结构底部各层不但柱的轴力很大，而且梁和柱由水平荷载所产生的弯矩和整体的侧移亦显著增加，从而导致截面尺寸和配筋增大，对建筑平面布置和空间处理，就可能带来困难，影响建筑空间的合理使用，在材料消耗和造价方面稍高，故一般适用于建造不超过 15 层的房屋，超高建筑建议采用框架剪力墙结构。

4. 剪力墙结构（图 2-9）

剪力墙结构。钢筋混凝土墙体构成的承重体系。剪力墙结构指的是竖向的钢筋混凝土墙板，水平方向仍然是钢筋混凝土的大楼板搭在墙上，这样构成的一个体系，叫作剪力墙结构。剪力墙结构的楼板与墙体均为现浇或预制钢筋混凝土结构，多被用于高层住宅楼和公寓建筑。楼层越高，风荷载对它的推动越大，那么风的推动叫水平方向的推动，如房子，下面的是固定的，上面的风一吹应该产生一定的摇摆的浮动，摇摆的浮动限制的非常小，靠竖向墙板去抵抗，风吹过来，板对它有一个对顶的力，使得楼不产生摇摆或者是产生摇摆的幅度特别小，在结构允许的范围之内，比如：风从一面来，那么板有一个相当的力与它顶着，沿着整个竖向墙板的高度上相当于一对的力，正好像一种剪切，相当于用剪子剪楼而且剪楼的力越往下剪力越大，因此，把这样的墙板叫剪力墙板，也说明竖向的墙板不仅仅承重竖向的力还应该承担水平方向的风荷载，包括水平方向的地震力和风对它的一个推动。它有以下特点：

（1）剪力墙的主要作用是承担竖向荷载（重力）、抵抗水平荷载（风、地震等）。

（2）剪力墙结构中墙与楼板组成受力体系，缺点是剪力墙不能拆除或破坏，不利于形成大空间，住户无法对室内布局自行改造。

（3）短肢剪力墙结构应用越来越广泛，它采用宽度（肢厚比）较小的剪力墙，住户可以一定范围内改造室内布局，增加了灵活性，但这是以整个结构受力性能的降低为代价的。

（4）目前来讲，纯剪力墙结构造价高，施工困难，耗钢量极大，所以往往因为建设单位的制约，结构抗震设计囿于成本而不得不降低标准，建议慎用此类结构形式。

图 2-9　剪力墙结构

5. 框架—剪力墙结构

框架—剪力墙结构也称框剪结构，这种结构是在框架结构中布置一定数量的剪力墙，构成灵活自由的使用空间，满足不同建筑功能的要求，同时又有足够的剪力墙，有相当大的侧向刚度（剪力墙的侧向刚度大就是指在水平荷载（风荷载和水平地震力）的作用下抵抗变形能力强）。

（1）框架结构

框剪结构的受力特点，是由框架和剪力墙结构两种不同的抗侧力结构组成的新的受力形式，所以它的框架不同于纯框架结构中的框架，剪力墙在框剪结构中也不同于剪力墙结构中的剪力墙。因为，在下部楼层，剪力墙的位移较小，它拉着框架按弯曲型曲线变形，剪力墙承受大部分水平力，上部楼层则相反，剪力墙位移越来越大，有外侧的趋势，而框架则有内收的趋势，框架拉剪力墙按剪切型曲线变形，框架除了负担外荷载产生的水平力外，还额外负担了把剪力墙拉回来的附加水平力，剪力墙不但不承受荷载产生的水平力，还因为给框架一个附加水平力而承受负剪力，所以，上部楼层即使外荷载产生的楼层剪力很小，框架中也出现相当大的剪力。

（2）剪力墙结构

剪力墙结构是用钢筋混凝土墙板来代替框架结构中的梁柱，能承担各类荷载引起的内力，并能有效控制结构的水平力。钢筋混凝土墙板能承受竖向和水平力，它的刚度很大，空间整体性好，房间内不外露梁、柱棱角，便于室内布置，方便使用。剪力墙结构形式是高层住宅采用最为广泛的一种结构形式。

（3）框架—剪力墙的结构特点

框架—剪力墙结构是在框架结构中设置适当的剪力墙的结构。它具有框架结构平面的布置灵活，有较大空间的优点，又具有侧向刚度较大的优点。框架—剪力墙结构中，剪力墙主要承受水平荷载，竖向荷载由框架承担。

6. 筒体结构

筒体结构，是指由一个或多个筒体作承重结构的高层建筑体系，适用于层数较多的高层建筑。在侧向风荷载的作用下，其受力类似刚性的箱型截面的悬臂梁，迎风面将受拉，而背风面将受压。

筒体结构是由框架—剪力墙结构与全剪力墙结构综合演变和发展而来。筒体结构是将剪力墙或密柱框架集中到房屋的内部和外围而形成的空间封闭式的筒体。其特点是剪力墙集中而获得较大的自由分割空间，多用于写字楼建筑。其受力特点与一个固定于基础上的筒形悬臂构件相似。常见有框架内单筒结构、单筒外移式框架外单筒结构、框架外筒结构、筒中筒结构和成组筒结构。

筒体结构主要抗侧力，四周的剪力墙围成竖向薄壁筒和柱框架组成竖向箱形截面的框筒，形成整体，整体作用抗荷。

由密柱高梁空间框架或空间剪力墙所组成，在水平荷载作用下起整体空间作用的抗侧力构件称为筒体（由密柱框架组成的筒体称为框筒；由剪力墙组成的筒体称为薄壁筒）。由一个或数个筒体作为主要抗侧力构件而形成的结构称为筒体结构，它适用于平面或竖向布置繁杂、水平荷载大的高层建筑。如上海中心大厦等。

图 2-10　筒体结构

7. 大跨度空间结构（图 2-11）

图 2-11　大跨度空间结构

横向跨越 60m 以上空间的各类结构可称为大跨度空间结构。常用的大跨度空间结构形式包括折板结构、壳体结构、网架结构、悬索结构、充气结构、篷布张力结构等。该类建筑往往中间没有柱子，而通过网架等空间结构把荷重传到建筑四周的墙、柱上去，如体育馆、游泳馆、大剧场等。有以下结构类型：

（1）折板屋顶结构

一种由许多块钢筋混凝土板连接成波折形的整体薄壁折板屋顶结构。这种折板也可作为垂直构件的墙体或其他承重构件使用。折板屋顶结构组合形式有单坡和多坡，单跨和多跨，平行折板和复式折板等，能适应不同建筑平面的需要。常用的截面形状有 V 形和梯形，板厚一般为 5～10cm，最薄的预制预应力板的厚度为 3cm。跨度为 6～40m，波折宽度一般不大于 12m，现浇折板波折的倾角不大于 30°；坡度大时须采用双面模板或喷射法施工。折板可分为有边梁和无边梁两种。无边梁折板由若干等厚度的平板和横隔板组成，V 形折板是无边梁折板的一种常见形式。有边梁折板由板、边梁、横隔板等组成，一般为现浇。

（2）壳体屋顶结构

用钢筋混凝土建造的大空间壳体屋顶结构。壳体形式有圆筒形、球形扁壳，劈锥形扁壳和各种单曲、双曲抛物面、扭曲面等形式。美国在 20 世纪 40 年代建造的兰伯特圣路易市航空港候机室，由三组厚 11.5cm 的现浇钢筋混凝土壳体组成，每组是两个圆柱形曲面壳体正交，并切割成八角形平面状，相接处设置采光带。两个圆柱形曲面相交线作成突出于曲面上的交叉拱，既增加了壳体强度，又把荷载传至支座。支座为铰结点，壳体边缘加厚，有加劲肋，向上卷起，使壳体交叉拱的建筑造型简洁别致。

（3）网架屋顶结构

使用比较普遍的一种大跨度屋顶结构。这种结构整体性强，稳定性好，空间刚度大，防震性能好。网构架高度较小，能利用较小杆形构件拼装成大跨度的建筑，有效地利用建筑空间。适合工业化生产的大跨度网架结构，外形可分为平板型网架和壳形网架两类，能适应圆形、方形、多边形等多种平面形状。平板型网架多为双层，壳形网架有单层和双层之分，并有单曲线、双曲线等屋顶形式。

20 世纪 50 年代后期上海同济大学曾建造了装配整体式钢筋混凝土单层联方网架壳形结构建筑，大厅部分净跨度为 40m，外跨度 54m。上海文化广场的改建设计采用钢结构球节点平板型网架，1970 年建成。1976 年建成的美国新奥尔良市体育馆，圆形平面直径达 207.3m，是当今世界上最大的钢网架结构建筑。

（4）悬索屋顶结构

由钢索网、边缘构件和下部支承构件三部分组成的大跨度屋顶结构，如 1961 年建成的北京工人体育馆，直径为 94m。1958 ～ 1962 年 E. 沙里宁设计建造的美国华盛顿杜勒斯国际机场候机楼是有名的实例。候机楼宽 45.6m，长 182.5m，上下两层，屋顶每隔 3m 有一对直径 2.5cm 的钢索悬挂在前后两排的柱顶上。在悬索结构上部铺设预制钢筋混凝土板构成屋面，建筑造型轻盈明快。

（5）充气屋顶结构

用尼龙薄膜、人造纤维表面敷涂料等作材料，通过充气构筑成的大跨度屋顶结构。这种结构安装、拆装都很方便。

思考及练习题

1. 建筑构造的作用？
2. 影响建筑构造的因素有哪些？
3. 建筑结构的形式有哪些？

答案及解析

教学单元 2

教学单元3

Chapter 03

建筑材料

知识目标

了解材料的物理性质、力学性质的相关概念及影响因素，对结构材料、凝胶材料、功能性材料以及绿色建材有一定的了解。

能力目标

掌握材料的孔隙率、体积、含水率等材料性质。熟悉材料的基本性质，并结合实际施工环境，合理选择建筑材料。

思维导图

物理性质
力学性质 → 建筑材料的基本性质

钢材
木材
石材 → 建筑结构材料
砖

石灰
石膏 → 凝胶材料
水泥

建筑材料

建筑功能性材料 → 防水材料 绝热材料

绿色建材 → 概念 特征 发展前景

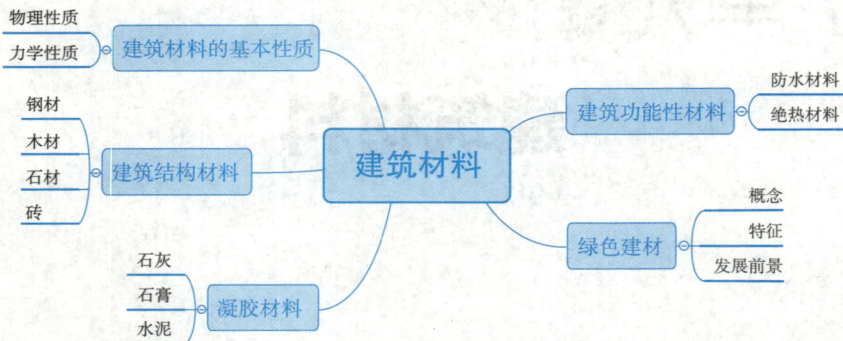

3.1 建筑材料的基本性质

3.1
材料的密度、
表观密度、
堆积密度

3.2
材料的孔隙
率、密实度、
空隙率

3.3
材料的弹性
与塑性

3.1.1 建筑材料的物理性质

材料密度是材料在特定的体积状态下，单位体积的质量。按照材料体积状态的不同，材料密度可分为实际密度、表观密度和堆积密度等。

1. 实际密度

实际密度是指材料在绝对密实状态下，单位体积所具有的质量，按式（3-1）计算。

$$\rho = m / V \tag{3-1}$$

式中　ρ——材料的实际密度，g/cm^3 或 kg/m^3；

m——材料的质量，g 或 kg；

V——材料在绝对密实状态下的体积，cm^3 或 m^3。

绝对密实状态下的体积是指不包括孔隙在内的体积。除了金属材料及花岗岩、玻璃等少数较密实的非金属材料外，绝大多数材料都有一定数量的孔隙。

2. 表观密度

表观密度是指材料在自然状态下，单位体积的质量。按式（3-2）计算：

$$\rho_0 = m / V_0 \tag{3-2}$$

式中　ρ_0——材料的表观密度，g/cm^3 或 kg/m^3；

m——材料的质量，g 或 kg；

V_0——材料在自然状态下的体积，cm^3 或 m^3。

自然状态下的体积是指材料含孔隙的体积。在干燥状态下的表观密度即为干表观密度。

3. 堆积密度

堆积密度是指散粒状材料（粉状、粒状或纤维状等）在自然堆积状态下，单位体积的质量。按下式计算：

$$\rho_0' = m / V_0' \tag{3-3}$$

式中　ρ_0'——堆积密度，kg/m^3；

m——材料的质量，kg；

V_0'——材料在堆积状态下的体积，m^3。

散粒材料在堆积状态下的体积，既包括颗粒内部的孔隙体积，又包括颗粒之间的空隙体积。

在建筑工程中，进行材料用量、构件自重、配料计算以及确定堆放空间时，均需要用到材料的密度，表观密度和堆积密度等数据。常用的建筑材料的密度、表观密度和堆积密度见表 3-1。

常用建筑材料的密度、表观密度、堆积密度　　　　表 3-1

材料名称	密度 /（kg/m^3）	表观密度 /（kg/m^3）	堆积密度 /（kg/m^3）
钢材	7800～7900	7850	
花岗岩	2700～3000	2500～2800	
石灰石	2400～2600	1600～2400	
砂	2500～2600		1400～1700
水泥	2800～3100		1100～1300
普通混凝土		2000～2800	
碎石或卵石	2600～2900	2500～2850	1400～1700
发泡塑料		20～50	

4. 密实度与孔隙率

密实度是指材料体积内被固体物质所充实的程度，也就是固体物质的体积占总体积的比例，用 D 表示，按式（3-4）计算。

$$D = (V / V_0) \times 100\% = (\rho_0 / \rho) \times 100\% \tag{3-4}$$

孔隙率是指材料体积内孔隙体积占材料总体积的百分率，用 P 表示，按式（3-5）计算。

$$P = (V_0 - V) / V_0 \times 100\% = (1 - V / V_0) \times 100\% = (1 - \rho_0 / \rho) \times 100\% \tag{3-5}$$

密实度与孔隙率的关系，可用式（3-6）表示。

$$D + P = 1 \tag{3-6}$$

材料的密实度和孔隙率是从不同方面反映材料的密实程度，通常采用孔隙率表示。孔隙率的大小直接反映了材料的致密度。建筑材料的许多工程性质，如强度、吸水性、抗渗性、抗冻性、导热性等都与材料的致密程度有关。

5. 材料的填充率与空隙率

填充率是指散粒材料在某容器的堆积体积内，被其颗粒填充的程度。用 D' 表示，按式（3-7）计算。

$$D' = V_0 / V_0' \times 100\% = \rho_0' / \rho \times 100\% \tag{3-7}$$

空隙率是指散粒材料在某容器的堆积体积内，颗粒之间的空隙体积占堆积体积的百分率，用 P' 表示，按式（3-8）计算。

$$P' = (V_0' - V_0) / V_0' \times 100\% = (1 - V_0 / V_0') \times 100\% = (1 - \rho_0' / \rho) \times 100\% \quad (3\text{-}8)$$

填充率与空隙率的关系，可用式（3-9）来表示。

$$D' + P' = 1 \qquad (3\text{-}9)$$

空隙率和填充率是从不同方面反映了散粒材料的颗粒之间相互填充的致密程度，通常采用空隙率表示。

3.1.2　材料的力学性质

材料的力学性质主要是材料在外力作用下，有关抵抗破坏、变形的能力和性质。

1. 材料的强度

材料在外力作用下抵抗破坏的能力称为强度。

当材料受到外力作用时，内部就产生应力。随着外力逐渐增加，应力也相应增大。直至材料内部质点间的作用力不能再抵抗这种应力时，材料即被破坏，此时的极限应力值就是材料的强度。

根据外力作用方式的不同，材料强度有抗拉、抗压、抗剪和抗弯强度等，材料受力示意图如图 3-1 所示。

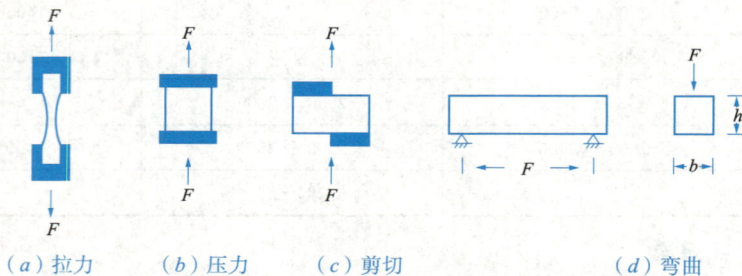

（a）拉力　　（b）压力　　（c）剪切　　　　　（d）弯曲

图 3-1　材料受力示意图

在实验室采用破坏实验法测试材料的强度。按照国家标准规定的试验方法，将制作好的试件安放在材料试验机上，施加外力，直至破坏，根据试件尺寸和破坏的荷载值，计算材料的强度。

材料的抗拉、抗压和抗剪强度计算式为

$$f = F / A \qquad (3\text{-}10)$$

式中　f——材料的强度，MPa；

　　　F——破坏荷载，N；

　　　A——受力截面面积，mm^2。

材料的抗弯强度与试件受力情况、截面形状以及支承条件有关。通常是将矩形截面的条形试件放在两个支点上，中间作用一集中荷载。材料抗弯强度的计算式为：

$$f = 3FL / 2bh^2 \qquad (3\text{-}11)$$

式中　f——材料的抗弯强度，MPa；

　　F——破坏荷载，N；

　　L——试件两支点的间距，mm；

　b、h——试件矩形截面的宽和高，mm。

　　材料的强度主要取决于它的组成和结构。一般来说，材料的孔隙率越大，强度越低，另外不同的受力形式或不同的受力方向，强度也不同。

2. 材料的弹性

　　材料在外力作用下产生变形，若除去外力后变形随即消失并能完全恢复原来形状的性质，称为弹性。这种可恢复的变形称为弹性变形。

　　弹性变形属于可逆变形，其数值大小与外力成正比，其比例系数 E 称为材料的弹性模量。材料在弹性形变范围内，弹性模量 E 为常数，其值等于应力 σ 与应变 ε 的比值，用式（3-12）来表示。

$$E = \sigma / \varepsilon \tag{3-12}$$

式中　E——材料的弹性模量，MPa；

　　　σ——材料的应力，MPa；

　　　ε——材料的应变，无量纲。

　　E 值是衡量材料抵抗变形能力的一个指标，E 越大，材料越不容易变形。

3. 材料的塑性

　　材料在外力作用下产生变形，若除去外力后仍保持变形后的形状和尺寸，并且不产生裂缝的性质称为塑性。不能恢复的变形称为塑性。塑性变形为不可逆变形，是永久变形。

4. 材料的脆性

　　材料在外力作用下，当外力达到一定限度后，材料无显著的塑性变形而突然断裂的性质称为脆性。在常温、静荷载下具有脆性的材料称为脆性材料。如；混凝土、砖、石、陶瓷等。

5. 材料的韧性

　　在冲击、振动荷载作用下，材料能够吸收较大的能量，同时也产生一定的变形而不致破坏的性质称为韧性。韧性材料如：建筑钢材、木材、塑料等。

6. 材料的硬度

　　硬度是指材料表面能够抵抗其他较硬物体压入或者刻划的能力。不同材料的硬度测定方法不同，通常采用的有刻划法和压入法两种。刻划法常用于测定天然矿物的硬度。压入法常用于钢材、木材及混凝土等的硬度测定。材料的硬度越大，则其耐磨性越好，但不加工。

7. 材料的耐磨性

　　耐磨性是指材料表面抵抗磨损的能力，材料的耐磨性与材料的组成部分、结构、强度、硬度等有关。如建筑物中踏步、台阶、地面等部位的材料应使用耐磨性较高的材料。

3.2　结构材料

　　结构材料是以力学性能为基础，以制造受力构件所用材料，当然，结构材料对物理或化学性能也有一定要求，如光泽、热导率、抗辐照、抗腐蚀、抗氧化等。建筑结构材料主要有木材、石材、钢材、砖等，下面我们将进行简单介绍和学习。

3.2.1　钢材

钢材是钢锭、钢坯或钢材通过压力加工制成的一定形状、尺寸和性能的材料。大部分钢材加工都是通过压力加工，使被加工的钢产生塑性变形。根据钢材加工温度不同，可以分为冷加工和热加工两种。

钢材是建筑行业不可缺少的重要材料，其应用广泛、品种繁多，根据断面形状的不同、钢材一般分为型材、板材、管材和金属制品四大类，为了便于组织钢材的生产、订货供应和搞好经营管理工作，又分为重轨、轻轨、大型型钢、中型型钢、小型型钢、钢材冷弯型钢，优质型钢、线材、中厚钢板、薄钢板、电工用硅钢片、带钢、无缝钢管钢材、焊接钢管、金属制品等品种。

1. 钢材的基本种类

钢材的品种繁多，应用中常有以下几种分类方法。

（1）按化学成分及主要质量等级分类

按钢材中各元素含量的多少，钢材分为非合金钢、低合金钢和合金钢。

按主要质量等级分类，非合金钢又分为普通质量非合金钢、优质非合金钢和特殊质量非合金钢；低合金钢分为普通质量低合金钢、优质低合金钢和特殊质量低合金钢；合金钢分为优质合金钢和特殊质量合金钢。其中普通钢是指生产过程中不规定需要特别控制质量要求；优质钢是指在生产过程中对质量有较高要求和控制的钢材，但这种钢的生产控制不如特殊钢严格；特殊钢是指在生产过程中需要特别严格控制质量和性能。

（2）按脱氧程度分类

根据脱氧程度不同，可分为沸腾钢（代号F）、镇静钢（代号Z）、半镇静钢（代号b）和特殊镇静钢（TZ）四种。

1）沸腾钢。脱氧不完全或不充分的钢，钢液在浇铸过程中残留的氧化铁和碳生成一氧化碳气体从钢液中逸出，引起钢液剧烈沸腾，形象地称为沸腾钢。沸腾钢中碳、有害杂质磷、硫等的偏析较严重钢的致密程度差，气泡含量多，成分不均匀，冲击韧性和焊接性能均较差：但成本低，被广泛应用于一般建筑结构中。

2）镇静钢。炼钢时一般采用硅铁、锰铁和铝锭等作脱氧剂，脱氧充分，钢液浇铸时钢液平静地冷却凝固，在浇铸过程中没有气体逸出，称镇静钢。镇静钢含有较少的有害杂质，其组织致密，气泡少，偏析程度小，各种力学性能比沸腾钢优越。常用于承受冲击荷载或重要建筑结构中。

3）半镇静钢。脱氧程度和质量介于上述两种之间的钢，其质量较好。

4）特殊镇静钢。脱氧程度比镇定钢还要充分还要彻底的钢，其质量最好。适用于特别重要的结构工程。

2. 按用途分类

（1）结构钢

1）建筑及工程用结构钢简称建造用钢，它是指用于建筑、桥梁、船舶、锅炉或其他工程上制作金属结构件的钢。如碳素结构钢、低合金钢、钢筋钢等。

2）机械制造用结构钢是指用于制造机械设备上结构零件的钢。这类钢基本上都是优质钢，主要有优质碳素结构钢、合金结构钢、易切结构钢、弹簧钢、滚动轴承钢等。

（2）工具钢

一般用于制造各种工具，如碳素工具钢、合金工具钢、钢等。按用途又可分为刃具钢、模具钢、量具钢。

（3）特殊钢

具有特殊性能的钢，如不锈耐酸钢、耐热不起皮钢、高电阻合金、耐磨钢等。

（4）专业用钢

这是指各个行业和工业部门专业用途的钢，如汽车用钢、航空用钢、化工机械用钢、锅炉用钢、电工用钢、焊条用钢等。

3.2.2　木材

木材泛指用于工业与民用建筑的木制材料，通常被为软材和硬材。工程中所用的木材主要取自树木的树干部分。木材因取得和加工容易，自古以来就是一种常用的建筑材料。

木材可分为针叶树材和阔叶树材两大类。杉木及各种松木、云杉和冷杉等是针叶树材；柞木、水曲柳、香樟、檫木及各种桦木、楠木和杨木等是阔叶树材。中国树种很多，因此各地区常用于工程的木材树种亦各异。东北地区主要有红松、落叶松（黄花松）、红皮云杉、水曲柳；长江流域主要有杉木、马尾松；西南西北地区主要有冷杉、云杉。

1. 木材的应用

（1）木材在结构工程中的应用

木材是传统的建筑材料，在古建筑和现代建筑中都得到了广泛应用。在结构上，木材主要用于构架和屋顶，如梁、柱、椽、楼板、斗拱等。我国许多历史建筑物均为木结构，如应县木塔、故宫的建筑等。它们在建筑技术和艺术上均有很高的水平，并具独特的风格。

（2）木材在装饰工程中的应用

在建筑行业中木材历来被广泛用于建筑室内装修与装饰，它给人以自然美的享受，还能使室内空间产生温暖与亲切感。在古建筑中，木材更是用作细木装修的重要材料，这是一种工艺要求极高的艺术装饰。木材由于加工制作方便和良好的性能，被广泛地应用于建筑结构工程、建筑装饰工程等。

（3）木材的综合利用

木材在加工成型材和制作成构件的过程中，会留下大量的碎块、废屑等，将这些下脚料进行加工处理，就可制成各种人造板材。常用人造板材有以下几种：

1）胶合板，是将原木旋切成的薄片，用胶黏合热压而成的人造板材。

2）纤维板，是将木材加工下来的板皮、刨花、树枝等边角废料，经破碎、浸泡、研磨成木浆，再加入一定的胶料，经热压成型、干燥处理而成的人造板材，

3）复合地板，是一种多层叠压木地板，板材 80% 为木质。这种地板通常是由面层、

芯板和底层三部分组成，其中面层又是由经特别加工处理的木纹纸与透明的蜜胺树脂经高温、高压压合而成；芯板是用木纤维、木屑或其他木质粒状材料等，与有机物混合经加压而成的高密度板材；底层为用聚合物叠压的纸质层。

4）复合木板又叫木工板，它是由三层胶黏压合而成，其上、下面层为胶合板，芯板是由木材加工后剩下的短小木料经加工制得木条，再用胶黏拼而成的板材。

2. 木材的优势

绿色环保，可再生，可降解。施工简易、工期短。冬暖夏凉，抗震性能优良。

3.2.3 石材

3.4 石材的选用原则

石材作为一种高档建筑装饰材料广泛应用于室内外装饰设计、幕墙装饰和公共设施建设。目前市场上常见的石材主要分为天然石和人造石、大理石。

1. 物理性质

（1）耐火性

各种石材皆不同，耐火性较好，但有些石材在高温作用下，发生化学分解。

1）石膏：在大于 107℃时分解。

2）石灰石、大理石：在大于 910℃时分解。

3）花岗石：在 600℃时因组成矿物受热不均而裂开。

（2）膨胀及收缩

石材遇冷越热，会发生热胀冷缩，但若受热后再冷却，其收缩不能恢复至原来体积，而必保留一部分成为永久性膨胀。

（3）耐冻性

石材在 −20℃时，发生冻结，孔隙内水分膨胀比原有体积大 1/10，岩石若不能抵抗此种膨胀所发生之力，便会出现破坏现象。一般若吸水率小于 0.5%，就不考虑其抗冻性能。

（4）耐久性

石材具有良好的耐久性，用石材建造的结构物具有永久的可能。古代人早就认识到这一点，因此许多重要的建筑物及纪念性构筑物都是使用石材建成的。比如古代很多墓碑就是用石材建成的。

（5）抗压强度

石材的抗压强度会因矿物成分、结晶粗细、胶结物质的均匀性、荷重面积、荷重作用与解理所成角度等因素，而有所不同。若其他条件相同，通常结晶颗粒细小而彼此粘结一起的致密材料，具有较高强度。比如花岗岩，抗压强度高。

2. 石材种类

石材的两大种类是天然石材和人造石材。天然石材是指从天然岩体中开采出来的，并经加工成块状或板状材料的总称。天然石材如大理石、花岗岩、石灰石等。建筑装饰用的天然石材主要有花岗石和大理石。

（1）天然石材可大致分为以下三类：

1）花岗岩是一种非常坚硬的火成岩岩石，它的密度很高，耐划痕和耐腐蚀。它非常适合用于地板和厨房台面。

2）大理石是指沉积的或变质的碳酸盐岩类的岩石，有大理岩、白云岩、灰岩、砂岩、页岩和板岩等，是石灰石的衍生物，大理石是一种变质岩可以抛光打磨。大理石具有软性容易划伤或被酸性物质腐蚀。

3）石灰石是沉积岩的一种，是由方解石和沉积物组成的，形成各种颜色。

（2）人造石材是一种人工合成的装饰材料。按照所用粘结剂不同，可分为有机类人造石材和无机类人造石材两类。按其生产工艺过程的不同，又可分为聚酯型人造大理石、复合型人造大理石、硅酸盐型人造大理石、烧结型人造大理石四种类型。

3.2.4　砖

1. 砖的概述及分类

建筑用的人造小型块材，分烧结砖（主要指黏土砖）和非烧结砖（灰砂砖、粉煤灰砖等），俗称砖头。黏土砖以黏土为主要原料，经泥料处理、成型、干燥和焙烧而成。大致有以下几类：

（1）按材质分：黏土砖、粉煤灰砖、灰砂砖、混凝土砖等。

（2）按孔洞率分：实心砖（无孔洞或孔洞小于 25% 的砖）；多孔砖（孔洞率等于或大于 25%，孔的尺寸小而数量多的砖，常用于承重部位，强度等级较高）；空心砖（孔洞率等于或大于 40%，孔的尺寸大而数量少的砖，常用于非承重部位，强度等级偏低）。

（3）按生产工艺分：烧结砖（经焙烧而成的砖）、蒸压砖、蒸养砖。

（4）按烧结与否分为：免烧砖（水泥砖）和烧结砖。

2. 砖墙

（1）标准砖的规格为 240mm×115mm×53mm，包括 10mm 厚灰缝，其长宽厚之比为 4∶2∶1。标准砖砌筑墙体时以砖宽度的倍数（115mm + 10mm = 125mm）为模数。

（2）墙的厚度：砖墙的厚度习惯上以砖长为基数来称呼，如半砖墙、一砖墙、一砖半墙等。其厚度一般取决于对墙体强度、稳定性及功能的要求，同时还应符合砖的规格。

（3）砖墙的组砌方式：指砖块在砌体中的排列方式。为了保证墙体的强度和稳定性，在砌筑时应遵循错缝搭接的原则，即在墙体上下皮砖的垂直砌缝有规律的错开。砖在墙体中的放置方式有顺式（砖的长方向平行于墙面砌筑）和丁式（砖的长方向垂直于墙面砌筑）。

3.3　凝胶材料

凝胶材料，又称胶结料。是在物理、化学作用下，能从浆体变成坚固的石状体，并能胶结其他物料，制成一定机械强度的复合固体的物质。主要有石灰、石膏、水泥等。

3.3.1 石灰（图3-2）

1. 石灰的概念

石灰是一种以氧化钙为主要成分的气硬性无机胶凝材料。石灰是用石灰石、白云石、贝壳等碳酸钙含量高的产物，经 900～1100℃煅烧而成。石灰是人类最早应用的胶凝材料。石灰在土木工程中应用范围很广。

图 3-2　石灰

石灰的生产，由石灰石煅烧成石灰，实际上是碳酸钙（$CaCO_3$）分解过程，其反应式为：

$$CaCO_3 - 900～1200℃ \longrightarrow CaO + CO_2 \tag{3-13}$$

2. 石灰的熟化与硬化

生石灰（CaO）与水反应生成氢氧化钙的过程，称为石灰的熟化或消化。反应生成的产物氢氧化钙称为熟石灰或消石灰。其反应式为：

$$CaO + H_2O = Ca(OH)_2 \tag{3-14}$$

石灰熟化时放出大量的热，体积增大 1.5～2 倍。煅烧良好、氧化钙含量高的石灰熟化较快，放热量和体积增大也较多。工地上熟化石灰常用两种方法：消石灰浆法和消石灰粉法。

石灰浆体的硬化包括干燥结晶和碳化两个同时进行的过程。石灰浆体因水分蒸发或被吸收而干燥，在浆体内的孔隙网中，产生毛细管压力。使石灰颗粒更加紧密而获得强度。这种强度类似于粘土失水而获得的强度，其值不大，遇水会丧失。同时，由于干燥失水。引起浆体中氢氧化钙溶液过饱和，结晶出氢氧化钙晶体，产生强度；但析出的晶体数量少，强度增长也不大。在大气环境中，氢氧化钙在潮湿状态下会与空气中的二氧化碳反应生成碳酸钙，并释放出水分，即发生碳化。反应式为：

$$Ca(OH)_2 + CO_2 = CaCO_3\downarrow + H_2O \tag{3-15}$$

石灰依靠干燥结晶以及碳化作用而硬化，由于空气中的二氧化碳含量低，且碳化后形成的碳酸钙硬壳阻止二氧化碳向内部渗透，也妨碍水分向外蒸发，因而硬化缓慢，硬化后的强度也不高。在处于潮湿环境时，石灰中的水分不蒸发，二氧化碳也无法渗入，硬化将停止；加上氢氧化钙微溶于水，已硬化的石灰遇水还会溶解溃散。因此，石灰不宜在长期潮湿和受水浸泡的环境中使用。

石灰在硬化过程中，要蒸发掉大量的水分，引起体积显著收缩，易出现干缩裂缝。所以，石灰不宜单独使用，一般要掺入砂、纸筋、麻刀等材料，以减少收缩，增加抗拉强度，并能节约石灰。

3. 石灰的用途

石灰在土木工程中应用范围很广，主要用途如下：

（1）石灰乳和砂浆。消石灰粉或石灰膏掺加大量粉刷。月石灰膏或消石灰粉可配制石灰砂浆或水泥石灰混合砂浆，用于砌筑或抹灰工程。

（2）石灰稳定土。将消石灰粉或生石灰粉掺入各种粉碎或原来松散的土中，经拌合、压实及养护后得到的混合料，称为石灰稳定土。它包括石灰土、石灰稳定砂砾土、石灰碎石土等。粘土颗粒表面的少量活性氧化硅和氧化铝与氢氧化钙发生反应，生成水硬性的水化硅酸钙和水化铝酸钙，使黏土的抗渗能力，抗压强度，耐水性得到改善。广泛用作建筑物的基础、地面的垫层及道路的路面基层。

（3）硅酸盐制品。以石灰（消石灰粉或生石灰粉）与硅质材料（砂、粉煤灰、火山灰、矿渣等）为主要原料，经过配料、拌合、成型和养护后可制得砖、砌块等各种制品。因内部的胶凝物质主要是水化硅酸钙，所以称为硅酸盐制品，常用的有灰砂砖、粉煤灰砖等。

3.3.2　石膏（图 3–3）

图 3-3　石膏

1. 概念

石膏是单斜晶系矿物，是主要化学成分为硫酸钙（$CaSO_4$）的水合物。石膏是一种用途广泛的工业材料和建筑材料。可用于水泥缓凝剂、石膏建筑制品、模型制作、医用食品添加剂、硫酸生产、纸张填料等。

石膏及其制品的微孔结构和加热脱水性，使之具优良的隔声、隔热和防火性能。

2. 石膏的主要性质

（1）凝结硬化快。建筑石膏在加水拌合后，浆体在几分钟为便开始失去可塑性，30分钟内完全失去可塑性而产生强度，大约一星期左右完全硬化。为满足施工要求，需要加入缓凝剂，如硼砂、酒石酸钾钠、柠檬酸、聚乙烯醇、石灰活化骨胶或皮胶等。

（2）凝结硬化时体积微膨胀。石膏浆体在凝结硬化初期会产生微膨胀。这一性质石膏制品的表面光滑、细腻、尺寸精确、形体饱满、装饰性好。

（3）孔隙率大。建筑石膏在拌合时，为使浆体具有施工要求的可塑性，需加入石膏用量 60% 左右的用水量，而建筑石膏水化的理论需水量为 18.6%，所以大量的自由水在蒸发时，在建筑石膏制品内部形成大量的毛细孔隙。导热系数小，吸声性较好，属于轻质保温材料。

（4）具有一定的调湿性。由于石膏制品内部大量毛细孔隙对空气中的水蒸气具有较强的吸附能力，所以对室内的空气湿度有一定的调节作用。

（5）防火性好。石膏制品在遇火灾时，二水石膏将脱出结晶水，吸热蒸发，并在制品表面形成蒸汽幕和脱水物隔热层，可有效减少火焰对内部结构的危害。建筑石膏制品在防火的同时自身也会遭到损坏，而且石膏制品也不宜长期用于靠近 65℃ 以上高温的部位，以免二水石膏在此温度下失去结晶水，从而失去强度。

（6）耐水性、抗冻性差。建筑石膏硬化体的吸湿性强，吸收的水分会减弱石膏晶粒间的结合力，使强度显著降低；若长期浸水，还会因二水石膏晶体逐渐溶解而导致破坏。石膏制品吸水饱和后受冻，会因孔隙中水分结晶膨胀而破坏。所以，石膏制品的耐水性和抗冻性较差，不宜用于潮湿部位。为提高其耐水性，可加入适量的水泥、矿渣等水硬性材料，也可加入有机防水剂等，可改善石膏制品的孔隙状态或使孔壁具有憎水性。

3. 建筑石膏主要用途

建筑石膏主要用于室内粉刷，石膏砂浆用于室内抹灰或作为油漆打底层，作为室内石膏装饰品，制作石膏墙体。

3.3.3 水泥（图 3-4）

3.6
普通硅酸盐水泥

3.7
混凝土的特点

3.8
混凝土的抗压强度和强度等级

1. 水泥的概念

水泥是粉状水硬性无机胶凝材料。加水搅拌后成浆体，能在空气中硬化或者在水中硬化，并能把砂、石等材料牢固地胶结在一起。用它胶结碎石制成的混凝土，硬化后不但强度较高，而且还能抵抗淡水或含盐水的侵蚀。长期以来，它作为一种重要的胶凝材料，广泛应用于土木建筑、水利、国防工程等。

图 3-4　水泥

2. 水泥的分类

（1）水泥按用途及性能分为：

1）通用水泥：一般土木建筑工程通常采用的水泥。通用水泥主要有六大类水泥，即硅酸盐水泥、普通硅酸盐水泥、矿渣硅酸盐水泥、火山灰质硅酸盐水泥、粉煤灰硅酸盐水泥和复合硅酸盐水泥。

2）专用水泥：专门用途的水泥。如：G级油井水泥，道路硅酸盐水泥。

3）特性水泥：某种性能比较突出的水泥。如：快硬硅酸盐水泥、低热矿渣硅酸盐水泥、膨胀硫铝酸盐水泥、磷铝酸盐水泥。

（2）水泥按其主要水硬性物质名称分为：

1）硅酸盐水泥，即国外通称的波特兰水泥；

2）铝酸盐水泥；

3）硫铝酸盐水泥；

4）铁铝酸盐水泥；

5）氟铝酸盐水泥；

6）磷酸盐水泥；

7）以火山灰或潜在水硬性材料及其他活性材料为主要组分的水泥。

（3）水泥按主要技术特性分为：

1）快硬性（水硬性）：分为快硬和特快硬两类；

2）水化热：分为中热和低热两类；

3）抗硫酸盐性：分中抗硫酸盐腐蚀和高抗硫酸盐腐蚀两类；

4）膨胀性：分为膨胀和自应力两类；

5）耐高温性：铝酸盐水泥的耐高温性以水泥中氧化铝含量分级。

3. 混凝土

混凝土是指由胶凝材料将骨料胶结成整体的工程复合材料的统称。通常讲的混凝土一词是指用水泥作胶凝材料，砂、石作集料；与水（加或不加外加剂和掺合料）按一定比例配合，经搅拌、成型、养护而得的水泥混凝土，也称普通混凝土，它广泛应用于土木工程。

3.4　建筑功能性材料

3.4.1　防水材料

建筑防水材料是建筑产品的一项重要功能，是关系到建筑物的使用价值、使用条件及卫生条件，影响到人们的生产活动、工作生活质量，对保证工程质量具有重要的地位。

1. 建筑防水材料的作用

建筑防水材料是防水工程的物质基础，是保证建筑物与构建物防止雨水侵入、地下水等水分渗透的主要屏障，防水材料的优劣对防水工程的影响极大。

Grace 非沥青建筑防水卷材，是性能优越的多层复合防水材料，包括一层高性能 PE 膜，压敏性高分子胶粘层和独特配方的颗粒层。

AA-JA 建筑防水涂料是一种在常温下呈现粘稠状液体的高分子合成材料。涂刷在基层表面后，经过溶剂的挥发或水分的蒸发或各组分间的化学反应，形成坚韧的防水膜，起到防水、防潮的作用。涂膜防水层完整、没有接缝、自重轻、施工简单方便、易于修补、使用寿命长的特点。如果防水涂料配合密封灌缝材料使用，可以增强防水性能，有效防止渗漏水，延长防水层的耐用期限。

防水涂料，是以聚醚为主要原料，配以各种助剂制成，属于无有机溶剂挥发的单组分柔性涂料，其固体含量低强度高延伸率大于 90%，拉伸强度大于 1.9%。

2. 施工中注意的问题

聚酯布防水层空鼓，发生在找平层与聚酯布之间，且多在聚酯布接缝处，其原因是找平层不干燥，汗水率大，空气排除不彻底，聚酯布没有粘结牢固；渗漏多发生在管根、地漏、形变缝等处，伸缩缝没有断开，造成防水层撕裂，其他部位由于粘结不牢固也有可能发生渗漏，施工中应该加强检查，认真操作。

屋面隔离层的做法应在施工中因地制宜，取长补短，把面上的这三涂一布防水层做在找平层与刚性层之间，既起了隔离层的作用，又不被日晒雨淋，既防止老化，又起了防水作用。防水工程在建筑施工中属于关键项目和隐蔽工程，对保证工程质量具有重要意义。

3.4.2 绝热材料

绝热材料是指能阻滞热流传递的材料，又称热绝缘材料。传统绝热材料，如玻璃纤维、石棉、岩棉、硅酸盐等，新型绝热材料，如气凝胶毡、真空板等。它们用于建筑围护或者热工设备、阻抗热流传递的材料或者材料复合体，既包括保温材料，也包括保冷材料。绝热材料一方面满足了建筑空间或热工设备的热环境，另一方面也节约了能源。因此，有些国家将绝热材料看作是继煤炭、石油、天然气、核能之后的"第五大能"。

绝热保温材料的应用日益广泛，随着建筑行业的发展，对于绝热保温材料需求旺盛，目前，已被研究出来的耐火保温材料种类繁多，行业内对该材料的分类一般按结构、材质和使用温度等，耐火保温材料按使用温度可以分为低温保温材料（600℃以下）、中温保温材料（600～1000℃）和高温保温材料（1000℃以上）。目前使用的绝热保温材料主要包括以下几种。

1. 玻璃棉保温材料（图 3-5）

玻璃棉是一种无机纤维隔热吸声材料，生产方法有火焰法、蒸汽立吹法和离心喷吹法。火焰喷吹法的能耗高，渣球含量高，目前已被离心抽丝法所替代。

玻璃棉具有一定的机械强度、易成型、绝缘性能好、抗腐蚀和疲劳损伤，被广泛地应用于航空、石化、加工等领域。玻璃棉除单独使用外，还可以和其他材料结合制成复合材料，如王俊杰等制备了以硅灰和玻璃纤维为主要材料的硅灰—玻璃纤维隔热材料。一般玻璃棉制品最高使用温度在 500～600℃，适用于低温保温材料。

图 3-5　玻璃棉保温材料

2. 矿（岩）棉保温材料（图 3-6）

图 3-6　矿（岩）棉保温材料

矿（岩）棉属于矿物棉，物质的成分主要是 SiO_2 和 Al_2O_3，其余是 CaO 和少量的 MgO、Fe_2O_3 等。岩棉以玄武岩和辉绿岩等天然火成岩为主要原材料，再加以适量的辅助性材料、结合剂等，经高温熔融离心喷吹制成纤维；矿渣棉则以工业生产形成的尾渣为主要原材料，其中钢渣为常见的原材料。

矿（岩）棉及其系列产品隔热保温、吸声隔声、阻燃、耐高温、不腐、不蚀等优点使它由最初单一的工业保温隔热向核反应堆、船舶、吸声板等特殊领域进军。矿（岩）棉属于低温保温材料，通常使用温度在 600℃以下，最高使用温度可达 650℃，是目前国内外使用较为普遍的保温隔热材料。

3. 复合硅酸盐保温材料

复合硅酸盐保温材料具有可塑性强、导热系数低、耐高温、浆料干燥收缩率小等特点。主要种类有硅酸镁、硅镁铝、稀土复合保温材料等。而近年出现的海泡石保温隔热材料作为复合硅酸盐保温材料中的佼佼者，由于其良好的保温隔热性能和应用效果，已经引起了建筑界的高度重视，显示出强大的市场竞争力和广阔的市场前景。海泡石保温隔热材料是以特种非金展矿物质—海泡石为主要序料，辅以多种变质矿物原料、添加助剂，采用新工艺经发泡复合而成。该材料无毒、无味，为灰白色静电无机骨体，干燥成型后为灰白色封闭网状结构物。其显著特点是导热系数小，温度使用范围广，抗老化、耐酸碱，轻质、隔声、阻燃、施工简便、综合造价低等。主要用于常温下建筑屋面、墙面、室内顶棚的保温隔热，以及石油、化工、电力、冶炼、交通、轻工与国防工业等部门的热力设备，管道的保温隔热和烟囱内壁、炉窑外壳的保温（冷）工程。这种保温隔热材料，将以其独特的性能开创保温隔热节能的新局面。

4. 硅酸钙绝热制品保温材料（图 3-7）

图 3-7　硅酸钙绝热制品保温材料

硅酸钙绝热制品保温材料在 20 世纪 80～90 年代曾被公认为块状硬质保温材料中最好的一种，其特点是密度小、耐热度高，导热系数低.抗折、抗压强度较高，收缩率小。但进入 21 世纪以来，其推广使用出现了低潮，主要原因是许多厂家采用纸浆纤维。以上做法虽然解决了无石棉问题。但由于纸浆纤维不耐高温，由此影响了保温材料的耐高温性和增加了破碎率。该保温材料在低温部位使用时，性能虽不受影响，但并不经济。

5. 纤维质保温材料（图 3-8）

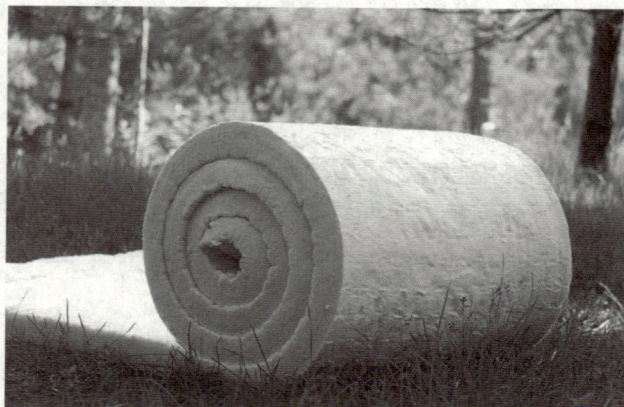

图 3-8　纤维质保温材料

纤维质保温材料在 20 世纪 80～90 年代市场上占有较大的份额，是因为其优异的防火性能和保温性能，主要适用于建筑墙体和屋面的保温。但由于投资大，所以生产厂家不多，限制了它的推广使用，因而现阶段市场占有率较低。

除上述保温材料外，硅藻土保温材料、保温砂浆、保温涂料和陶瓷混凝土等在耐火保温行业中也有着广泛的应用；特别是陶瓷混凝土保温材料采用蛭石、粉煤灰做填料，硅铝酸盐做结合剂的研究，使材料具有低热导率和较高的抗热震性能。

3.5　绿色建材

3.5.1　绿色建材的概念

绿色建筑材料是指采用清洁生产技术，不用或少用天然资源和能源，大量使用工农业或城市固态废弃物生产的无毒害、无污染、无放射性，达到使用周期后可回收利用，有利于环境保护和人体健康的建筑材料。绿色建材的定义围绕原料采用、产品制造、使用和废弃物处理 4 个环节，并实现对地球环境负荷最小和有利于人类健康两大目标，达到"健康、环保、安全及质量优良" 4 个目的。

绿色建材早已在建筑、装饰施工中广泛应用，绿色建材是采用清洁生产技术，使用工业或城市固态废弃物生产的建筑材料。中国目前已开发的"绿色建材"有纤维强化石膏板、陶瓷、玻璃、管材、复合地板、地毯、涂料、壁纸等。如"防霉壁纸"，经过化学处理，排除了发霉、起泡滋生霉菌的现象。"环保型内外墙乳胶漆"不仅无味、无污染，还能散发香味，并且可以洗涤、复刷等。"环保地毯"既能防腐蚀、防虫蛀，又具有防止阴燃的作用。"复合型地板"，是用天然木材，经进口漆表面处理而制成，具有防蛀、防霉、防腐、防燃、不变形特点。总而言之，绿色建材是一种无污染、不会对人体造成伤害的装饰材料。

3.5.2　基本特征

（1）其生产所用原料尽可能少用天然资源、大量使用尾渣、垃圾、废液等废弃物。

（2）采用低能耗制造工艺和无污染环境的生产技术。

（3）在产品配制或生产过程中，不得使用甲醛、卤化物溶剂或芳香族碳氢化合物，产品中不得含有汞及其化合物的颜料和添加剂。

（4）产品的设计是以改善生产环境、提高生活质量为宗旨，即产品不仅不损害人体健康，而应有益于人体健康，产品具有多功能化，如抗菌、灭菌、防霉、除臭、隔热、阻燃、调温、调湿等。

（5）产品可循环或回收利用，无污染环境的废弃物。

3.5.3　绿色建筑发展前景

（1）新时代建筑业的发展要求是绿色、环保、节能、减排。要大力推广绿色建筑，加大绿色建筑的发展。现阶段民众对绿色建筑有一定了解，但还没有大规模普及，了解的深度和广度不够，绿色建筑在建筑行业的占有率不是很高，我国绿色建筑发展的关键是大众化和普及化，让人民群众知道什么是绿色建筑，以及绿色建筑会带来什么好处等。

2. 发展互联网与绿色建筑相融合的"互联网＋绿色建筑"：

（1）设计互联网化，目前，我国缺少整合的云计算平台软件。同时要在建筑新部件、绿色建材、新型材料、新工艺、管理新模式等方面大量应用数据、网络新技术。

（2）施工互联网化，未来的建绿色建筑施工就像制造汽车那样实现产业化，整个过程由互联网进行严格监管，各部件、部品生产商与物流系统、施工现场、监理等"无缝"联结，使整个系统达到零库存、低污染、高质量和低成本。

（3）运营互联网化，首先要引进物联网的概念，即只要安装了相应的传感器，通过个人的智能手机就可方便地实现建筑的节能、节水或家电的遥控。

3. 建造更加生态友好、人性化的绿色建筑。

人类未来面临能源、水、食品、环境、贫穷、疾病等重大问题与挑战。如果把绿色建筑做到更加人性化和更加环保，就有利于解决上述问题。未来，绿色建筑通过综合利用可再生能源、促进水循环利用，并将太阳能转化成电能，使建筑物内植物昼夜都可以进行光合反应，吸收二氧化碳，排出氧气。从而实现建筑和植物果树的完美融合，实现节能、节水、节材，降低温室气体排放，并全面地提升绿色建筑的质量。

思考及练习题 🔍

1. 建筑材料的物理性质包含哪些？
2. 建筑材料的力学性质包含哪些？
3. 钢材的分类有哪些？
4. 石膏的主要用途？
5. 石膏的物理性质有哪些？
6. 石灰在土木工程中的应用有哪些？

答案及解析 🔍

教学单元 **4**

Chapter 04

建筑施工组织

知识目标

通过本单元的学习，掌握施工组织设计原理、流水施工基本原理、网络计划技术的相关概念。

能力目标

学习本单元的基本要求是了解施工组织总设计的编制程序、施工过程组织、流水施工参数，绘制双代号网络计划。

思维导图

```
                                                                          概念
                                                                          分类
             网络计划技术相关概念                          施工组织设计      内容
                网络计划基本分析  ◁ 网络计划技术                           编制程序
                                                                          单位工程施工组织设计
                                              建筑施工组织
          双代号网络图
            逻辑关系                                                   流水施工原理
          三个工作的定义                                                施工进度表
        绘制双代号网络计划  ◁ 网络计划优化技术                           施工过程组织
      双代号时标网络计划的绘制                          流水施工 3        流水施工
          网络计划图的调整                                              流水施工参数
                                                                       流水施工组织
```

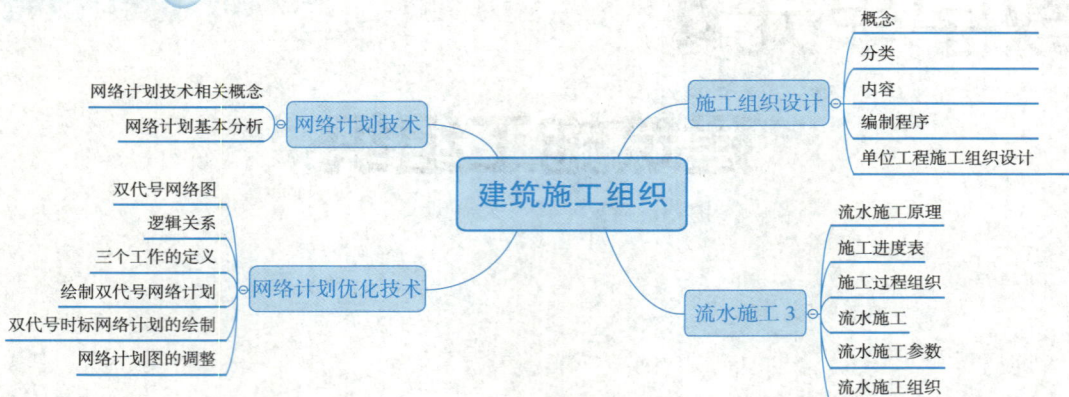

4.1 施工组织设计

4.1.1 施工组织设计的概念

4.1
施工组织
设计的基
本知识

施工组织设计以新建或者扩建的工程项目为编制的对象，对其施工工作起到技术支持的作用，对工程项目的经济性具体指导作用，为工程项目的全面管理工作提供科学的依据。

4.1.2 施工组织设计的分类

1. 按编制的对象进行分类

依据施工组织设计的编制对象进行分类，则可分为以下三类：施工组织总设计、单位工程施工组织设计和分部分项工程施工组织设计。

（1）施工组织总设计，其编制的对象为建设工程项目或者为群体性的工程项目，进行统筹管理，组织和指导建设工程项目整个全局的施工。

（2）单位工程施工组织设计，其以单位工程为编制的对象。依据上述总设计进行编制的文件，更加详细和细致地对单位工程的组织工作进行进一步安排，指导单位工程的施工工作。季度施工计划和月度施工计划都是依据它进行编制的。

（3）分部分项工程施工组织设计，也被称为专项工程施工方案，其编制的对象一般为该工程项目中使用了新技术的项目、所用技术较为复杂的分部分项工程以及具有较大危险性的分部分项工程。其内容主要为：技术组织措施、进度计划、专项的施工方案等。

2. 按编制的阶段进行分类

按编制阶段进行分类，则可分为：标前施工组织设计和标后施工组织设计。在投标前编制的施工组织设计，简称为标前设计，其编制的对象是招标单位的拟建工程项目，投标单位进行编制的，其编制的目的是为了中标和得到该工程项目。

施工单位中标后，建设单位和施工单位签订合同，施工单位又进行施工组织设计的制订，此时被称为标后设计，编制标后设计的目的是：对实际工程项目的施工进行指导，使得施工单位能够对工程项目的目标进行把控，而且同时也要实现其利润。

4.1.3　施工组织设计的内容

以施工组织设计的内容为对象，施工组织设计的具体内容如下：

（1）工程概况。工程概况对工程项目的建筑面积、建筑位置、建筑物的规划用途、建筑结构、所处周围环境、所在水文地质情况、工程的复杂程度和工程重点难点等内容进行说明。

（2）施工部署。施工总体部署所包括的内容如下：进度计划进行控制、设置的组织管理机构、施工所需遵循的原则、对专业分包队伍进行的选择工作、合理进行分工、施工顺序或者是分阶段的施工计划与安排等。

（3）施工准备。施工准备的内容包括使施工现场达到三通一平（即水通、电通、路通和场地的平整），现场临时设施的准备，平面控制网以及水准点的设立、测量等工作，开展技术培训等。

（4）施工方案。是对主要的分部分项工程进行施工方案的选择，对重点的单位工程进行重要的结构施工方案进行选择。

（5）施工进度计划。对开工日期、竣工日期进行确定，以及对整个工程项目的施工期限进行确定等。

（6）资源需要量计划。资源需要量计划主要包括：劳动力资源、建筑材料、机械设备、建筑所需的构件和配件以及建筑半成品、施工机具器具等施工过程中所需要的资源进行统筹的安排，针对一些特殊性质的建筑材料要单独安排计划。

（7）施工平面布置图。对如下内容进行绘制：施工现场中的临时办公房、临时职工宿舍、临时道路、材料仓库和堆放场、材料加工厂、临时供电和水的设施、搅拌站、消防保卫设施等。

（8）主要的管理措施。主要的管理措施包括：质量方面、安全方面、环保方面、施工现场的文明施工方面以及冬雨期施工等方面的措施内容。

4.1.4　施工组织总设计的编制程序

施工组织总设计的编制通常采用如下程序：

（1）收集和熟悉编制施工组织总设计所需的有关资料和图纸，进行项目特点和施工条件的调查研究。

（2）计算主要工种工程的工程量。

（3）确定施工的总体部署。

（4）拟订施工方案。

（5）编制施工总进度计划。

（6）编制资源需求量计划。

（7）编制施工准备工作计划。

（8）施工总平面图设计。

（9）计算主要技术经济指标。

应该指出，以上顺序中有些顺序必须这样，不可逆转，如拟订施工方案后才可编制施工总进度计划（因为进度的安排取决于施工的方案），编制施工总进度计划后才可编制资源需求量计划（因为资源需求量计划要反映各种资源在时间上的需求）。但是在以上顺序中也有些顺序应该根据具体项目而定，如确定施工的总体部署和拟订施工方案，两者有紧密的联系，往往可以交叉进行。单位工程施工组织设计的编制程序与施工组织总设计的编制程序非常类似。

4.1.5 单位工程施工组织设计

4.2
工程概况

1. 工程概况

工程概况是对拟建工程的各个参与方、现场情况、施工条件等作一个简要且重点突出的文字介绍，有时也可以用表格的形式介绍，见表4-1。但工程概况复杂时难以将每一项情况都在表格中罗列，一般工程概况的描述以文字形式居多。

工程概况表 表4-1

工程建设概况	建设单位		工程名称	
	设计单位		开工日期	
	监理单位		竣工日期	
	施工单位		工程投资额	
工程施工概况	建筑面积、建筑高度		现场概况	施工用水情况	
	建筑层数			施工用电情况	
	结构形式			施工道路情况	
	基础类型及埋置深度			地下水位	
	抗震预防烈度			冻结深度	

工程概况包括工程建设概况和工程施工概况。

（1）工程建设概况

工程建设概况主要介绍拟建工程的各个参与方工程的名称、性质、用途、开竣工日期等。

（2）工程施工概况

1）建筑概况。建筑方面主要介绍拟建工程的重要建筑参数，如建筑面积、建筑层数、建筑高度、平面形状和室内室外装修情况。

2）结构概况。结构方面主要介绍基础的类型、基础埋深、上部结构的结构类型、抗震设防等级、设防烈度等，如采用了新结构、新技术、新工艺、新材料等先进手段还需额外说明。

3）建设地点场地特征，场地方面主要包括拟建工程的建设位置、所在地地形情况、拆迁进度、水文地质条件、土冻结深度、冬季雨季起止时间、主导风向等情况。

4）施工条件包括劳动力原材料、机械设备等供应条件，场地"三通一平"情况等。

2. 施工特点分析

建筑物或构筑物的施工特点会因组成材料或结构体系的不同而异，而不同的施工特点又会带来不同的施工方案和不同的技术、组织保证措施。因此要在施工组织设计的开始进行项目施工特点分析。例如，砌体结构的施工特点是砌筑和扶灰工程量大，水平和垂直运输量大；现浇钢筋混凝土结构的施工特点是结构和施工机具设备的稳定性要求高，钢材加工、使用量大，混凝土养护时间长等，带多层地下室的房屋施工特点是基坑开挖量大，基坑支护条件复杂，安全防护要求高等。

3. 施工部署

施工部署主要内容包括：明确项目的组织体系、部署原则、区域划分、进度安排、展开程序和全场性准备工作规划等。

（1）项目组织体系

项目组织体系应包含建设单位、承包和分包单位及其他参建单位，应以框图表示，明确各单位在本项目的地位及负责人，如图 4-1 所示。

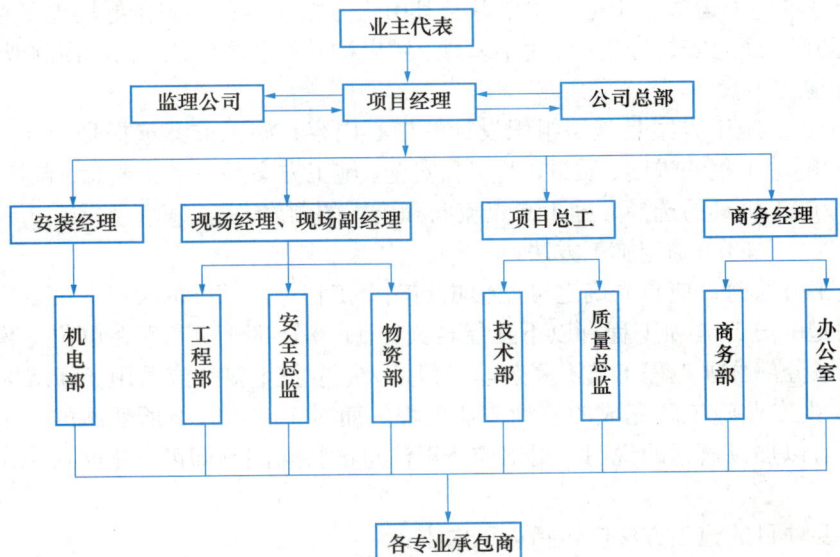

图 4-1　管理组织机构图

（2）施工区域（或任务）的划分与组织安排

在明确施工项目管理体制、组织机构和管理模式的条件下，划分各参与施工单位的任务，明确总包与分包的关系，建立施工现场统一的组织领导机构及职能部门，确定综合的和专业化的施工组织，明确各单位之间的分工与协作关系，确定各分包单位分期、分批的主攻项目和穿插项目。

（3）确定项目展开程序

根据建设项目施工总目标及总程序的要求，确定分期、分批施工的合理展开程序。在确定展开程序时，应主要考虑以下六点。

1）在满足合同工期要求的前提下，分期分批施工。这样既有利于保证项目的总工期，又可在全局上实现施工的连续性和均衡性，减少暂设工程数量，降低工程成本。至于分几批施工，还应根据其使用功能、业主要求、工程规模、资金情况等，由甲、乙双方共同研究确定。

2）统筹安排各类施工项目保证重点，兼顾其他，确保按用交付使用。按照各工程项目的重要程度和复杂程度，优先安排甲方要求先用交付使用的项目、工程量大、构造复杂、施工难度大、所需工期长的项目、运输系统、动力系统，如道路、变电站等项目。

3）注意工程交工的配套，使建成的工程能迅速投入生产或交付使用，尽早发挥该部分的投资效益。

4）避免已完成的使用与在建工程的施工相互妨碍和干扰，要便于使用和施工。

5）注意资源供应与技术条件之间的平衡，以便合理地利用资源，促进均衡施工。

6）注意时节的影响，将不利于某季节施工的工程提前或推后，但应保证不影响质量和工期，如大规模土方和深基坑工程要避开雨季，寒冷地区的房屋工程尽量在入冬前封闭等。

（4）主要施工准备工作的规划

主要施工准备工作的规划主要指全现场的准备，包括思想、组织、技术、物资等准备。首先应安排好场内外运输主干道、水电源及其引入方案：其次要安排好场地平整方案、全场性排水、防洪：还应安排好生产、生活基地，做出构件的现场预制、工厂预制或采购规划。

4. 确定施工方案

4.3 施工方案

施工方案是施工组织设计的核心内容，施工方案选择是否合理将直接影响着工程的进度、质量、费用和安全。施工方案是一个大概念，包括施工方法、施工机具的选择、施工起点流向和施工的顺序。

（1）确定施工方法

选择施工方法时，应首先确定可能影响到整个工程施工情况的关键分部分项工程的施工方法。关键的分部分项工程有以下几层含义：① 该分部分项工程在单位工程中占重要的地位；② 该分部分项工程工艺不复杂但工程量大；③ 技术复杂或采用了新结构、新工艺、新技术；④ 由专业施工队完成的特种作业工程。而对于施工人员所熟悉的、工艺简单的分项工程则可以加以概括的说明，提出应予以注意的特殊问题即可，不必再拟定详细的施工方法。

选择主要项目的施工方法应包括以下内容：

1）土石方工程。确定土方的开挖、放坡要求，石方爆破方法，土石方调配方案，排水方法和所需设备等。

2）基础工程。基础需设置施工缝时，明确留设位置、技术要求：确定桩基础的施工方法和施工机械。

3）砌筑工程。包括砖墙的组砌方法和质量要求，脚手架搭设方法和技术要求等。

4）混凝土及钢筋混凝土工程。确定模板类型和支模方法，钢筋的加工，绑扎和焊接

方法混凝土的制备方案，搅拌、运输、浇筑的顺序和方法，泵送混凝土和普通垂直运输混凝土机械选择，振捣设备的类型和规格，施工缝的留设位置，预应力混凝土的施工方法，控制应力和张拉设备。

5）结构吊装工程。确定吊装方法、吊装顺序、机械位置、行驶路线，构件的制作、拼装场地和方法，构件的运输装卸、堆放方法，所需的机具、设备型号、数量和对运输道路的要求。

6）装饰工程。围绕室内外装修、门窗安装、油漆、玻璃等，确定采用的施工方法、工艺流程和劳动组织，组织流水施工，并确定所需机械设备、材料堆放，平面布置和储存要求。

7）现场垂直、水平运输。确定垂直运输量（有标准层的要确定标准层的运输量），选择垂直运输方式，脚手架的选择及搭设方式；水平运输方式及设备的型号、数量，配套使用的专用工具设备（如混凝土车、灰浆车、料斗、砖车、砖笼等），地面和楼层上水平运输的行驶路线；合理地布置垂直运输设施的位置，综合安排各种垂直运输设施的任务和服务范围。

（2）确定施工机具

选择施工机具时应注意以下几点：

1）首先选择主导的施工机械。如基础工程的土方机械，主体结构工程的垂直，水平运输机械，结构吊装工程的起重机械等。

2）选择与主导施工机械配套的辅助施工机械。在选择辅助施工机械时，必须充分发挥主导施工机械的生产率，使他们的生产能力协调，充分发挥主导机械的效率，并确定出辅助施工机械的类型、型号和数量。如土方工程中自卸汽车的载重量应为挖土机斗容量的整数倍，汽车的数量应保证挖土机连续工作，使挖土机的效率充分发挥。

3）为便于施工机械化管理，同施工现场的机械型号要尽可能少，当工程量大而且集中时，应选用专业化施工机械；当工程量小而分散时，要选择多用途施工机械。

4）尽量选用施工单位的现有机械，以减少施工的投资额，提高现有机械的利用率，降低成本。不能满足工程需要时，则购置或租赁所需的新型机械。

（3）确定施工起点和流向

施工起点和流向是单位工程在平面或空间上开始施工的部位及其流动方向，这主要取决于生产需要、缩短工期和保证质量等要求。一般来说，对单层建筑物，只要按其施工段分区分段地确定平面上的施工流向；对多层建筑物，除了确定每层平面上的施工流向外，还要确定其层间或单元空间上的施工流向，如多层房屋的内墙抹灰是采用自上而下，还是采用自下而上。施工流向的确定，是组织施工的重要环节，它涉及一系列施工过程的开展和进程。具体实施时应注意以下几点：

1）工业厂房的生产工艺往往是确定施工流向的关键因素，故影响试车投产的工段应先施工。

2）建设单位对生产使用要求在先的部位应先施工。

3）技术复杂工期长的区段应先施工。

4）有高低跨或高低层并列时，应从并列处开始；屋面防水施工应按先低后高方向施工，当基础埋置深度不同时应先施工深基础后施工浅基础。

5）尚应考虑施工现场条件，如土方工程需要边开挖边余土外运，施工的起点一般应选定在离道路远的部位，按由远而近的流向进行。

（4）确定施工程序

施工程序是指不同施工阶段分部工程或专业工程之间所固有的、密不可分的先后施工次序。它既不可以颠倒也不能超越。单位工程的施工中应遵守"先地下、后地上，先主体、后维护，先结构、后装饰，先土建、后设备"的程序。

1）先地下、后地上。指的是在地上工程施工之前，应首先完成管道、管线等地下设施、土方工程和基础工程，然后开始地上工程施工，以免对地上部分施工造成干扰，但逆作法施工除外。

2）先主体、后维护。指的是框架结构应先施工主体结构，后施工维护结构。但高层建筑应搭接施工，以有效地节约时间。

3）先结构、后装饰。是对一般情况而言，有时为了缩短工期，也可以结构工程先施工一段时间后，装饰工程随后搭接进行施工。如有些临街工程采用在上部主体结构施工时，下部一层或数层先行装修后即开门营业的做法，使装修与结构搭接施工，加快了进度，提高了投资效益。对于多层民用建筑，结构与装修不宜搭接。

4）先土建、后设备。指的是不论工业建筑还是民用建筑，土建施工应先于水、暖、电、卫等建筑设备的施工。但也可以安排穿插施工，尤其是在装修阶段，要从质量、成本的角度处理好二者的关系。

4.2 建筑工程流水施工

4.2.1 流水施工基本原理

4.4
组织施工的
基本方式

最早采用流水作业方式的福特汽车公司，福特汽车公司创始人亨利·福特在 1913 年就在其工厂内安装了流水生产线，该生产线也是世界上第一条流水生产线。流水作业的特点就是专业分工，因此对于提高效率、降低成本、实施标准化都有重要的意义。流水作业一般应用于品种少、量大的产品的生产，目前被广泛应用于工业生产中。流水施工在基于流水作业思想并结合建筑工程特点提出的施工组织方式。流水施工的特点是对于时间以及空间的利用更加充分、实施过程持续且均衡，因此有利于提升施工效率。建筑产品和其他产品有很大的差异，建筑产品具体固定性、单体性、多样性、实施场所多变等特点，因此建筑行业的流水施工也不同于一般工业生产的流水施工。

4.2.2 施工进度表

施工进度表的实质就是一种计划工具，施工进度表中的内容包括工程开展情况、工序的实施顺序、各工序实施时间、工程实施时间等，施工进度表有很多种形式，目前最常用的是横道图，具有制作简单、直观易懂等特点，但是横道图在实际应用中也存在一些不足，如无法反映各个工序之间的制约关系、无法分清主次工作、依赖手工操作等。在实际使用中一般不会单独使用，而是作为其他进度计划的辅助使用。

4.2.3　施工过程组织

施工过程组织就是根据项目的设计要求以及合同要求对项目施工相关资源进行分配并建立一个系统，该系统的主要作用和功能是确保项目管理目标顺利达成。施工过程组织原则：

（1）施工过程的连续性

施工过程连续性是指人力、物资等资源在施工的整个过程中都处于持续不断的流动状态，在整个施工过程中不会出现中断或者停止状态。施工过程中的连续性可以保证缩短施工过程，即项目施工过程的连续性越好，其资源利用率越高，因此进度也就越快。

（2）施工过程的均衡性

工程项目施工过程是由很多个阶段组成的，为了保证各个阶段更好地衔接，应该尽量保证各个阶段的施工节奏一致，这样可以有效控制窝工现象的出现，对于工程施工进度控制也有非常重要的作用。

（3）施工过程的适应性

工程施工过程中会受到很多因素的影响，即工程施工随时都面临着各种突发情况，因此施工组织中应该考虑这些突发情况并做好相应的防治措施，确保能够从容应对施工过程中的各种突发情况，确保工程施工顺利进行。强化施工过程中的适应性可以从强化施工监督和管理、建立施工信息反馈机制等方面进行。

4.2.4　流水施工

目前常见的施工组织形式有依次施工、平行施工、搭接施工、流水施工。流水施工是指不同工序的施工人员以一定的速度在指定的工段持续不断进行施工，而且不同工序之间是搭接施工的。流水施工实施条件：

（1）实施流水施工必须要对施工过程进行分解，将整个施工过程分解为很多个施工过程，且分解所得的每一个施工过程都要由专业的施工队伍实施。

（2）工程项目实施过程中可以按照施工工序或者类型分为若干个工段，这些工段的工作量相差不大，这样的工作段也叫流水段。将工程项目划分为多个流水段是实施流水施工的基础。

（3）要确定好专业施工队在不同施工区内持续工作的具体时间，此时间被称之为流水节拍，代表整个建筑施工的节奏性。

（4）负责相应工段的施工对按照工程设计要求及工艺需求配备相应的机械设备完成该工段的施工任务，一个施工段施工任务完成后要立即转入下一个施工段完成同样的工作，期间不能有中断。

（5）不同工作队完成各施工过程的时间适当的搭接起来。

4.2.5 流水施工参数

1. 工艺参数

4.5
流水施工的
工艺参数

通常情况下，一栋房屋的整个建造过程可以分解成不同的施工过程，计算中用 n 来表示其数量，建筑工程的规模、结构、施工工艺、简易程度等决定了施工过程的数量。在施工过程分解过程中应根据实际需求进行，施工过程并不是划分越细越有利于施工管理，划分越细不但增加了计算的难度，同时也会造成难以明确进度表上各工序的主次关系；但是如果施工过程划分过于笼统也会使得进度计划对于施工的实际指导作用降低。一个施工过程在某一时间段内所完成的工作量就是流水强调，流水强调用 V 表示。流水施工强调计算如下：

$$V = \sum_{i=1}^{X} R_i S_i \qquad (4-1)$$

式中　R_i——机械台数；

　　　S_i——机械台班生产率；

　　　X——主导施工机械种类。

手工操作施工过程的流水强度按下式计算：

$$V = R \cdot S \qquad (4-2)$$

式中　R——每一工作队工人人数；

　　　S——每一工人每班产量定额。

2. 时间参数

流水节拍就是某一工段的施工作业时间，用 K 表示。流水节拍会直接影响施工的速度。工程项目施工过程中所投入的机械设备数量、人力资源数量、材料供应强度等都会直接影响流水节拍。一般来说，确定流水节拍可通过工期进行确定或者投入资源确定。按照投入的机械台数或劳动力说来决定流水节拍的话，那么其具体的计算方式如下，不过前提是该流水节拍必须要满足最小的工作面要求

$$K = \frac{Q_m}{S \cdot R} = \frac{P_m}{R} \qquad (4-3)$$

式中　Q_m——施工段的工程量；

　　　S——每一工日（或台班）的计划产量；

　　　R——某施工段所需要的劳动量（或机械台班量）。

假如根据施工工期的要求来确定流水节拍，可以使用式（4-3）计算机械班台数以及人工需求量。但是在实际操作过程中要考虑机械设备以及人力资源的供应情况，材料和资料的供应是不是适应，以及工作面是不是满足要求等。

所谓流水步距主要是指相邻的两个专业施工队在保持相应的施工顺序的基础上，满足连续要求及施工时间的最大搭接条件之下，连续投入流水施工的时间间隔，并用符号 B 表示。要想确定 B 的具体值，则需要进行精密计算才行，同时在计算时还应当考虑到如下几个要素：

（1）专业施工队进场之后，不出现任何窝工和停工的现象。

（2）确保不同施工段的正常作业。不能出现前面施工段还未完成时，后边施工段便已开始工作的现象。不过有时候在工期特别紧的情况下，要在技术许可的前提下，按照指定要求进行穿插作业。

（3）工艺和技术间歇的需要。基于技术或者工艺方面的原因，很多施工过程在完成后并不能马上投入到下一个工程施工中，这样两者之间就会多出一些需要等待的时间，这就是所谓的工艺和技术间歇。其可用符号 G 表示。

（4）组织间歇的需要。基于资源调配和组织劳动等相关因素，相邻的两个施工过程在标准流水步距外需要增加的时间间隔叫作组织间歇，用符号 Z 表示。

3. 空间参数

（1）工作面。对工作面大小的计算，可通过不同单位计算，比如砌墙，就可以按照沿墙长度为计算单位。对于浇筑混凝土则可通过整楼面积来计算。

（2）施工段。在组织项目流水施工时，应当根据工作量或劳动量大体相等的原则划分若干施工区（段），这些施工段用符号 M 表示。施工段有固定和非固定之分。

4.2.6　流水施工组织

1. 等节奏流水施工

当在施工的过程中流水速度一样，那么此时的流水施工便可称之为等节奏流水施工，这是最理想的组织施工方式。等节奏流水的主要特点有：

（1）因为不同施工工程对应的流水节拍是完全相等的，所以假如有 N 个施工过程，则：

$$K_1 = K_2 = \cdots K_{n-1} = K_n = K（常数）\tag{4-4}$$

如果想要做到以上这点，前提是必须使得不同施工段的工程量一样。

（2）并且不同施工过程的不同施工段对应的流水节拍，$k_i^1 =（i = 1，2，3 \cdots m）$是完全一样的。即

$$k_i^1 = k_i^2 = \cdots k_i^n =（常数）\tag{4-5}$$

（3）两个相邻施工过程中对应的流水步距就是一个流水节拍，即：

$$B_2 = B_3 = B_4 = \cdots = B_n = K \tag{4-6}$$

流水施工的工期，一般由四部分组成，其计算公式为：

$$T = \sum_{i=2}^{n} B_i + t_n + \sum G + \sum Z \tag{4-7}$$

式中　B_i——第 2 到第 n 施工过程的流水步距总和；

　　t_n——最后一个施工过程在各施工段的持续时间之和；

　　$\sum G$——工艺和技术间歇时间之和；

　　$\sum Z$——组织间歇时间之和。

在等节奏流水中，由于各施工过程的流水步距都等于常数，即等于流水节拍 K，所以

$$\sum_{i=2}^{n} B_i =（n - 1）\cdot K$$

且

$$t_n = mK$$

所以　$T =（n - 1）K + mK + \sum G + \sum Z =（m + n - 1）K + \sum G + \sum Z \tag{4-8}$

工期计算中会运用到 m（施工段数）、n（施工过程数）、K、Z 等参数。如果工期符合预期，就可以根据这些参数进行进度计划的编制。

2. 成倍节拍专业流水施工

在计算成倍流水节拍对应的施工工期时，其关键点就是要求出对应的施工过程中的流水步距。$B_i =$（$i = 2, 3 \cdots n$）。其具体的计算公式为：

$$B_i = \begin{cases} K_{i-1} & K_{i-1} \leqslant K_i \\ m \cdot K_{i-1} - (m-1) \cdot K_i & K_{i-1} > K_i \end{cases} \quad （4-9）$$

流水工期：

$$T = \sum_{i=2}^{n} B_i + t_n + \sum G + \sum Z \quad （4-10）$$

在实际操作中，如果材料供应能够完全满足施工需求，就可以通过改进流水节拍的方式来缩短工期，即在流水节拍较长的施工过程中增加施工队伍数量，这种施工方案类似于专业流水节拍中的等步距异节拍。

3. 无节奏流水施工

对于建筑工程项目来说，不同的施工过程其工程量也存在很大的差异，同时不同施工对其工作效率也存在一定的差别，因此流水节拍肯定也不同，所以在实际操作中很难出现等节拍流水施工或者异节拍流水施工。因此在实际操作中按照工艺顺序和计算方法，确定好相邻专业队的流水步距，从而使其最大程度的搭接起来，从而形成不同专业队之间的连续流水施工方式，这就是所谓的无节奏流水。在建筑工程项目进度管理中，无节奏流水施工是最常见的施工方式。

无节奏流水施工的特点：

（1）不同施工过程中的施工段对应的流水节拍不完全一样。

（2）在多数情况下，流水步距彼此不相等。

（3）存在个别施工段的空闲。

（4）施工过程数就是施工工作队数。

无节奏流水施工实施步骤：

（1）首先确定好施工的起点和流向，然后对其进行分解施工。

（2）确定施工顺序，划分施工段。

（3）计算出不同施工段在相应施工过程中的流水节拍。

（4）确定相邻的两个专业施工队之间的对应流水步距。

（5）计算流水施工计划工期：

$$T = \sum_{i=1}^{n-1} K_{j \cdot j+1} + \sum_{i=1}^{m} t_i^{zh} + \sum Z + \sum G - \sum C \quad （4-11）$$

式中　T——流水施工的计划工期；

$K_{j \cdot j+1}$——j 与 $j+1$ 两个专业工作队之间的流水步距；

t_i^{zh}——最后一个施工过程在第 i 个施工段上的流水节拍；

$\sum Z$——技术间歇时间总和；

$\sum G$——组织间歇时间总和；

$\sum C$——各专业工作队之间的平行搭接时间之和。

（6）绘制流水施工进度表。

4.3　网络计划技术

4.3.1　网络计划技术的相关概念

工程管理中，用箭线和节点表示某项工作流程的图形叫作网络图。在网络图中标注工作时间参数及工作进程相关参数的计划形式叫作网络计划。而网络计划技术就是采用网络图计划的形式对相关项目的工程节点进行统筹和安排，以达到完成预定管理目标的目的。

4.7
网络计划的
基本概念

网络计划技术的核心特点是：它为工程管理提供了一种可以描述工程项目计划任务中各工作任务之间先后顺序和逻辑关系的网络图。通过对这种网络图的研究，可以把握整个工程项目的全局，工作任务之间的逻辑关系清晰，有利于分析工艺流程的规律，抓住问题的关键和主要矛盾，进而用更科学有效的施工工艺和管理方法来优化整体的计划方案。较强的预测功能，灵活的计划和协调，全方位的管理使网络计划技术能应用于各种复杂的工程项目。根据关键线路和非关键线路的对比解决时间、费用、资源的不均衡问题，从而达到工期、费用、资源的合理优化，进而加快项目整体进度，节省费用和资源，能更好地完成项目整体目标。

建设工程的每个在建项目都具有唯一性，不可以流水线标准化生产，因此把一个项目建设好就对施工单位提出了较高的要求，而网络计划技术因其特点也就成为工程项目管理中最为有效的方式。网络计划技术是一种更高效的管理方法，它可以根据不同项目的特点动态地调整目标计划，对进度计划的调整更为直观有效，可以对方案进行调整，从而选出更适合项目特点的具有针对性的方案。可以在整体计划中确定关键线路和关键工序，以便在实际工作中抓住重点，合理调配资源。

4.3.2　网络计划基本分析

1. 网络计划的技术原理

在实际的施工管理中，网络计划技术一般是这样运用的：首先分析工程项目管理中各施工工序的时间关系和它们之间的逻辑关系，用网络计划图的形式表示出来，通过计算各工序的时间参数，找出网络计划中的关键线路，然后根据工程项目现场的具体情况和实际条件不断优化网络计划图，制定多种备选方案，从中选出最合理的方案，用最小的成本换取最大的成果，从而达到缩短工期，节省成本，优化资源的目的。在计划阶段，网络计划技术可以清晰明确地表示工作之间的逻辑顺序，从而使工作计划更加详尽具体、合理有序。在施工的组织安排阶段，网络计划技术可以清晰地表明每项工作的开始时间和结束时间，从而为确定关键工作，明确工作重点带来了便利。在监控管理阶段，现场的实际情况和进度可以在网络计划图中标注出来，从而使进度情况一目了然，便于提出具有针对性的改进措施。

有方向的线段和节点组成的有顺序的网状图形叫作网络图。网络图一般有 3 个要素：① 工作，网络图中的工作指一项具体的劳动过程，需要消耗劳动力、材料和时间资源。② 节点：包括初始节点、结束节点和中间节点，表示前后工作之间的联系。③ 线路：先在网络计划图中找到初始节点，然后顺着箭头指向依次通过中间节点，到终点节点结束的这一段就叫作线路。

2. 网络图的分类

网络计划的类型一般包括：双代号网络计划、单代号网络计划、双代号网络计划、单代号搭接网络计划。

（1）双代号网络图

双代号网络图是用箭线和节点表示工作的网络图。双代号网络图的绘制首先要把工作之间的先后关系和逻辑顺序表达清楚。

（2）单代号网络图

在单代号网络图中，节点用于表示一项工作，用圆形或矩形表示，每个节点都需要进行编号，节点编号不可以重复但可以间断。箭线没有长短之分，不表示时间长短，只表示工作间的逻辑顺序。

单代号网络图的特点：

1）单代号网络图中工作之间的逻辑顺序表达简洁，一目了然，而且需要修改的时候工作量较小还便于检查。

2）单代号网络图中工作完成所消耗的时间没有在箭线中得到表现，只是在节点图形内表示，箭线没有长短区分，不够直观形象。

4.4 网络计划优化技术

一般情况下，面对一个工程项目，我们会根据相应的要求先绘制出初始的网络计划草图，分析计算各个工作的持续时间和相互之间的逻辑关系。但是这样的网络计划图并未考虑工程进展中出现的各种实际情况，因此，初始的网络计划图往往需要根据实际情况进行优化和调整。对网络计划图的优化和调整的技术就叫作工程网络计划优化技术。网络计划的优化就是指工程项目在特定的环境条件约束下，满足项目目标的要求，对已有的网络计划进行不断地分析、计算、调整和完善，最后得出最优的方案的过程。例如某一工程要求工期最短或成本最低又或者是工期固定成本最低。在各种条件的基础上，对初始的网络计划进行不断地调整和优化，直至得出最优的最符合现场实际情况的工程项目实施方案，进而实现更好的监控和管理工程项目的目的。网络计划的优化通常分为工期、费用和资源上的优化。在实际的工程项目管理中，应该在综合考虑工期、费用和资源消耗的基础上，选出最优的网络计划方案。

4.4.1　双代号网络图

双代号网络图，又称箭线式网络图，这里须注意其的几个相关概念：虚工作，在双代网络图中是由虚箭线来表示，其不需要时间的消耗和资源的消耗，其的主要意义是用来表达两项相邻工作之间存在的逻辑关系和用来避免两个同时进行和开始的工作具有相同的开始节点和完成节点；网络图中工作的表示，是通过箭线和箭线两端节点的编号来完成的；网络图中工作的节点，都必须有编号，并应使每一条箭线上箭头节点编号大于箭尾节点编号，且其编号不允许出现重复，节点的意义有 3 点：一是表示开始了某一工作，二是表示某一工作结束了，三是表示与该节点前后相连的一些工作间的相互顺序。

4.4.2　逻辑关系

在网络图中，它包含了许多的工作，在这些工作中谁先进行谁后进行存在着先后次序，这就是所说的逻辑关系，其包含两个部分：组织关系及工艺关系。

（1）工艺关系。该项关系反映的是工作间存在的前后次序，该次序这样决定：如果一个工作，它不具有生产性质，则由其程序判定；如果一个工作，它具有生产性质，则由其工艺决定。在图 4-1 所示的双代号网络计划中工艺关系是：支模 1→扎筋 1→混凝土 1。

（2）组织关系。组织关系是指规定的工作之间的先后顺序，这一规定考虑到两方面的因素：因素一是组织安排的需要，因素二是调配资源（如施工机具、原材料、劳动力等）的需要。在图 4-2 所示的双代号网络计划中组织关系是：支模 1→支模 2；扎筋 1→扎筋 2。

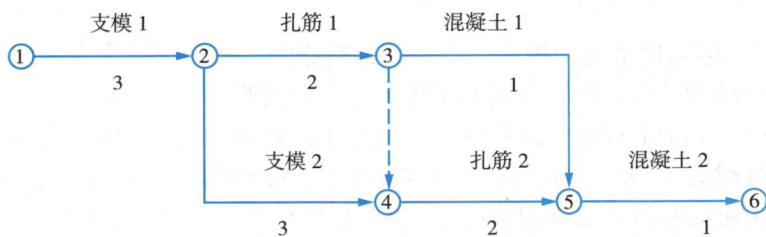

图 4-2　某混凝土工程双代号网络计划

4.4.3　三个工作的定义

1. 紧前工作。该项工作指的是：就在网络图中的某一工作来说，紧列在这一工作前面的网络图中的工作，但需要说明的是，一个工作在网络图中也许是通过虚工作与其紧前的工作相连接的。就组织关系而言，像图 4-2 的描述，支模 1 即为支模 2 的紧前工作；就组织关系而言，扎筋 1 即为扎筋 2 的紧前工作，即使有虚工作介于扎筋 2 和扎筋 1 工作之间。而扎筋 1 在工艺关系上的紧前工作支模 1。

2. 紧后工作。这个定义描述的是：如在网络图中有一个工作，则紧接其后的一些工作，但需要说明的是，一个工作在网络图中也许是通过虚工作与其紧后的工作相连接的。如图4-2所示，扎筋1在组织关系上的紧后工作是扎筋2；扎筋1在工艺关系上的紧后工作是混凝土1。

3. 平行工作。这个定义描述的是：如在网络图中有一个工作，则与其同时实施的一些工作。扎筋1和支模2在图4-2的描述是同时实施的，它们即为平行工作。

网络图中工作之间的逻辑关系的表现形式是：紧前工作、紧后工作及平行工作。而且，准确绘制网络图的基本依据正是确定各工作间紧前或紧后关系，但确定这一关系应基于各工作之间存在的组织关系、工艺关系。

4. 后续工作及先行工作

（1）先行工作。这个定义描述的是：如在网络图中有一个工作，那么始于该图的首个节点，沿着箭头方向前进，经过一系列的节点和箭线，最后终止于该工作的每条线路上所含有的全部工作，如图4-2所示，混凝土2的先行工作包括：支模1、扎筋1、混凝土1、支模2、扎筋2。

（2）后续工作。这个定义描述的是：如在网络图中有一个工作，那么始于其箭头指向的节点，并且一致于箭头方向通过其后各箭线，最后在该图的末尾节点终止，那么这样就会形成一些线路，其包含的工作。混凝土1等工作在图4-2的描述是扎筋1的后续工作。

5. 网络图的线路及关键线路

（1）线路。这个定义描述的是：如果始于网络图的首个节点，并且一致于箭头方向通过若干箭线，最后在该图的末尾节点终止，那么这样就会形成若干的线路。通常是把线路中包含的节点编号顺次排列起来进行线路的表达，如图4-2所示，该网络图中有三条线路，这三条线路可表示为：①—②—③—⑤—⑥、①—②—③—④—⑤—⑥和①—②—④—⑤—⑥。

（2）关键线路。这个定义描述的是：如某网络图，先列出其含有的线路，再把对应的持续时间累加求和，最后选取求和的最大值对应的线路即可。一般而言，总工期就等于关键线路的长度。其中的线路的总持续时间是指在关键线路法（CPM）中累加求和线路上所有工作的持续时间，而取得的数值，如图4-2所示，关键线路是指：①—②—④—⑤—⑥。网络计划中的关键线路可能出现的情况：一是关键线路只有一个；二是关键线路不止一个；三是关键线路通过调整控制也许会有变化的情况出现。在网络图中，如果确定了其关键线路，那么其关键工作就能随之确定：关键线路所包含的工作。在工程实施中，关键工作的实际进度无论是比其计划进度提前或者滞后，都将会对总工期产生影响的。

6. 网络图的时间参数

在网络图中，各个工作、各个节点、网络计划含有的一些时间数值，即称为网络图的时间参数。

（1）工作持续时间及工期

工作持续时间。这一概念指的是：完成某项工作，从工作开始至工作结束，所消耗的时间。工作 $i-j$ 的持续时间在双代号网络计划中用 D_{i-j} 表示。

工期。从开始一项任务，直到该项任务的完成，所需用的时间称为工期。网络计划中的三种工期比较见表4-2。

三种工期的比较   表 4-2

序号	工期名称	工 期 定 义	表达方式
1	计算工期	在网络图中，经过计算时间参数，计算得出的工期	表示为：T_c
2	要求工期	施工合同中所约定的合同的工期，是指令性的	表示为：T_r
3	计划工期	是一种实施性的工期，它的确定是基于：计算工期及要求工期	表示为：T_p

注意：① 对于要求工期，当对其进行了限制，则计划工期就需要小于等于要求工期即：$T_p \leqslant T_r$；
　　　② 在没有限制要求工期的情况下，则计划工期就会和计算工期相等，表示为：$T_p = T_c$

（2）时间参数

这一定义，是对网络图中的工作而言。一个工作，在一般的情况下，通过六个时间参数来反映该工作在时间方面所具有的属性。它们可以表示其什么时候开始、什么时候完成等。这里，把其具有的参数比较表述，见表 4-3。

参数对比表   表 4-3

名　称	定　义	表 达 方 式
工作的最早开始时间	就一个工作来说，其全部的紧前工作都实施完成后，其可以开始的最早时点	工作 $i-j$ 的最早开始时间，在双代号网络计划中，一般用 ES_{i-j} 来表示
工作的最早完成时间	本工作有可能完成的最早时刻，其前提是在本工作所有紧前工作全部完成后	工作 $i-j$ 的最早完成时间，在双代号网络计划中，一般用 EF_{i-j} 来表示
工作的最迟完成时间	对于本工作而言，其对所有工作的如期完成不产生影响时，其必须完成的最迟时点	在双代号网络图中，就工作 $i-j$ 而言，通常用 LF_{i-j} 来表达其最迟完成时间
工作的最迟开始时间	对于本工作而言，其对所有工作的如期完成不产生影响时，其必须开始的最迟时点	工作 $i-j$ 的最迟开始时间，在双代号网络计划中，一般用 LS_{i-j} 来表示
工作的总时差	对于本工作而言，其对网络图的总工期不产生影响时，其能够使用的机动时间	工作 $i-j$ 的总时差，在双代号网络计划中，一般用 TF_{i-j} 来表示
工作的自由时差	对于本工作而言，其对它的所有紧后工作的 ES 不产生影响时，其能够使用的机动时间	工作 $i-j$ 的自由时差，在双代号网络计划中，一般用 FF_{i-j} 来表示

这里，需要注意的是，就某一项工作来说，该工作的总时差往往大于等于该工作的自由时差，因此，我们说，如果某个工作的总时差等于 0 时，那么，该工作的自由时差一定也等于 0。就某一项工作来说，其具有一定的自由时差时，那么，它能够对该时差进行自由利用。但是，就某一项工作来说，其具有一定的总时差，在实施网络计划的进程中，假定该工作使用了其具有的总时差，那么，往往有可能缩短了该项工作后续工作所具有的 TF。

（3）工作节点

工作节点 2 个时间参数：节点最迟时间、节点最早时间这里，把工作节点的 2 个时间参数，列表表述，见表 4-4。

节点的两个时间参数比较列表 表 4-4

名　　称	定　　义	表达方式
节点的最早时间	就网络图中的某一节点而言，当其作为各项工作的开始节点时，各项工作的 ES 即为该节点的最早时间	在网络图中，对节点 i 而言，其最早时间通常表示为：EF_i
节点的最迟时间	就网络图中的某一节点而言，当其作为各项工作的完成节点时，各项工作的 LF 即为该节点的最迟时间	一般地，用 LT_j 来表示节点 j 的最迟时间

（4）工作间的时间间隔

就网络图中相邻两项工作而言，它们之间可能会有时间间隔存在。该时间间隔指的是：某一工作的紧后工作具有的 ES，减去该工作具有的 EF，而形成的差值。通常情况下，时间间隔表示为：$LAG_{i,j}$，其意义是表示工作 i 与工作 j 之间存在的时间间隔。

（5）确定关键工作和关键线路

关键工作指的是，具有最小总时差的网络计划中的工作（但是需要注意的是：在网络计划中，在计划工期与计算工期一致的情况下，如果，某一工作的 FF 等于 0 时，那么，该工作就是关键工作。

在明确了关键工作的前提下，可以顺次把关键工作进行连接，这样就会从网络图的第一个节点至最后一个节点形成一条或几条线路，其即为关键线路，这是因为位于这些线路上各项工作的持续时间总和最大。需要说明的是，虚工作有可能也可以存在于关键线路上。一般地，对于关键线路可以有 3 种表达方式：一是彩色箭线、二是粗箭线、三是双箭线。

4.4.4　绘制双代号网络计划

1. 双代号网络图的定义

双代号网络图是由若干个代表工程计划中各项工作的箭线和连接箭线的节点所组成的[22]，因此其通常包含 3 个主要的构成部分：一是线路；二是工作；三是节点。其表示方法如图 4-3 所示。

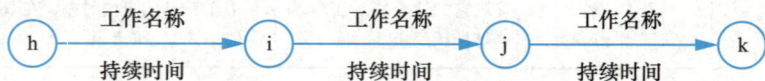

图 4-3　双代号网络图表达方式

2. 绘制时必须遵循的规则

在绘制一个双代号的网络图过程中，如表 4-5 中的一些规则必须要遵循。

双代号网络图绘制规则 表 4-5

序号	绘制规则
1	绘制一个网络图，在通常的情况下，起始节点在网络图中只允许出现 1 个，同样，终点节点在网络图中也只允许出现 1 个

序号	绘 制 规 则
2	在网络图中，对于箭线的绘制不允许出现 2 种情况：一是箭线没有箭尾节点；二是箭线没有箭头节点
3	连线没有箭头，是不能够出现的；连线有双向箭头，是不能够出现的
4	在网络图中的箭线有两种：一种是实箭线；另一种是虚箭线。在绘制它们的方向时应坚持从左到右的原则，不允许出现以下现象：箭线的箭头水平向左方指示；剪线的箭头偏斜向左方指示
5	不允许在网络图中出现循环网络（即：对于网络图中的任一节点，从其出发，沿着箭线的走向前进，而又返回至该节点的回路）
6	任何一个网络图都是既有向又有序的，这就要求对其进行绘制时，一定要遵照网络图中所有工作间存在的逻辑关系。这样绘制出的网络图，有利于工程质量的保证，有利于合理配置资源，有利于优化使用资源
7	对于一箭线，不允许从其上接入其他箭线，也不允许从其上接出其他箭线
8	如果一个箭线可能与其他箭线产生交叉，那么宜避开该情况的出现或采用灵活的画法处理

但是，在绘制过程中，须注意以下两点：

（1）如果有多余箭线从网络图的起点节点引出，或者，有多条箭线向网络图的终点节点引入，那么，就可以采用母线法绘制，如图 4-4 所示。

（2）在网络图绘制时，可以通过两种方法：一是过桥法；二是指向法，来解决不可避免的工作箭线的交叉问题。如图 4-5 所示。

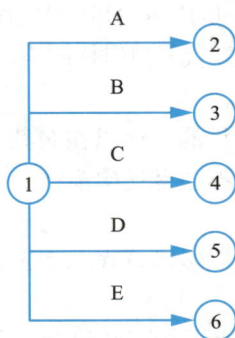

图 4-4　母线法

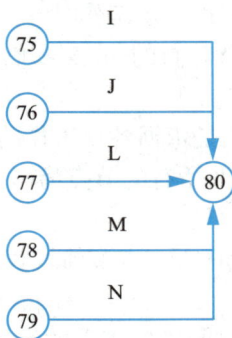 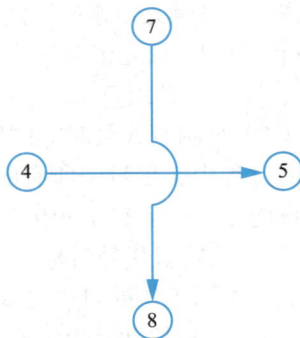

图 4-5　过桥法

3. 绘制方法

双代号网络图的绘制，从根本上说，要在既定施工方案的基础上，根据具体的施工客观条件，以统筹安排为原则进行绘制。当然，双代号网络图的绘制方法，视各人的经验而不同，一般绘制过程如下：一是要明确工作任务；二是要通过分解工作任务来进行工作的划分；三是利用一定方法估算出各工作持续时间；四是明确逻辑关系；最后是画图。

对于每一项工作来说，如果已经确定了其紧前的工作，那么我们可以按图 4-6 的流程进行画。

先画出一些工作箭线，其具有两个特点：一是其不存在紧前工作；二是其开始节点必须保持一致。

以上述第一步绘制的一些工作箭线为基础，逐步画出另外的一些箭线。

经过上述两个步骤以后，需要对一些工作的完成节点进行合并。而这些工作通常具有这样的特点：其不存在紧后的工作。

图形初步画完以后，可以进行必要的修改，以确保其正确性。经过检查无误后，接下来就可以对各个节点进行编号的工作。需要指出的是，编号通常用阿拉伯数字，编号可连续（如：1、2、3、4、5……）可不连续（2、4、6、8……）。这样图形就画完成了。

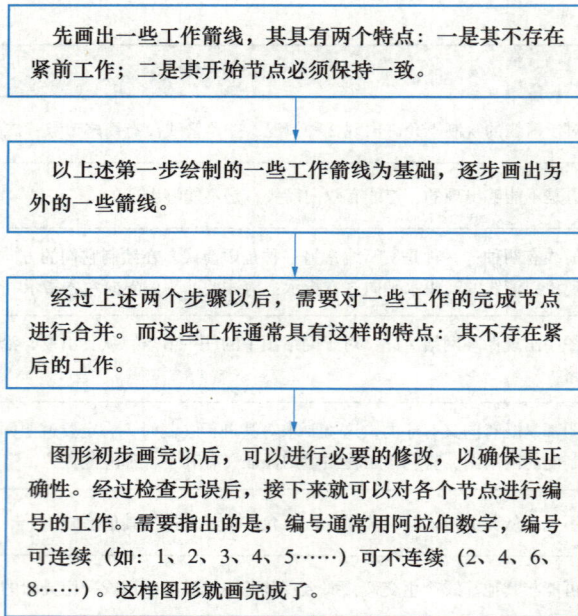

图 4-6 绘制双代号网络计划流程图

4.4.5 双代号时标网络计划的绘制

双代号时标网络图的定义把横道图以及双代号网络图进行结合调整可以形成双代号时标网络图，该图其是以水平时间坐标为尺度表示工作时间的。需要进一步说明的是，因为对该图进行绘制时一般是依据各项工作的 ES 进行的，所以我们又将其叫作双代号早时标网络计划。

1. 绘制的基本要求

（1）绘制双代号时标网络图往往是依据各项工作的 ES 进行安排的，所以在对其进行绘制的过程中，尽量使所有的工作以及所有的节点靠向左方，确保不会有逆向箭线（即从右方指向左方的箭线）的出现。

（2）编制双代号时标网络计划的时候，以实箭线表示实工作，以虚箭线表示虚工作，以波形线表示工作的自由时差。

（3）时间长度是以所有符号在时间坐标表上的水平位置及其水平投影长度表示的，与其所代表的时间值相对应。

（4）节点的中心必须对准时标的刻度线。

（5）虚工作必须以垂直虚箭线表示，有自由时差时加波形线表示。虚箭线在时标网络计划绘制过程中是尤其值得关注的事情。这是因为以下两个因素：一个因素是，虚箭线本身虽然持续时间为 0，但是，虚箭线可能有波形线的存在；另一个因素是把虚箭线，应该等同于实箭线对待，而虚箭线本身表示的工作没有持续时间。所以要按要求画出波形线，并且画波形线的垂直部分，应在绘制过程中画为虚线。

2. 绘制的过程

在绘制时，我们应按照实际需要，逐步进行绘制：一是可以根据实际情况确定一下时间的单位；二是列出网络图的时标计划表；三是绘制具体的图形。另外，通常情况下把该图的时间坐标画在其上部的位置或者画在其下部的位置。但应该注意的是，如果网络计划本身相当复杂并且整个网络计划规模相当庞大，我们可以采用以下方法处理：

一是应该把日历时间标注在底部时间坐标之下或者顶部时间坐标之上。

二是应该把时间坐标同时标示在时标网络计划表的底部或者顶部。

该图的具体的画图步骤用图 4-7 来表达。

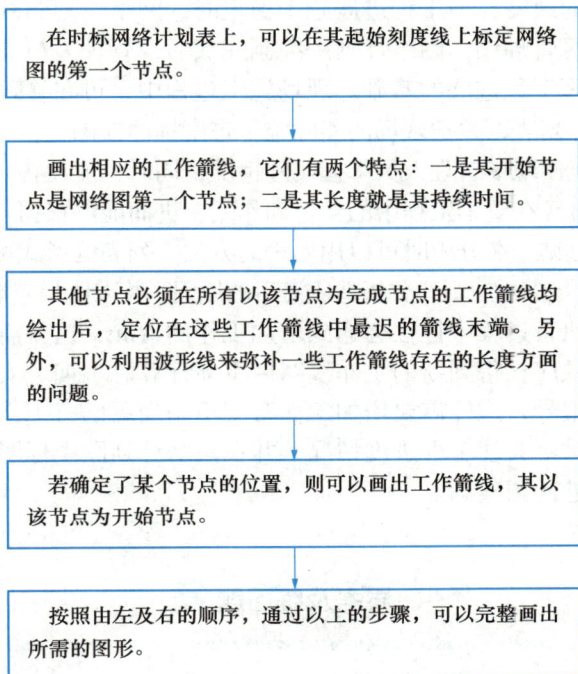

在时标网络计划表上，可以在其起始刻度线上标定网络图的第一个节点。

画出相应的工作箭线，它们有两个特点：一是其开始节点是网络图第一个节点；二是其长度就是其持续时间。

其他节点必须在所有以该节点为完成节点的工作箭线均绘出后，定位在这些工作箭线中最迟的箭线末端。另外，可以利用波形线来弥补一些工作箭线存在的长度方面的问题。

若确定了某个节点的位置，则可以画出工作箭线，其以该节点为开始节点。

按照由左及右的顺序，通过以上的步骤，可以完整画出所需的图形。

图 4-7　画图的步骤

4.4.6　网络计划图的调整

工程管理项目进度计划的制定往往只是计划工作的开始，在实际的项目管理中会因为现场各种实际条件的改变而变动原有的进度计划。因此在进度计划的执行过程中，要根据现场的实际情况搜集整理计划的完成程度，计算分析，采取针对性措施避免进度的滞后，保证工程项目按时完成。

1. 静态调整

在网络计划中，总工期的长短是由关键线路决定的。当关键线路上的各工作持续时间的总和小于规定的工期时，则网络计划的总时差为正值，说明完成工作的时间充裕，工作计划的时间安排还有空余，如果某些工作时间安排紧迫可以适当延长工作时间，这样可以节省费用开支和资源的消耗。当工期要求比较迫切时，也就是网络计划计算的总工期大于项目要求的工期时，则需要对网络计划进行优化。调整时先找到超过要求工期的线路上的工作，压缩这些工作的开始结束时间。

2. 动态调整

工程项目管理在实际操作中，往往会出现各种事先无法预料到的情况，而调整网络计划图的目的就是根据现场实际情况，对网络图中线路上的工作持续时间及工作间的逻辑顺序做必要的修改，使项目工期符合计划要求。计算的过程中，可以把已完成工作的持续时间定为零，未完成的工作根据实际情况来确定其持续时间。如若改变工作之间的先后顺序，增加或减少工作，或者是对工作重新进行编号，则需重新计算时间参数。前期的调整会使网络计划图发生较大的改变，当工程进展趋于稳定时，网络计划图的调整可能只需要改变几个箭头。在工程项目管理中，网络计划图编制完成后，管理人员需要有足够的重视，把网络图作为控制和管理工程进展的基础。现场施工过程中，可在管理部门的办公室粘贴出网络图和施工总进度计划表，并把现场的实际施工进度标注在图上，这样做可以形象的表明工程进度情况。不仅能使现场管理人员掌握实际情况，同时也能让各个班组的工人了解现场实际进度，从而明确自己在整个工程中的角色和作用，进而能够根据自己在一线掌握的情况对网络计划提出优化意见。在分析时可以用列表的方法，列表的形式可清晰地看出各工作进度情况，若某些工作已经滞后，则要分析造成滞后的原因，并采取相应措施以免影响总工期。

工程网络计划在执行过程中往往会遇到增加工作的情况，这就需要根据实际情况重新调整工作之间的逻辑顺序，得到新的工作线路后重新计算总工期。实际操作时，可以给网络计划提前预留备用编号，这样需要增加工作时就不用变更已有工作的编号。在工程项目管理中，施工单位应时刻关注工程进度情况，并在网络计划图中标明，根据工程实际情况周期性的对网络计划进行调整。

思考及练习题

1. 单位工程施工组织设计的内容有哪些？
2. 编制施工进度计划的依据是什么？
3. 单位工程施工程序应遵循什么顺序？
4. 流水施工的时间参数有哪些？
5. 某施工段的工程量为 $300m^3$，由某专业队施工，已知计划产量定额为日 $10m^3$，每天安排两班制，每班 5 人，则流水节拍应为多少天？
6. 某二层楼进行固定节拍专业流水施工，每层施工段数为 3，施工过程有 3 个，流水节拍为 2 天，流水工期为多少？
7. 网络图的逻辑关系分哪几种？

答案及解析

Chapter 05

教学单元**5**

建筑工程施工

▶▶

知识目标

　　通过本单元的学习，掌握建筑工程施工的基础知识、基本理论和基本方法，了解建筑施工领域国内外的新技术和发展动态，掌握各建筑工程施工工艺的基础知识。

能力目标

　　学习本单元的基本要求是了解主要工种工程的施工工艺，具有分析处理一般施工技术问题的基本能力。

思维导图

构造的类型及连接
防火设计 — 建筑装饰工程

钢筋工程
混凝土工程 — 钢筋混凝土工程
模板工程

砌筑砂浆
砌筑用脚手架 — 砌体工程

建筑工程施工

建筑工程测量 — 任务、作用 / 工作的原则和程序 / 测量仪器

土方工程 — 内容及施工特点 / 土的分类 / 土的基本性质

地基与基础工程 — 基础类型 / 地基处理方法

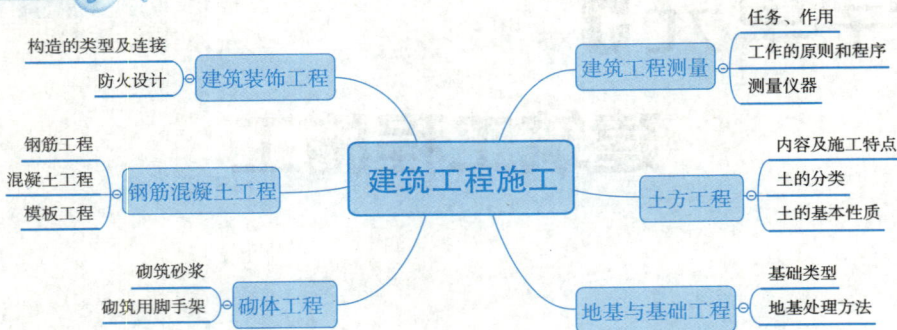

5.1 建筑工程测量

5.1.1 建筑工程测量的任务

1. 测定

测定又称测图，是指使用测量仪器和工具，通过测量和计算，并按照一定的测量程序和方法将地面上局部区域的各种人工构筑物（地物）和地面的形状、大小、高低起伏（地貌）的位置按一定的比例尺和特定的符号缩绘成地形图，以供工程建设的规划、设计、施工和管理使用。

2. 测设

测设又称放样，是指使用测量仪器和工具，按照设计要求，采用一定的方法将设计图纸上设计好的建筑物、构筑物的位置测设到实地，作为工程施工的依据。

此外，施工中各工程工序的交接、检查、校核、验收工程质量的施工测量、工程竣工后的竣工测量以及监视建筑物安全阶段的沉降、位移和倾斜所进行的变形观测等，也是建筑工程测量的主要任务。

5.1.2 建筑工程测量的作用

建筑工程测量是建筑施工中一项非常重要的工作，在建筑工程建设中有着广泛的应用，它服务于建筑工程建设的每一个阶段，贯穿于建筑工程的始终。在工程勘测阶段，测绘地形图为规划设计提供各种比例尺地形图和测绘资料；在工程设计阶段，应用地形图进行总体规划和设计；在工程施工阶段，要将图纸上设计好的建筑物、构筑物的平面位置和高程按设计要求测设于实地，以此作为施工的依据；在施工过程中还要进行土方开挖、基础和

主体工程的施工测量；同时，在施工过程中还要经常对施工和安装工作进行检验、校核，以保证所建工程符合设计要求；施工竣工后，还要进行竣工测量，施测竣工图，以供日后改建和维修之用；在工程管理阶段，对建筑物和构筑物要进行变形观测，以保证工程的安全使用。由此可见，在工程建设的各个阶段都需要进行测量工作，而且测量的精度和速度直接影响到整个工程的质量与进度。

因此，工程技术人员必须掌握建筑工程测量的基本理论、基本知识和基本技能，掌握常用测量工具的使用方法，初步掌握小地区大比例尺地形图的测绘方法，正确掌握地形图应用的方法，以及具有一般土建工程施工测量的能力。

5.1.3　建筑工程测量工作的原则和程序

1. 从整体到局部

无论是测绘地形图或是施工放样，都不可避免地会产生误差，甚至还会产生错误。为了限制误差的累积传递，保证测区内一系列点位之间具有必要的精度，测量工作都必须遵循"从整体到局部，先控制后碎部，由高级到低级"的原则进行。因此，控制测量是高精度的测量，也是带全局性的测量。然后以控制点为依据，用低一级的精度测定其周围局部范围内的地物和地貌特征点，称为碎部测量。此程序和原则的优点为：

（1）由于控制网的作用，可以控制误差积累，保证测区的整体精度。

（2）根据控制网把整个测区分为若干局部区域，分区进行施测，可以提高工效、缩短工期、节省经费开支。

建筑施工测量首先对施工场地布设整体控制网，用较高的精度测设控制网点的位置，然后在控制网的基础上再进行各局部轴线尺寸和高低的定位测设，其精度要求依测设的具体施工对象而定。因此，施工测量也遵循"从整体到局部，先控制后碎部，由高级到低级"的施测原则。

综上所述，测量工作的程序分为控制测量和碎部测量两个阶段。

遵循测量工作的原则和程序不仅可以减少误差的积累和传递，还可以在几个控制点上同时进行测量，既加快了测量的进度，缩短了工期，又节约了开支。

测量工作有外业和内业之分，上述测定地面点位置的角度测量、水平距离测量、高差测量是测量的基本工作，称为外业。将外业成果进行整理、计算（坐标计算、高程计算）并绘制成图的工作称为内业。

2. 逐步检查

为了防止出现错误，在外业或内业工作中还必须严格执行另一个基本原则——"边工作边校核"，即"逐步检在"原则。应用校核的数据说明测量成果的合格和可靠。测量工作实质上是通过实践操作仪器获得观测数据并确定点位关系的，因此测量是实践操作与数字密切相关的一门技术，无论是实践操作有误还是观测数据有误，或者是计算有误，都是由点位的确定上产生的错误所致。因而在实践操作与计算中都必须步步校核，确保已进行的工作无误，一旦发现错误或达不到精度要求的成果，必须找出原因或返工重测，以保证各个环节的可靠性。

5.1.4　建筑工程测量常用的测量仪器及其用途

建筑工程测量常用的测量仪器有水准仪、经纬仪、测距仪、全站仪、激光扫平仪、钢尺、垂球、罗盘仪、激光垂准仪、GPS 等。

1. 水准仪

水准仪在测量时能够提供一条水平视线，所以常用其进行地面点的高程控制测量、标高测量（抄平）、坡度测量等。

2. 经纬仪

经纬仪能进行水平角度、竖直角度、铅垂面的测量，所以常用其进行施工场地的平面控制测量、建筑物的定位测量、建筑轴线的投测、吊装测量、倾斜观测、角度测量、坡度测量等。

3. 测距仪

电子测距仪和经纬仪组装在一起，能进行水平角度、竖直角度、铅垂面、水平距离、倾斜距离、垂直高差的测量，具有全站仪的功能。

4. 全站仪

全站仪（全站型电子速测仪）能进行水平角度、竖直角度、铅垂面、水平距离、倾斜距离、垂直高差的测量，所以常用其进行施工场地的平面控制测量、建筑物的定位测量、建筑轴线的投测、吊装测量、倾斜观测、角度测量、坡度测量、距离测量、高差测量、坐标测量等。

5. 激光扫平仪

激光扫平仪能发射同一水平面上各个不同方向的激光，所以可利用其平面方向的激光点进行水平面位置的测量。

6. 钢尺

钢尺是测量距离的工具，常用其进行各种长度的度量工作。

7. 垂球

细绳一端悬挂垂球，在重力作用下指向地面，指向地面的方向即为铅垂线。铅垂线是测量中最常用的一条基准线，主要应用于建筑垂直度的测量。与铅垂线垂直的线即为水平线，利用它可以测量地面点的高差、高程以及进行水平面的测量。

8. 罗盘仪

罗盘仪的磁针在自由静止时能指出南北方向，所以常用其测定地面直线与磁北方向的水平角度。

9. 激光垂准仪

激光垂准仪能发射铅垂线方向的激光，所以常用其进行建筑物的垂直度控制。

10. GPS

GPS 能准确测出所在地面位置的经度、纬度、高程以及测量坐标，并且可以进行放样工作。由于其精度高、误差小、不受通视条件的限制，故广泛应用于建筑工程测量中的控制测量等工作中。

5.1.5　测量误差的基础知识

1. 测量误差产生的原因

测量是观测者使用某种仪器、工具，在一定的外界条件下进行的。测量工作的实践证明，只要是观测值，就必然含有误差。例如，同一人用同一台经纬仪对某一固定角度重复观测若干测回，各测回的观测值往往不相等；同一组人员用同样的测距工具对 A、B 两点间的距离重复测量若干次，各次观测值也往往不相等。又如，平面三角形内角和的真值应等于 180°，但三个内角的观测值之和往往不等于 180°；闭合水准测量线路中各测段高差之和的真值应为 0。但事实上各测段高差的观测值之和一般不等于 0。这些现象在测量实践中是经常发生的。究其原因，是观测值中不可避免地含有测量误差的缘故。

测量误差来源于以下三个方面：

（1）观测误差：观测者的视觉鉴别能力和技术水平。

（2）仪器误差：仪器、工具的精密程度。

（3）外界环境的影响：观测时外界条件的好坏。

通常我们把这三个方面综合起来，称为观测条件。观测条件将影响观测成果的精度。

观测误差是由于观测者受技术水平和感官能力的局限，致使观测值产生的误差。仪器误差是指测量仪器构造上的缺陷和仪器本身精密度的限制，致使观测值含有一定的误差。外界环境的影响是指观测过程中不断变化着的大气温度、湿度、风力、透明度、大气折光等因素给观测值带来的误差。

一般在测量中，人们总希望每次观测中的测量误差越小越好，甚至趋近于零。但要真正做到这一点，就要使用极其精密的仪器，采用十分严密的观测方法，付出很高的代价。然而在实际生产中，不同的测量目的是允许在测量结果中含有一定程度的测量误差的。因此，我们的目标并不是简单地使测量误差越小越好，而是要设法将误差限制在与测量目的相适应的范围内。

2. 测量误差的分类

（1）系统误差

定义：在一定的观测条件下进行一系列观测时，符号和大小保持不变或一定规律变化的误差称为系统误差。

举例：用名义长度为 30.000m 而实际正确长度为 30.005m 的钢卷尺量距，每量一尺段就有 + 0.005m 的误差，其量具误差的符号不变，且与所量距离的长度成正比。

特点：系统误差在观测成果中具有累积性；系统误差对观测值的影响具有规律性，这种规律性是可以通过一定的办法找到的。换句话说，系统误差可以通过一定的测量措施消除或减弱。

经验提示

在测量工作中，应尽量设法消除和减小系统误差。在观测方法和观测程序上采取必要的措施，可以限制或削弱系统误差的影响。

（2）偶然误差

定义：在一定的观测条件下进行一系列观测，如果观测误差的大小和符号均呈现偶然性，即从表面现象看，误差的大小和符号没有规律性，则这样的误差称为偶然误差。

举例：在用厘米分划皮尺量距估读毫米位，有时估读稍大，有时稍小。

特点：偶然误差具有抵偿性，对测量结果影响不大；偶然误差是不可避免的，并且是消除不了的，但应加以限制。一般采用多次观测并取其平均值的方法，可以抵消一些偶然误差。

3. 多余观测

定义：在测量工作中一般要进行多于必要的观测。称为多余观测。其目的是为了检验观测成果的正确性，防止错误的发生和提高观测成果的质量。

举例：在一段距离上采用往返丈量，如果往测属于必要观测，则返测就属于多余观测；对一个水平角度观测了六个测回，如果第一测回属于必要观测，则其余五个测回就属于多余观测。有了多余观测，就可以很容易地发现观测中的错误，以便将其剔除或重测。

测量平差：由于观测值中的偶然误差不可避免，故有了多余观测，观测值之间必然产生差值（不符值、闭合差）。根据差值的大小可以评定测量的精度，差值如果大到一定程度，则认为观测值中有错误（不属于偶然误差），称为误差超限。差值如果不超限，则按照偶然误差的规律加以调整，称为闭合差的调整，以求得最可靠的数值，这项工作在测量上被称为测量平差。

5.2 土方工程

土方工程是建筑工程施工中的主要工种之一，常见的土方工程有：场地平整、基坑（槽）的开挖、岩土爆破及运输、土方回填与夯实等主要施工过程，其中包括基坑（槽）降水、排水和边坡处理等准备与辅助工作。土方工程的施工质量，直接影响基础工程乃至主体结构工程施工的正常进行。

5.2.1 土方工程的内容及施工特点

5.1
平整场地的
方格网计算

1. 土方工程施工内容

（1）场地平整，依据工程条件，确定场地平土标高，计算场地平整土方量、基坑（槽）开挖的土方量，合理进行土方量调配，使土方总施工量最小。

（2）合理选择施工机械，保证使用效率。

（3）安排好运输道路、弃土场和取土区，做好降水、土壁支护等辅助工作。

（4）土方的回填与压实，包括回填土的选择和填土压实的方法。

（5）基坑（槽）开挖，必须做好监测、支撑等技术工作，防止流砂、管涌、塌方等问题产生。

2. 土方工程施工特点

建筑施工一般从土方工程开始，工程量由数百方至百万方不等，土方工程量大，施工工期长、劳动强度大且多为露天作业。由于受到气候、水文、地质、邻近地下建（构）筑物等条件的影响，在施工过程中常常会受到不确定因素的制约，施工条件复杂。因此，在土方工程施工前必须做好收集地形地貌、工程地质、管线测量、水文和气象等资料的工作，并详细分析研究各项技术资料，进行现场勘察，在此基础上根据有关要求，拟定出经济可行的施工方案，做好施工组织设计，选择好施工方法和机械设备，尽量使机械发挥出最大效益，并确保施工安全和工程质量。

5.2.2　土的分类与现场鉴别

土的种类繁多，分类方法也较多。作为建筑地基的岩土，可分为岩石、碎石土、砂土、粉土、黏性土和人工填土；在建筑施工中根据土开挖的难易程度可将土分为松软土、普通土等八类，土的工程分类及鉴别方法见表 5-1，前四类属一般土，后四类属岩石。

土的工程分类及鉴别方法　　　　　　　　　　　　　　　　表 5-1

土的分类	土的级别	土的名称	坚实系数 f	密度（10^3kg／m³）	开挖方法及工具
一类土 （松软土）	Ⅰ	砂土、粉土、冲击砂土层、疏松的种植土、淤泥（泥潭）	0.5～0.6	0.6～1.5	用锹、锄头挖掘，少许用脚蹬
二类土 （普通土）	Ⅱ	粉质黏土；潮湿的黄土；夹有碎石、卵石的砂；粉土混卵（碎）石；种植土、填土	0.6～0.8	1.1～1.6	用锹、锄头挖掘，少许用镐翻松
三类土 （坚土）	Ⅲ	软及中等密实黏土；重粉质黏土、砾石土；干黄土、含有碎石卵石的黄土、粉质黏土；压实的填土	0.8～1.0	1.75～1.9	主要用镐，少许用锹、锄头挖掘，部分用撬棍
四类土 （砂砾坚土）	Ⅳ	坚硬密实的黏性土或黄土；含碎石、卵石的中等密实的黏性土或黄土；粗卵石；天然级配砂石；软泥灰岩	1.0～1.5	1.9	整个先用镐、撬棍，后用锹挖掘，部分用楔子及大锤
五类土 （软石）	Ⅴ～Ⅵ	硬质黏土；中密的页岩、泥灰石、白垩土；胶结不紧的砾岩；软石灰及贝壳石灰石	1.5～4.0	1.1～2.7	用镐或撬棍、大锤挖掘，部分使用爆破方法
六类土 （次坚石）	Ⅶ～Ⅸ	泥岩、砂岩、砾岩；坚实的页岩、泥灰岩，密实的石灰岩；风化花岗岩、片麻岩	4.0～10.0	2.2～2.9	用爆破方法开挖，部分用风镐
七类土 （坚石）	Ⅹ～Ⅻ	大理石；辉绿岩；粗、中粒花岗岩；坚实的白云岩、砂岩、砾岩、片麻岩、石灰岩；微风化的安山岩、玄武岩	10.0～18.0	2.5～3.1	用爆破方法开挖
八类土 （特坚土）		安山岩；玄武岩；花岗片麻岩；坚实的细粒花岗岩、闪长岩、石英岩、辉长岩、辉绿岩、玢岩、角闪岩	18.0～25.0以上	2.7～3.3	用爆破方法开挖

注：1. 土的级别为相当于一般 16 级土石分类级别。
　　2. 坚实系数 f 为相当于普氏岩石强度系数。

土方施工与土的级别关系密切，如果现场开挖土质为较松软的粘土、人工填土、粉质粘土等则要考虑土方的边坡稳定；如果施工所遇为岩石类土，则对土方施工方法、机械的选择、劳动量配置的多少均有较大影响。

5.2.3 土的基本性质

5.2 土的物理性质

1. 土的组成

土一般是由固体颗粒（固相）、水（液相）和空气（气相）三部分组成，随着周围条件的变化，三者比例关系不同，反映出土的物理状态不同，如干燥、湿润、密实、松散。土的这些物理指标对土方工程有直接影响，对评价土的工程性质以及进行施工方案编制都具有重要意义。

2. 土的基本性质

（1）土的含水量

土的含水量是指土中所含水的质量与土中固体颗粒质量之比，用百分率表示，即

$$W = \frac{m_w}{m_s} \times 100\% \qquad (5-1)$$

式中　W——土的含水量 %；

m_w——土中水的质量，kg；

m_s——土中固体颗粒的质量，kg。

土的含水量随外界雨、雪、地下水影响而变化，土的含水量大小对土方的开挖，土方边坡的稳定性及填土压实等都有一定的影响。当土的含水量超过 25% ~ 30% 时，采用机械施工就很困难，一般土的含水量超过 20% 就会使运土汽车打滑或陷车。回填土夯实时，含水量过大则会产生橡皮土现象，使土无法夯实。回填土时，应使土的含水量处于最佳含水量范围之内，土的最佳含水量和干密度参考值见表 5-2。

土的最佳含水量和干密度参考值　　　　　　　　　　　　表 5-2

土的种类	变动范围	
	最佳含水量（质量比）%	最大干密度 / (g/cm³)
砂土	8 ~ 12	1.80 ~ 1.88
粉土	16 ~ 22	1.61 ~ 1.80
砂质粉土	9 ~ 15	1.85 ~ 2.08
粉质黏土	12 ~ 15	1.85 ~ 1.95
重亚黏土	16 ~ 20	1.67 ~ 1.79
粉质亚黏土	18 ~ 21	1.65 ~ 1.74
黏土	19 ~ 23	1.58 ~ 1.70

（2）土的自然密度和干密度

1）土的自然密度

土在自然状态下单位体积的质量，叫土的自然密度。即

$$\rho = \frac{m}{V} \tag{5-2}$$

式中　ρ——土的自然密度，kg/m³；

　　　m——土在自然状态下的质量，kg；

　　　V——土在自然状态下的体积，m³。

2）土的干密度

单位体积中固体颗粒的质量，叫土的干密度。即

$$\rho_d = \frac{m_s}{V} \tag{5-3}$$

式中　ρ_d——土的干密度，kg/m³；

　　　m_s——土中固体颗粒的质量（经 105 烘干的土重），kg；

　　　V——土在自然状态下的体积，m³。

干密度反映了土的紧密程度，常用作填土夯实质量的控制指标。土的最大干密度值见表 5-2。

（3）土的可松性

自然状态下的土经开挖后，其体积因松散而增加，虽经回填压实，仍不能恢复到原来的体积，这种性质称为土的可松性。土的可松性大小用可松性系数表示，即

$$K_S = \frac{V_2}{V_1} \tag{5-4}$$

$$K_S' = \frac{V_3}{V_1} \tag{5-5}$$

式中　K_S——最初可松性系数；

　　　K_S'——最终可松性系数；

　　　V_1——土在自然状态下的体积，m³；

　　　V_2——土挖出后在松散状态下的体积，m³；

　　　V_3——挖出的土经回填压实后的体积，m³。

土的可松性与土的类别和密实状态有关，K_S 用于确定土的运输、挖土机械的数量及留设堆土场地的大小；K_S' 用于计算回填土、弃（借）土及场地平整的确定。各类土的可松性系数见表 5-3。

各类土的可松性系数　　　　　　　　　　　　　　　表 5-3

土的类别	K_S	K_S'
一类土	1.08～1.17	1.01～1.03
二类土	1.14～1.28	1.02～1.05
三类土	1.24～1.30	1.04～1.07
四类土	1.26～1.32	1.06～1.09
五类土	1.30～1.45	1.10～1.20
六类土	1.30～1.45	1.10～1.20
七类土	1.30～1.45	1.10～1.20
八类土	1.45～1.50	1.20～1.30

（4）土的渗透性

土的渗透性也称透水性，是指土体被水透过的性质。土体孔隙中的水在重力作用下会发生流动，流动速度与土的渗透性有关。渗透性大小用渗透系数表示，即

$$K = \frac{L}{t} \tag{5-6}$$

法国学者达西根据砂土渗透试验（如图 1-1 所示），发现水在土中的渗流速度 V 与 A、B 两点水位差成正比，与渗流路程长度 L 成反比。

$$V = \frac{Kh}{L} = K_i \tag{5-7}$$

$$i = \frac{h}{L} \tag{5-8}$$

式中　K——土的渗透系数，m/d、m/h 或 m/s，K 值的大小反映土体透水性的强弱，影响施工降水与排水的速度；土的渗透系数可以通过室内渗透试验或现场抽水试验测定，土的渗透系数见表 5-4；

L——渗透路程，m；

t——渗透路程 L 所需的时间，d（天）、h（小时）、s（秒）；

i——水力坡度；

h——A、B 两点的水头差。

土的渗透系数 表 5-4

土的类别	$K/$（m/d）	土的类别	$K/$（m/d）
黏土	< 0.005	中砂	5.0 ～ 20.0
粉质黏土	0.005 ～ 0.1	均质中砂	25 ～ 50
黏质粉土	0.1 ～ 0.5	粗砂	20 ～ 50
黄土	0.25 ～ 0.5	砾石	50 ～ 100
粉土	0.5 ～ 1.0	卵石	100 ～ 500
细砂	1.0 ～ 1.5	漂石（无砂质充填）	500 ～ 1000

土的渗透系数的大小对施工排、降水方法的选择，涌水量的计算，以及边坡支护方案的确定等都有很大影响。

5.3　地基与基础工程

5.3.1　地基与基础的概念

通常将埋入土层一定深度的建筑物下部承重结构部分称为基础。建筑物荷载通过基础

传至土层，使土层产生附加应力和变形，由于土粒间的接触与传递，向四周土中扩散并逐渐减弱。我们把土层中附加应力与变形所不能忽略的那部分土层（或岩层）称为地基。地基有一定深度或范围，埋置基础的土层称为持力层；在地基范围内，持力层以下的土层称为下卧层；强度低于持力层的下卧层称为软弱下卧层。基底下的附加应力较大，基础应埋置在良好的持力层上，如图 5-1 所示。

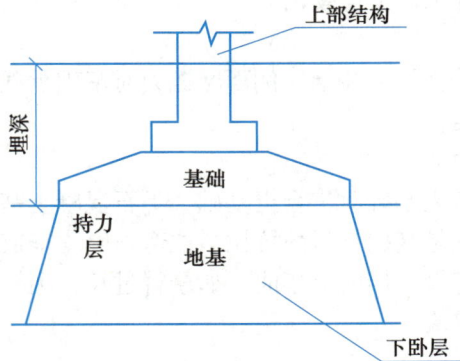

图 5-1　地基与基础示意图

5.3.2　地基基础设计的基本要求

地基基础设计应该满足下列基本要求：

应使地基有足够的强度，在荷载的作用下，地基土不发生剪切破坏或失稳。

不使地基产生过大的沉降与不规则沉降，保证建筑物的正常使用。

基础结构本身应有足够的强度与刚度，在地基反力作用下不会产生强度破坏，并具有改善沉降与不均匀沉降的能力。

良好的地基一般有较高的承载力与较低的压缩性，易满足工程上的要求。软弱的地基，其工程性质较差，应进行地基处理。经过处理而达到设计要求的地基称为人工地基，不需要处理而直接利用的地基称为天然地基。建筑物一般宜建造在良好的天然地基上，但为节约用地，也要充分利用工作性质较差而经过处理后的地基。

5.3.3　地基与基础在工程中的作用

基础是建筑物的重要组成部分，地基基础设计不当，将影响到建筑物的正常使用与安全，轻则上部结构开裂、倾斜，重则建筑物倒塌，危及生命与财产安全。例如，1941 年加拿大特朗斯康大谷仓，建造在 16m 厚的可塑至流塑黏土层上，由于设计时疏忽了地基持力层下部的软弱土层，在建成后第一次装料时，就因软弱下卧层失稳而发生倾倒；1958 年巴西一栋十一层大楼，支撑在 99 根 21m 长的钢筋混凝土桩上，桩长不够，未能打入较好的土层，因承载力不足，建成后即倒塌；著名的比萨斜塔，由于建造在不均匀的高压缩性地基上而发生大小质量事故也不少，应引以为鉴。

5.3.4 基础的类型

基础按其埋置的深度不同，可分为浅基础和深基础两大类。一般埋深不超过 4m 且能用一般方法施工的基础属于浅基础。需要埋置在较深的土层，采用特殊方法施工的基础属于深基础，如桩基础，沉井和地下连续墙等。

1. 浅基础

浅基础竖向尺寸与其平面尺寸相当，侧面摩擦力对基础承载力的影响可忽略不计。根据结构形式可分为以下几类：

（1）刚性基础

刚性基础有砖基础、灰土基础、三合土基础、毛石混凝土基础、混凝土基础等。这些基础有一个共同的弱点，就是基础材料的抗拉、抗弯强度均很低，在地基反力作用下，基础下部的扩大部分像倒悬壁梁一样向上弯曲，如悬臂过长，则易产生弯曲破坏。一般刚性基础用于层数较小的民用建筑。

（2）扩展基础

扩展基础系指柱下钢筋混凝土独立基础和墙下钢筋混凝土条形基础。这种基础整体性好，抗弯强度大，特别适用于基底面积大而必须浅埋时，故在基础设计中经常采用。

柱下独立基础又分现浇基础及预制杯型基础两种，后者常用在单层工业厂房。

（3）柱下条形基础

当地基较软弱，为减少柱基之间的不均匀沉降，或柱距较小而荷载较大，使各柱基底面积近或重叠时，可在整排柱下做一条钢筋混凝土地梁，将各柱联合起来，就成为柱下形基础，一般设在房屋的纵向，可增强房屋的纵向基础刚度，条形基础常在框架错构中采用。当地基软弱，荷载较大时，可在纵横向均设置柱下条形基础而成为十字交叉基础，柱子设在交叉点上，此种基础的刚度要比单向条形基础为大。

（4）筏板基础（图 5-2）

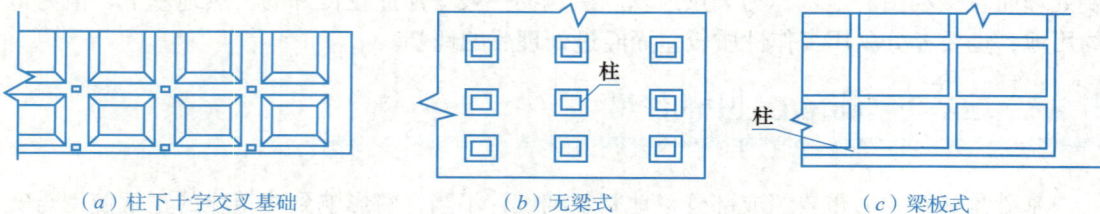

| (a) 柱下十字交叉基础 | (b) 无梁式 | (c) 梁板式 |

图 5-2　筏板基础

当地基特别软弱、荷载较大，柱下十字交叉基础宽度较大而又相互接近时，或有地下时，可将基础底板连成一片而成为筏板基础。筏板基础一般做成等厚度的钢筋混凝土板，当在柱间设有梁时，则为梁板式筏板基础，形如侧置的肋形楼盖，当在柱间不设梁时，则成为倒置的无梁楼盖。当墙体位于平板上时，为墙下筏板基础。由于筏板基础的整体性好，故能调整基础各部分的不均匀沉降。

墙下筏板基础中有一种不埋式筏板基础，它适用于六层及六层以下横墙较密的住宅办公楼等民用建筑和具有硬壳层（包括人工处理形成的）而又比较均匀的软弱地基。筏板埋置很浅，可兼作室内地面和室外散水用。

（5）箱形基础

当地基特别软弱，荷载又很大时，基础可做成由钢筋混凝土整片底板、顶板和钢筋混凝土纵横墙组成的箱形基础。这种基础像一块巨大的钢筋混凝土空心板，其整体抗弯能力相当大，使上部结构不易开裂，且基础的空心部分常可做地下室。由于深埋和空腹，就可减少基底附加压力，或增加建筑物荷载，此种基础在高层建筑及重要的构筑物中常被采用。

（6）壳体基础

壳体基础中的壳体种类很多，常用的壳体有顶板柱、正圆锥体、M 型组合壳、内球外锥组合壳。这些壳体可用于一般工业与民用建筑柱基和筒形构筑物（如烟囱、水塔、料仓和中小型高炉等）。组合壳的承载能力较正圆锥的承载能力大，稳定性也好。壳体在地基反力作用下，主要是承受轴向力，混凝土受压而钢筋受拉，充分发挥了材料的作用，故比实体基础要节约混凝土与钢材用量。缺点是土胎模制作、放置钢筋、浇筑混凝土等工艺复杂，操作技术要求较高。

2. 浅基础埋置深度

浅基础的埋置深度可按以下几方面综合确定：

（1）工程地质条件

在满足地基稳定和变形要求前提下，基础应尽量浅埋。当上层地基的承载力大于下层土时，宜利用上层土作为持力层，如果承载力高的土层在地基土的下部，则持力层宜进行地基处理后才能浅埋。基础浅埋的深度，除岩石地基外，不宜小于 0.5m，基础顶面应低于室外地面不小于 0.1m。

（2）地下水影响

基础底面宜埋置在地下水位以上，以免施工时排水困难，并可减轻地基土的冻害，如必须埋在地下水位以下时，则应采取措施，保证地基土在施工时不受扰动，当地下水有侵蚀性时，应对基础采取防护措施。

（3）相邻基础的影响

新基础靠近原有建筑基础时，一般不宜深于原有基础。如新基础深于原有建筑基础时，为保证相邻建筑物的安全与正常使用，两基础间应保持一定净距，其数值应根据荷载大小和土质情况而定，一般取相邻两基础底面高差的 1 ～ 2 倍。如上述要求不能满足时，施工时应采取措施，如分段施工，设临时加固支撑、打板桩、筑地下连续墙或加固原有建筑物地基。

（4）地下沟管的影响

当地下沟管通过基础时，基础应须留孔洞；当地下沟管埋深深于基础时，应考虑基础的局部加深。

（5）地基土冻胀和融陷的影响

土中水分冻结后，使土体积增大的现象称为冻胀，冻土融化后产生的沉陷称为融陷。季节性冻土在冻融过程中，反复产生冻胀和融陷，使土的强度降低，压缩性增大。如果上部荷载，包括基础自重小于冻胀力时，则基础将隆起；融化时，冻胀力消失而使基础下沉因而造成墙体开裂，严重时，建筑物将受到破坏的建筑物将产生裂缝，在冻深较大地区，非采暖建筑物因基础侧面受冻胀力作用而破坏强冻胀土，浅埋基础的建筑物将产生严重破坏，在冻深较大地区，即使基础埋深超过冻深也会受冻胀力作用而使建筑物破坏。

当冻深范围内地基由不同冻胀性土层组成时，基础最小埋深可按下层土确定，但不宜浅于下层土的顶面。

3. 深基础

当地基土上部为软弱土层，且荷载很大，采用浅基础已不能满足地基变形与强度要求时，可利用地基下部较坚硬的土层作为基础的持力层而设计成深基础。常用的深基础有柱基磁、沉井及地下连续墙等。

（1）桩基础

1）按桩的受力情况分

① 端承桩：桩通过极软弱土层，使桩尖直接支承在坚硬的土层或岩石上，桩上的荷载主要由桩端阻力承受，略去桩表面与土的摩擦作用。

② 摩擦桩：桩通过较软弱土层而支承在较坚硬的土层上，桩上的荷载主要由桩表面与软土之间的摩擦力承受，同时也考虑桩端阻力的作用。

2）按桩的制作方法分

① 预制桩：在工厂或工地预制后运到现场，再用各种方法（如打入、振入、压入等）将桩沉入土中，预制桩刚度大，适宜用在新填土或极软弱的地基。

② 灌注桩：在预定的桩位上成孔，在孔内灌注混凝土成桩，因成孔的方法不同，有以下几种灌注桩：

a. 沉管灌注桩。将带有活瓣桩尖或预制混凝土桩尖的钢管沉入土中，向管中灌注混凝土，以边振动边拔管成桩的质量较好。

b. 钻孔灌注桩。利用各种钻孔机具钻孔，清除孔内泥土，向孔内灌注混凝土。

c. 钻孔扩底灌注桩。用钻孔机钻孔后，再通过钻杆底部装置的扩刀，将孔底再扩大。

d. 爆扩灌注桩。用钻机成孔或用炸药爆炸成孔，再在孔底放炸药爆炸，使底部扩大成近似圆状的桩头，在孔内灌注混凝土成桩。此外，还有冲击成孔、机械挖孔等灌注桩。

e. 人工挖孔灌注桩。用人工挖孔成孔，然后安放钢筋笼，浇筑混凝土成桩，人工挖孔灌注桩的特点是，施工的机具设备简单，操作工艺简便，作业时无振动、无噪声、无环境污染，对周围建筑物影响小。

（2）沉井

沉井是软弱地基中的一种地下结构物或建筑物的深基础，是由井壁、刃脚、底板、顶板、及隔墙组成的筒壁结构。其平面形状有圆形、矩形、单孔、多孔等。其制作特点是，先在地基板上制作一定高度的井壁（有时包括内隔墙），然后井内挖土，靠自重下沉至设计标高，最后封底，浇筑底板及顶板。如井壁很深，可分节制做下沉。

沉井的优点是，利用井壁代替普通基坑开挖所需的护壁材料，又可减少挖土量，施工简便。

5.3.5　地基处理方法

在软弱地基上建造建筑物，一般需经过地基处理，主要方法有机械压实法，换土垫层法、挤密法、排水固结法等。

1. 机械压实法

机械压实法包括机械碾实、重锤夯实、振动压实等方法。

（1）机械碾实法

机械碾实法是采用平碾、羊足碾、振动碾压实地基土。该法使用于大面积地基施工。分层压实的铺填厚度为 20 ～ 30cm，振动碾压可达 60 ～ 130cm。

（2）重锤夯实法

重锤夯实法是用起重机械将重锤提升到一定高度后自由落下，重复夯打，使地基表面形成一层较密实的土层。

重锤夯实法一般适用于地下水位距地表，0.8m 以上的黏性土、砂土、杂填土及分层填土的地基，夯打时，地基应保持最优含水量，否则就不能夯打密实。

（3）振动压实法

振动压实是使用振动压实机械，使之产生很大的垂直振动力，将地基表层振实。此法适用于黏土颗粒含量少、透水性较好的松散杂填土及砂土地基。振动压实的效果与填土成分、振动时间等因素有关。一般振动时间长，效果好。地下水位过高也会影响振实效果，当地下水位距振实面小于 60cm 时，应降低地下水位后再予振实。

2. 换土垫层法

挖去软弱土而换填上强度较大的材料，以加固地基。此法适用于软弱地基的浅层处理。

砂垫层的承载力决定于砂的级配及施工质量，砂垫层以中砂、粗砂为好，且石子最大粒径不宜大于 50cm，石子与砂应拌匀。

5.4
换填法的处理原理及适用范围

3. 挤密法

用挤密法加固地基，是在软弱地基中先成孔，再在孔中填以砂、石、土等材料，分层振（挤、冲）实成桩，使桩挤密周围软弱土或松散土层，土与所成桩组成复合地基，从而提高地基承载力，减少沉降量。

4. 排水固结法

在软土或冲填土中，由于孔隙水较多，使地基强度极低，变形很大，故必须先排除孔隙水。主要方法有以下几种：

（1）堆预压法

在软土和冲填土上堆以土、砂、石或其能堆载预压法是在软土地区常用的方法之重物，使地基土自然状态下逐渐固结。预压载可以大于或等于设计荷载。堆载时，一般地基的最大下沉量不宜超过 10mm/d，水平位移不宜大于 4mm/d。

（2）砂井堆载预压法所示

在地基中用钢管成孔，孔中灌满砂土成砂井，然后堆载预压。

（3）真空预压法

在砂井（或袋砂井、塑料排水带）顶部铺设砂垫层后，再在砂层上铺一层不透水（塑料或橡皮布），四周埋入土中，使之密封，然后抽水。

5.4 砌体工程

5-5
砌筑方法

砌体工程是由砂浆制备、搭设脚手架、材料的运输及砖石砌筑等施工过程组合而成。

5.4.1 砌筑砂浆

砌筑砂浆包括水泥砂浆、石灰砂浆和混合砂浆等。水泥砂浆和混合砂浆宜用于砌筑潮湿环境以及强度要求较高的砌体，对于湿土中的砖石基础一般只采用水泥砂浆，因为水泥为水硬性胶凝材料，不但能在潮湿的环境中结硬，增长强度，还可以更好地在水中结硬。

石灰砂浆宜砌筑干燥环境砌体和干土中的基础以及强度要求不高的砌体，因为石灰是气硬性胶凝材料，在干燥的环境中吸收空气中的二氧化碳结硬；相反，在潮湿的环境中，石灰膏不但难以结硬，还会出现溶解流散的现象。

砂浆的拌制除砂浆用量很少时可用人工拌制，一般应采用机械搅拌。搅拌时间从投料完算起，应符合下列规定：

（1）水泥砂浆和水泥混合砂浆，不得少于 2min。

（2）水泥粉煤灰砂浆和掺用外加剂的砂浆，不得少于 3min。

（3）掺有有机塑化剂的砂浆，应为 3 ～ 5min。

砂浆应随拌随用。水泥砂浆和水泥混合砂浆必须分别在拌成后 3h 和 4h 内使用完毕；当施工期间气温超过 30℃时，必须在拌成后 2h 和 3h 内使用完毕；掺有缓凝剂的砂浆，其使用时间可根据具体情况延长。

砂浆拌成后和使用时，均应盛入贮灰槽中。若砂浆出现泌水现象，应在砌筑前再次拌合，待恢复流动性后方可使用。

砂浆适宜稠度（流动性）的选择，主要根据墙体材料的不同和气候条件而定，见表 5-5。

砌筑砂浆的稠度   表 5-5

砌体种类	砂浆稠度 /mm	砌体种类	砂浆稠度 /mm
烧结普通砖砌体	70 ～ 90	烧结普通砖平拱式过梁 空心墙、筒拱 普通混凝土小型空心砌块砌体 加气混凝土砌块砌体	50 ～ 70
轻骨料混凝土小型空心砌块砌体	60 ～ 90		
烧结多孔砖、空心砖砌体	60 ～ 80	石砌体	30 ～ 50

5.4.2　砌筑用脚手架

对脚手架的基本要求是：有适当的宽度（不小于 1.5m）、面积、步架高度、高墙距离，能满足工人操作、材料堆置和运输的需要；具有稳定的结构和足够的承载能力，能保证施工期间在可能出现使用荷载的作用下，不变形、不倾斜、不摇晃；与垂直运输设施（电梯、井字架和升降机等）和楼层或作业高度相适应，确保材料由垂直运输转入水平运输的需要；搭设、拆除和搬运方便，便于周转使用；因地制宜，就地取材，节约材料。

工人在施工现场砌筑砖墙时，适宜的砌筑高度为 0.6m，这时的劳动生产率最高，砌筑到一定高度，若不搭设脚手架，则砌筑工作就无法进行。考虑砌砖工作效率及施工组织等因素，每次搭设脚手架高度确定为 1.2m 左右，称"一步架"高度，又叫砖墙的可砌高度。

砌筑用脚手架按搭设的位置分外脚手架和里脚手架。外脚手架又分为多立杆式、桥式和框组式等；里脚手架分为折叠式、支柱式和悬挑式；脚手架按使用材料分为木、竹和金属等；其形式有固定式、移动式、升降式及吊、挑、挂等形式。

1. 外脚手架

扣件式钢管外脚手架主要构件有立杆、大横杆、小横杆、斜杆和底座等，如图 5-3 所示。这种多立杆式外脚手架采用扣件连接，具有牢固可靠又便于装拆，强度高，稳定性好和适用性强等优点，可以重复周转使用，因而被广泛采用。扣件式钢管脚手架除用来搭设各种脚手架（外脚手架、里脚手架和满堂脚手架）外，还可以搭设模板支撑架、井架、上料平台架、斜道、栈桥以及其他用途。以下分别介绍其构架的形式、特点和构造要求。

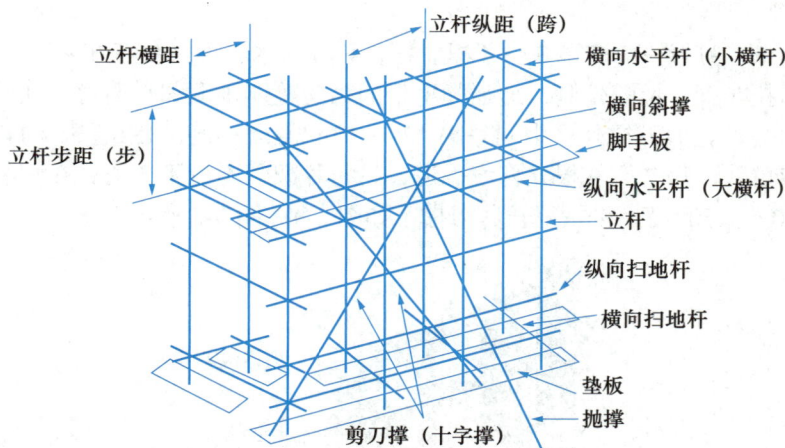

图 5-3　扣件式脚手架

钢管应优先选用外径为 48mm，壁厚为 3.5mm 的焊接钢管。立杆、大横杆和斜杆的钢管长度为 4 ~ 6.5m，小横杆的钢管长度以 2.1 ~ 2.3m 为宜。底座有标准底座和焊接底座两种。

钢管扣件的基本形式有三种：直角扣件，也称十字扣件，用于连接并扣紧两根互相垂直相交的钢管；回转扣件，用于连接并扣紧两根任意角度相交的钢管；对接扣件，也称一字扣件，用于钢管的对称接头。

扣件为杆件的连接件，有可锻铸铁铸造扣件和钢板压制扣件两种。

（1）双排脚手架

双排脚手架在脚手架的里外两侧均设有立杆，稳定性好，但搭设费工费料。双排脚手架的构造组成要点如下：

1）立杆

又称立柱、竖杆和冲天等，是承受自重和施工荷载的主要受力杆件。立杆横距 l_b 为 $0.9 \sim 1.5m$（高层架子 $\leqslant 1.2m$）；纵距 l_a 为 $1.4 \sim 2.0m$（当用单立杆时，35m 以下的架子用 $1.4 \sim 2.0m$，35m 以上的架子用 $1.4 \sim 1.6m$；当用双立杆时，架子用 $1.5 \sim 2.0m$）。单立杆双排脚手架的搭设高度限制在 50m 以内；若搭设高度超过 50m 时，35m 以下部分应采用双立杆，或自 35m 起采用分段卸载措施，并且上面部分单立杆的高度应不小于 30m。相邻立杆的接头位置应在相互不同的步距内，与相邻大横杆的距离不宜大于步距的 1/3。

2）大横杆

又称纵向水平杆、牵杠等，是连系立杆平行于墙面的水平杆件，起连系和纵向承重作用。步距为 $1.5 \sim 1.8m$。上下横杆的接长位置应相互错开，布置在不同的立杆纵距中，且与相近的立杆的距离不大于纵距的 1/3。

3）小横杆

又称横向水平杆，是垂直于墙面的水平杆，与立杆、大横杆相交，并支撑脚手架，承受并传递施工荷载给立杆。小横杆贴近立杆布置，搭设于大横杆之上并用直角扣件扣紧，在同一步距的两个立杆之间根据需要搭设 1 根或 2 根。在任何情况下，作为基本构架结构杆件的小横杆均不得拆除。

4）剪刀撑

又称十字撑，剪刀撑应连系 $3 \sim 4$ 根立杆，斜杆与水平面夹角宜在 $45° \sim 60°$ 范围内，十字交叉地绑扎在脚手架的外侧，加强脚手架的纵向整体刚度和平面稳定性。35m 以下的脚手架除在两端设置剪刀撑外，中间每隔 $12 \sim 15m$ 需设一道；35m 以上的脚手架，沿脚手架两端和转角处，每 $7 \sim 9$ 根立杆设一道，且每片架子不少于 3 道；在相邻两排剪刀撑之间，每隔 $10 \sim 15m$ 高加设一组长剪刀撑，如图 5-4、图 5-5 所示。

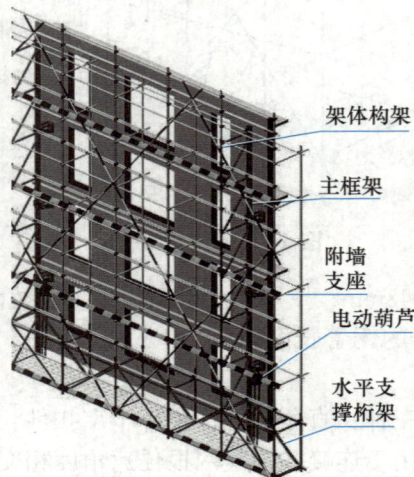

图 5-4　脚手架搭设示意图

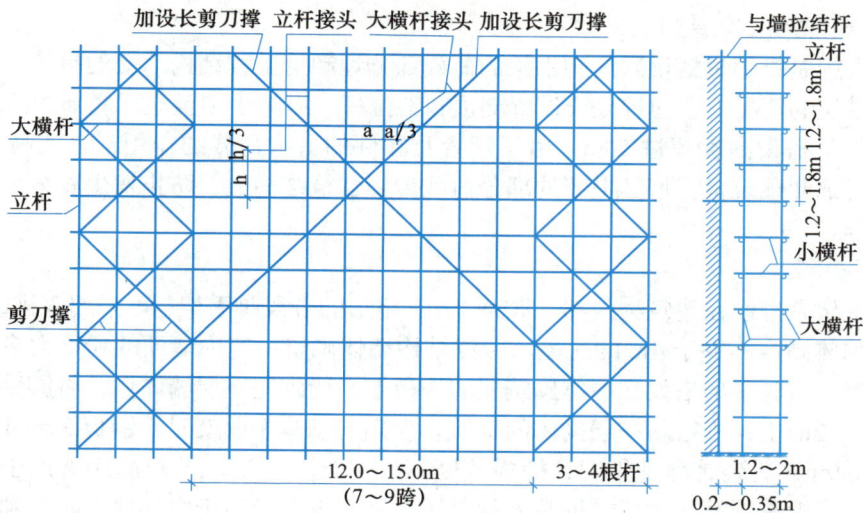

图 5-5　立杆、大横杆的接头位置

5）抛撑

设在脚手架的外侧，与地面成 60°，横向撑住脚手架的斜杆，防止脚手板外倾。抛撑的间距不超过 6 倍的立杆间距，并应在地面支点处铺设垫板。

6）连墙杆

与墙体连接的横向水平杆，防止脚手架的横向移动，承受风荷载，加强架子空间稳定性的部件。连墙杆的位置应设在与立杆和大横杆相交的节点处，离节点的同距不宜大于 300mm。

7）扫地杆

有纵向扫地杆和横向扫地杆，用于连接立柱下端，距底座下皮 200mm，用以约束立柱底端纵横方向上的位移。

（2）单排脚手架

单排脚手架只有一排立杆，小横杆的另一端搁置在墙体上，构架形式与双排基本相同，在使用上受到一定的限制，搭设高度不大于 20m，即一般只用于 6 层以下的建筑（供防护用的单排外架，其高度不受此限）；不得用于墙厚小于 180mm 的砌体、不适于承载的非承重墙和靠脚手架一侧实体厚度小于 180mm 的空心墙；脚手眼的留设部位和孔眼尺寸有严格的要求；不得用于外墙面有装饰要求的建筑及清水墙等。多立杆式外脚手架的一般构造参数见表 5-6。

多立杆式外脚手架的一般构造参数（m）　　　　　　　　　表 5-6

用途	脚手架类型	里立杆距墙面	立杆横距	立杆纵距		操作层小横杆间距	大横杆步距	小横杆挑向墙面的悬臂
				单立杆	双立杆			
结构	单排	—	—	1.4～2.0	1.5～2.0	≤1.0	≤1.5	0.30～0.50
	双排	0.35～0.50	0.9～1.5					0.10～0.15
装修	单排	—	—	1.4～2.0	1.5～2.0	≤1.5	≤1.8	0.30～0.50
	双排	0.35～0.50	0.9～1.5					0.15～0.20

（3）局部卸载构造

卸载设施是指超过搭设限高脚手架的荷载部分地卸给工程结构承受的措施，即在立杆连续向上搭设的情况下，通过分段设置支顶和斜拉杆件以减小传至立杆底部的荷载。

当脚手架搭设高度超过50m，由于钢管及扣件的自重荷载的作用，自架高30m起，必须采用局部卸载装置，将其上部的部分荷载传到建筑结构上，防止发生安全事故，以确保施工安全。

2. 里脚手架

里脚手架是搭设在建筑物内部，常为"一"字形的分段脚手架，可采用双排或单排架。一般用于墙体高度不大于4m的房屋。砖混结构墙体砌筑、室内墙面的粉刷大多采用工具式里脚手架，将脚手架搭设在墙体砌筑层的楼板上，待砌完一层墙体后，将脚手架全部转移到上一层楼面上，进行新一层砌体的砌筑。为砌筑砌体作业架时，铺板3～4块，宽度应不小于0.9m；为装饰作业架时，铺板宽度不少于2块或0.6m。里脚手架用工料较少，比较经济，但拆装频繁，故要求拆装方便灵活，因而被广泛用于内外墙的砌筑和室内墙面装饰施工。但是，用里脚手架砌外墙时，特别是清水墙，由于工人在里侧砌外墙，很难保证外侧墙体的横平竖直、表面平整度和不出现游丁走缝的质量要求，因此对工人操作技术要求较高。里脚手架结构形式有折叠式、支柱式和门架式等。

（1）折叠式里脚手架

折叠式里脚手架按所用材料不同，分为角钢、钢管和钢筋折叠式。主要用于内墙的砌筑、抹灰及粉刷。

1）角钢折叠式里脚手架搭设间距，砌筑时不超过2m，抹灰或粉刷墙时不超过2.5m。可搭设两步架，第一步为1m，第二步为1.65m，如图5-6所示。

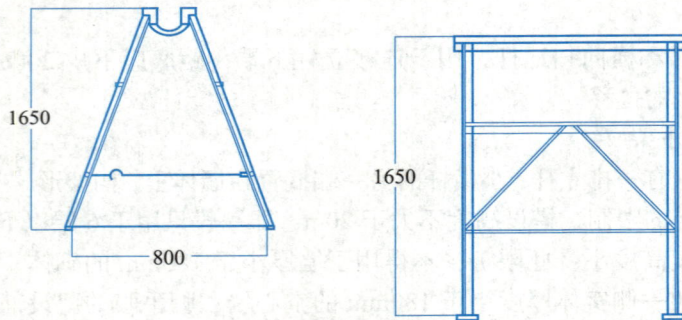

图5-6 折叠式里脚手架

2）钢管折叠式里脚手架搭设间距，砌筑时不超过1.8m，抹灰或粉刷墙时不超过2.2m。

（2）支柱式里脚手架

支柱式里脚手架由若干个支柱和横杆组成，上铺脚手板。主要用于内墙的砌筑、抹灰及粉刷。支柱间距，砌墙时不超过2.0m，抹灰或粉刷墙时不超过2.2m。

支柱式里脚手架的支柱有套管式支柱和承插式支柱。

1）套管式支柱

套管式支柱如图5-7所示，由立管、插管组成，插管插入立管中，以销孔间距调节脚手架的高度，是一种可伸缩式的里脚手架，在插管顶端的凹形托架内设置方木横杆，在横杆上铺设脚手板，其架设高度为 1.50 ～ 2.10m。

2）承插式支柱

承插式支柱如图 5-8 所示，在支柱立管上焊承插管，横杆的销头插入承插管中，横杆上面铺脚手板，其架设高度为 1.50 ～ 2.10m。

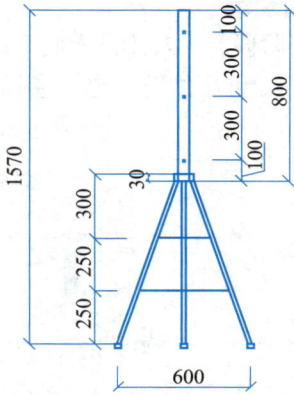

图 5-7　套管式支柱　　　　图 5-8　承插式支柱

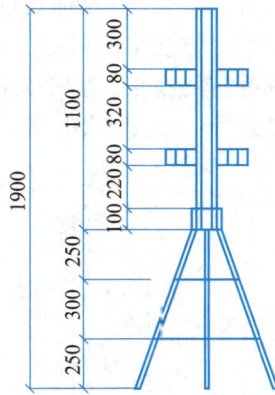

（3）门架式里脚手架

门架式里脚手架由两片 A 形支架与门架组成，如图 5-9 所示。

A 形支架由立管和套管两部分组成，立管常用 ϕ50mm×3mm，长度为 500mm，支脚大多用钢管、钢筋焊成，高度在 900mm，两支脚相距为 700mm；门架用钢管或角钢与钢管焊成，承插在套管中，承插式门架在架设第二步架时，销孔要插上销钉，防止 A 形支架受外力作用时发生转动。

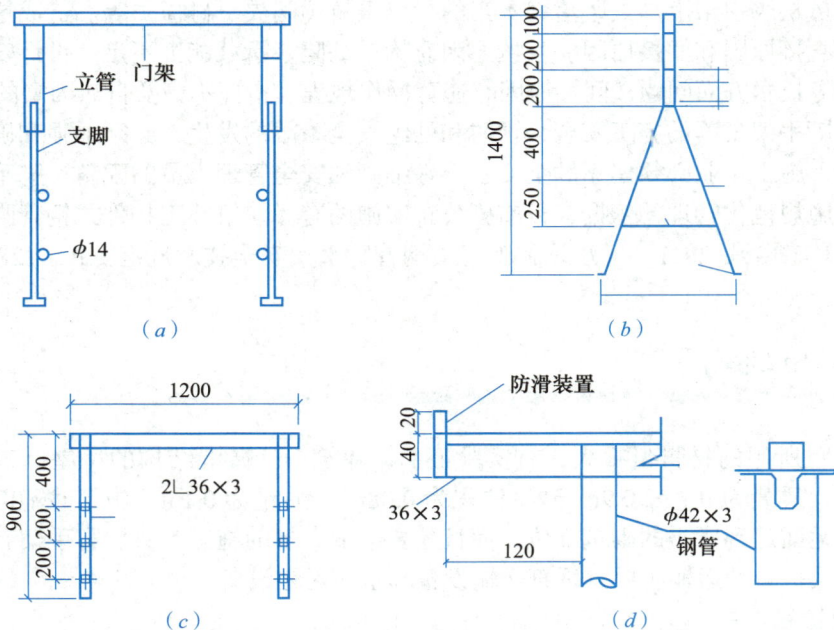

图 5-9　门架式里脚手架

3. 悬挂式脚手架

悬挂式脚手架是悬挂在房屋结构上的一种脚手架。一种是利用吊索将桁架式工作台悬吊在屋面或柱上设置的挑梁或挑架上，主要用于单层工业厂房或框架结构的围护结构的砌筑，以及外墙的装饰抹灰、干挂理石等；另一种是在柱子上挂设支架，在支架上铺脚手板或搁置桁架式工作台，主要用于围护墙及填充墙的砌筑。

悬挂式脚手架固定方法牢固可靠，在装饰施工阶段，工人按自上而下的施工顺序进行，逐层下降，需控制好它的稳定，脚手架的升降方法，可用倒链、电动卷扬机、液压提升机及手动工具分节提升等，如图 5-10 所示。

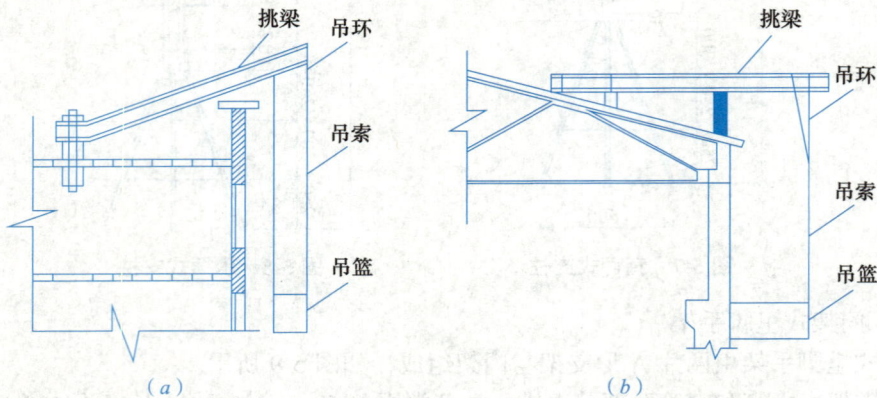

图 5-10　悬挂式脚手架

4. 脚手架安全技术管理措施

脚手架工程在施工中常发生的事故类型有：整架失稳、造成整体坍塌；整架倾倒或局部垮架；人员从脚手架上高处坠落；不当的操作事故（闪失、碰撞）等。造成这些事故的原因中，有直接原因和间接原因。直接原因有构造缺陷、承载能力不足、设计安全度不够及严重超载等技术方面问题；间接原因有违背操作规程、指挥不当及自然因素的作用。

为确保脚手架工程的施工安全，预防和杜绝安全事故的发生，必须加强和确保安全的规范化管理，施工企业必须建立健全安全管理细则和安全管理人员的配备。脚手架安全技术规范是实施规范化管理的依据，目前已公布实施的有《建筑施工扣件式钢管脚手架安全技术规范》JGJ 130—2011、《建筑施工门式钢管脚手架安全技术规范》JGJ 128—2010 以及相关规定。

5.4.3　材料的运输

砌体工程所用的材料量很大，有实验证明，建筑 $1m^2$ 砖混结构的房屋，砖的用量为 $0.4 \sim 0.5m^3$，质量为 $0.7 \sim 0.9t$，砂浆体积为 $0.08m^3$，质量为 $0.15t$。施工时不但要把这些砖、砂浆从地面运到所需的砌筑部位，而且还要运输大量的施工工具、脚手架和各种预制构件。材料及机具的运输主要有垂直运输设备和水平运输设备。

1. 垂直运输设备

目前使用的垂直运输设备主要有：井字架、龙门架、独杆提升机、施工电梯及葫芦式起重机或其他小型起重机具的物料提升设施等。

（1）井字架

井字架是施工中最常使用的，也是最为简便的垂直运输设施。它的稳定性能好、运输量大、安全可靠，除用型钢或钢管加工的定型井架之外，还可采用许多种脚手架搭设起来，多为单孔井架，井架内设吊盘（也可在吊盘下加设混凝土料斗），起重量在 3t 以内，起升高度达 60m 以上，设缆风绳以保持井架的稳定。缆风绳一般采用钢丝绳，数量为 6 ～ 12 根，最低不少于 4 根，与地面的夹角一般在 30° ～ 45°，角度过大，则会对井架产生较大的轴向压力。

井字架可视需要设置悬臂杆，其起重量一般为 0.5 ～ 1.5t，工作幅度可达 10m。

（2）龙门架

龙门架是由两根立杆及天轮梁（横梁）构成的门式架。其构造：在龙门架上装有定滑轮及导向滑轮、吊盘（上料平台）、安全装置以及起重索、缆风绳和卷扬机等，组成一个完整的垂直运输体系，起重量在 2t 以内，起升高度达 50m 以上。

龙门架的立杆是由三根钢管、一根钢管与两根角钢或三根圆钢经焊接组成断面为等边三角形的格构架，其刚度好，不易变形，但稳定性较差。由于龙门架构造简单、制作容易、用料少、装拆方便，一般适合于 10 层以下的房屋建筑；当用于超过 10 层的高层建筑施工时，必须采取附墙方式固定，成为无缆风绳高层物料提升架，并可在顶部设液压顶升构造，实现井架或塔架标准节的自升接高。

（3）施工电梯（施工升降机）

施工电梯是高层建筑施工中主要的垂直运输设备。它附着在建筑结构部位或外墙上，随着建筑物的升高而升高，架设高度可达 200m 以上（国外施工电梯的最高起升高度已达 645m）。

多数施工电梯为人货两用，少数为供货用。施工电梯按其传动方式分为：齿轮齿条式、钢丝绳式和混合式三种。齿轮齿条电梯又有单箱（笼）式和双箱（笼）式，并装有安全限速装置，适于 20 层以上建筑工程使用；钢丝绳式电梯为单吊箱（笼），无限速装置，轻巧便宜，适于 20 层以下建筑工程使用。

下面介绍几种垂直运输设备的总体情况，见表 5-7。

垂直运输设备的总体情况　　　　　　　　　　　　　　　　表 5-7

序号	设备（施）名称	形　式	安装方式	工作方式	设备能力	
					起重能力	提升高度
1		整装式	行走固定	在不同的工作幅度内形成作业覆盖区	60 ～ 10000kN·m	80m 内
		自升式	附着固定			250m 内
		附着式	装于天井道内，附着爬升		3500kN·m	一般在 300m 内
2	施工电梯	单箱、双箱、笼带斗	附着固定	吊笼升降	一般在 2t 以内	一般在 100m 内
3	井字架	定型钢管搭设	缆风固定	吊盘升降	3t 以内	60m 以内
		定型	附着固定			可达 200m 以上
		钢管搭设				100m 以内

续表

序号	设备（施）名称	形 式	安装方式	工作方式	设备能力	
					起重能力	提升高度
4	龙门架		缆风固定	吊盘升降	2t 以内	50m 以内
			附着固定			100m 以内
5	独杆提升机	定型产品	缆风固定	吊盘升降	1t 以内	一般在 25m 内
6	墙头吊	定型产品	固定在结构上	吊盘升降	0.5t 以内	高度视配绳和吊物稳定而定

2. 水平运输设备

建筑工程施工中的水平运输，目前使用最多的是手推车（双轮、独轮）和灰浆车，对于水平距离比较远的建筑工程，材料的运输，一般采用了斗容积为 0.4m³ 机动翻斗车来运输砖及砂浆，以保证砌体工程对材料的需求。

3. 塔式起重机

塔式起重机具有提升、回转和水平运输（通过滑轮车移动和臂杆的仰俯）等功能，既可以垂直运输，又可以水平运输。在建筑工程施工中，塔式起重机是一个重要的吊装设备，用其可垂直和水平吊运长、大、重的物料，这是井架、龙门架和施工电梯等垂直运输设备（施）所不能的，它是高层建筑施工中常采用的起重吊装兼运输的设备（施）。塔式起重机的分类见表 5-8。

塔式起重机的分类 表 5-8

分类方式	类 别
按固定方式分	固定式、轨道式、附着式、内爬式
按架设方式分	自升式、分段架设、整体架设、快速拆装
按臂构造分	整体式、伸缩式、折叠式
按回转方式分	上回转式、下回转式
按变幅方式分	小车移动、臂杆仰俯、臂杆伸缩
按体重能力分	轻型（$\leqslant 80t \cdot m$）、中型（$\leqslant 250t \cdot m$）、重型（$250 \sim 1000t \cdot m$）、超重型（$\geqslant 1000t \cdot m$）

注：塔式起重机的起重能力用起重力矩来表示。

5.4.4 砖砌体施工

1. 砖的准备

砖要按规定及时进场，砖的品种、规格、强度等级和外观必须符合设计要求，规格一致，并按设计要求进行验收。若无出厂证明或合格证，则要送材料试验室进行鉴定。

烧结的普通砖按主要材料分为黏土砖、页岩砖、煤矸石砖和粉煤灰砖。

烧结的普通砖根据抗压强度分 MU30、MU25、MU20、MU15、MU10 五个强度等级。外形为直角六面体，其公称尺寸为 240mm×115mm×53mm，配砖规格为 175mm×

115mm×53mm。根据尺寸偏差、外观质量、泛霜和石灰爆裂分为优等品、一等品和合格品三个质量等级，优等品用于清水墙，一等品、合格品可用于混水墙。

绕结的普通砖、空心砖应提前浇水混润，视天气情况为一天或半天，以免在砌筑时因干砖吸收砂浆中的水分，使砂浆的流动性降低，并影响砌体的砂浆饱满度。但也不能将砖浇得过湿，过湿使砖不能吸收砂浆中多余的水分，而影响砂浆的密实性、强度和粘结力，以致产生落地灰和砖块滑动现象。在一般情况下，普通烧结砖、空心砖的含水率宜为10%～15%，灰砂砖，粉煤灰砖含水率最好为5%～8%，渗入砖内深度以10mm左右为宜。

2. 砂浆的准备

砂浆需按设计要求先向本单位的材料试验部门提出试验砂浆配合比申请单，确定砂浆配合比，以便施工时使用。试配时应采用工程中实际使用的材料，采用里脚手架砌砖时，在一层以上或高度超过4m时，必须搭设宽度不小于3m的安全网，采用外脚手架应设护身栏杆和挡脚板方可砌筑。在脚手架上堆放的砖，必须堆得平直整齐，高度不得超过3皮侧砖，灰槽牢靠，在架子上堆料不得超过规定荷载，同一块脚手板上的操作人员不应超过2人，不准用不稳固的工具或物体在脚手板面垫高操作，更不准在未经过加固的情况下，在一层脚手架随意叠加一层。高空施工时，不得在脚手架上奔跑或许多人拥挤在一起，以防脚手架负重过度而发生意外。砖墙上禁止走动，以免影响质量和发生危险。

砍砖时砍下的断头砖应落于砖上，不得随意往下乱砍，应面向内打，以免落下伤人。

用于垂直运输的吊笼、滑轮、绳索和刹车等，必须满足负荷要求，牢固无损；吊运时不得超载，并经常检查，发现问题及时修理。吊砖用的手推车、吊笼、吊砂浆的料斗不能装得过满；在起重机的工作幅度内，禁止有人停留；吊件落到架子上时，砌筑人员应停止砌筑，闪到一边。用于水平运输的砖、石等车辆，两车前后距离平道上不小于2m，坡道上不小于10m。

在同一垂直面内上下交叉作业时，必须设置安全隔板，下方施工人员必须配戴安全帽。人工垂直往上或往下（基坑）传递砖石时，要搭递砖梯子，架子的站人板宽度应不小于600mm。

5.5　钢筋混凝土工程

5.5.1　钢筋混凝土工程基本知识

钢筋混凝土工程包括现浇钢筋混凝土工程、装配式钢筋混凝土工程和预应力混凝土工程等。由模板工程、钢筋工程和混凝土工程等多个单项工程组成。

现浇钢筋混凝土工程应用最普遍，模板材料消耗量大，劳动强度高，施工现场运输量大，但结构整体性和抗震性较好，而且可以把梁或柱浇筑成需要的截面形状。

装配式钢筋混凝土工程主要工序是结构安装，现场施工周期短，受季节性影响小，多用于工业建筑。

预应力混凝土工程与普通钢筋混凝土工程相比，自重轻、结构耐久性、刚度和抗裂性增强，多用于大跨度建筑及道路桥梁工程。

5.5.2 钢筋工程基础知识

钢筋是钢筋混凝土结构中的主要受力材料，它与脆性混凝土材料结合，才能构成坚固的实体。混凝土结构拥有较强的抗压强度，但是混凝土的抗拉强度较低，通常只有抗压强度的 1/10 左右，任何显著的拉弯作用都会使其微观晶格结构开裂和分离，从而导致结构的破坏。而绝大多数结构构件内部都有受拉应力作用，故未加钢筋的混凝土极少被单独用于工程。相对混凝土而言，钢筋抗拉强度非常高，一般在 20MPa 以上，故通常在混凝土中加入钢筋等加劲材料与之共同工作，由钢筋承担其中的拉力，混凝土承担压应力。变形钢筋由于其表面肋的作用，和混凝土有较大的粘结能力，因而能更好地承受外力的作用。在建筑施工过程中，钢筋工程要经过进料、收料、储存、配料、加工、连接、绑扎安装等工序。

1. 钢筋的分类

钢筋由于品种、规格、型号的不同和在构件中所起的作用不同，在施工中常常有不同的叫法。

（1）按钢筋在构件中的作用分类

受力筋：指构件中根据受力计算确定的主要钢筋包括受拉筋、弯起筋受压筋、腰筋等。

构造钢筋：指构件中根据构造要求设置的钢筋，包括分布筋、箍筋架立筋等。

（2）按钢筋的外形分类

1）光圆钢筋：钢筋表面光滑无纹路，主要用于分布筋、箍筋、墙板钢筋等。直径 6～10mm 时一般做成盘圆，直径 12mm 以上为直条。

2）变形钢筋：钢筋表面刻有不同的纹路，增强了钢筋与混凝土的粘结力，主要用于柱、梁等构件中的受力筋。变形钢筋的出厂长度有 9m、12m 两种规格。

3）钢丝：分冷拔低碳钢丝和碳素高强钢丝两种，直径均在 5mm 以下。

4）钢绞线：有 3 股和 7 股两种，常用于预应力钢筋混凝土构件中。

（3）按钢筋的强度分类

平法图集 G101-1，将钢筋划分为八种，详见表 5-9。

普通钢筋强度标准值

表 5-9

牌　　号	公称直径（mm）	屈服强度标准值（N/mm²）	极限强度标准值（N/mm²）
HPB300	6～22	300	420
HRB335 HRBF335	6～50	335	455
HRB400 HRBF400 RRB400	6～50	400	540
HRB500 HRBF500	6～50	500	630

注：H—热轧钢筋，P—光圆钢筋，B—钢筋，R—带肋钢筋，F—细晶粒热轧带肋钢筋。

2. 钢筋的进场验收与储存

钢筋对混凝土结构的承载力至关重要，对其质量应从严要求，按《混凝土结构工程施工质量验收规范》GB 50204—2015 规定，进场时，应检查产品合格证和出厂检验报告，并要抽取试件做力学性能检验，检验结果必须符合有关标准规定。钢筋原材料进场检查验收应注意：

钢筋进场时，应该将钢筋出厂质保资料与钢筋炉批号铁牌相对照，看是否相符。注意每一捆钢筋均要有铁牌，还要注意出厂质保资料上的数量是否大于进场数量，否则应不予进场。

钢筋运进施工现场后，必须按批分等级、牌号、直径、长度挂牌存放，并注明数量，不得混淆。钢筋应尽可能堆入仓库或料棚内，若条件不具备，应选择地势高、土质坚硬的场地，下部垫高，离地至少 20cm，防止钢筋生锈，并在堆放场地周围挖排水沟，以利排水。

3. 钢筋配料

钢筋配料是根据构件的配筋图计算构件各钢筋的直线下料长度、根数及重量，然后编制钢筋配料单，作为钢筋备料加工的依据。钢筋配料单的形式见表 5-10。

钢筋配料单　　　　　　　　　　　　　　　　　　　　　表 5-10

构件名称和数量	钢筋编号	简图	直径（mm）	下料长度（mm）	单位根数	合计根数	质量（kg）

构件配筋图中注明的尺寸一般是钢筋外轮廓尺寸，即从钢筋外皮到外皮量得的尺寸，为外包尺寸。外包尺寸由构件尺寸减去混凝土保护层厚度求得，保护层厚度由设计规定。在钢筋加工时，一般也按外包尺寸进行验收。钢筋加工前直线下料，如复下料长度按钢筋外包尺寸的总和来计算，这样加工后的钢筋尺寸将大于设计要求的外包尺寸或者弯钩平直段太长，造成材料的浪费。这是由于钢筋弯曲时外皮伸长，内皮缩短，只有中轴线长度不变。只有按钢筋轴线长度尺寸下料加工，才能使加工后的钢筋形状、尺寸符合设计要求。

在施工现场施工时，要对钢筋进行翻样，翻样内容主要有：

（1）将设计图上钢材明细表中的钢筋尺寸改为施工时的适用尺寸。

（2）根据施工图计算钢筋的下料长度。

（3）列出钢筋配料单。

4. 钢筋加工

钢筋般在钢筋车间或工地的钢筋加工棚加工，然后运至现场安装或绑扎。钢筋加工过程取决于成品种类，一般的加工过程有冷拉、冷拔、调直、剪切、镦头、弯曲等。

（1）钢筋调直

对局部曲折、弯曲的钢筋和直径小于 12mm 的线材盘条，要展开调直才可进行加工制作；对大直径的钢筋，要在其焊接调直后检验其焊接质量。钢筋调直普遍使用慢速卷扬机拉直和调直机调直。已调直的钢筋应按级别、直径、长短、根数分扎成若千扎，分区堆放整齐。

（2）钢筋切断

钢筋切断分为机械切断和人工切断两种。如：GQ40 钢筋切断机，表示可切断钢筋的最大直径为 40mm。

手工切断常用手动切断机（用于直径 16mm 以下的钢筋）、断线钳（用于钢丝）等工具。

（3）钢筋除锈

大量的钢筋除锈可通过钢筋冷拉或钢筋调直过程中完成；少量的钢筋除锈可采用电动除锈机或喷砂等方法；钢筋局部除锈可采取人工用钢丝刷或砂轮等方法进行，亦可将钢筋减砂箱往返搓动除锈。

（4）钢筋弯曲

钢筋的弯曲成型是将已切断、配好的钢筋，按图纸的要求，将钢筋准确地加工成规定的形状尺寸。弯曲钢筋有手工和机械两种方法。

手工弯曲钢筋的方法设备简单手工弯曲钢筋的方法设备简单、成型正确，工地经常采用。机械弯曲采用钢筋弯曲机可将钢筋弯曲成各种形状和角度，使用方便。

（5）钢筋连接

钢筋连接常用的方法有焊接、绑轧连接和机械连接。

1）钢筋焊接分为压焊和熔焊两种形式

压焊包括闪光对焊、电阻点焊和气压焊；熔焊包括电弧焊和电渣压力焊。其中，电渣压力焊接头只适用于框架结构竖向钢筋连接。除个别情况（如不准出现明火）应尽量采用焊接连接，以保证质量、提高效率和节约钢材。

2）绑扎连接

钢筋搭接是指两根钢筋相互有一定的重叠长度，用扎丝绑扎的连接方法，适用于较小直径的钢筋连接。一般用于混凝土内的加强筋网，经纬均匀排列，不用焊接，只需铁丝固定。

3）机械连接

机械连接分为套筒挤压连接和锥螺纹连接。

它们不受季节影响、不被钢筋可焊性所制约，具有工艺性能良好和接头性能可靠度高等特点。从节约钢筋和受力角度考虑，梁柱中直径≥20mm 钢筋的接长很少用绑扎方式，现浇板和墙中的钢筋主要用绑扎方式。

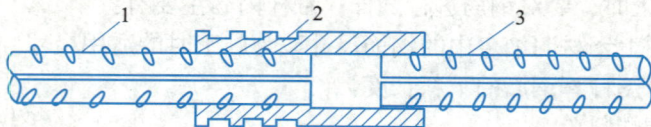

图 5-11　套筒挤压连接

1—已挤压的钢筋；2—钢套筒；3—未挤压的钢筋

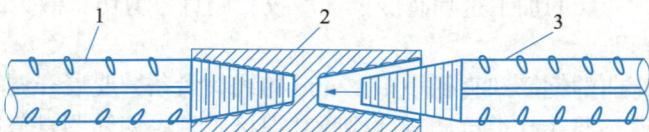

图 5-12　锥螺纹连接

1—已连接钢筋；2—连续套筒；3—未连接钢筋

5.5.3　混凝土工程基础知识

混凝土是指用胶凝材料，将粗细骨料胶结成整体的复合材料，必须保证施工工序质量，以确保混凝土结构的强度、刚度、密实性和整体性。

1. 混凝土的分类

混凝土的种类很多，分类方法也很多。

（1）按胶凝材料的品种分类

通常根据主要胶凝材料的品种，并以其名称对混凝土进行命名。如水泥混凝土、石膏混凝土、水玻璃混凝土、硅酸盐混凝土、沥青混凝土、聚合物混凝土等。

有时也以加入的特种改性材料命名，如水泥混凝土中掺入钢纤维时，称为钢纤维混凝土；水泥混凝土中掺大量粉煤灰时，则称为粉煤灰混凝土等。

（2）按使用功能和特性分类

按使用部位、功能和特性通常可分为结构混凝土、道路混凝土、水工混凝土、耐热混凝土、耐酸混凝土、防辐射混凝土、补偿收缩混凝土、防水混凝土、泵送混凝土、自密实混凝土、纤维混凝土、聚合物混凝土、高强混凝土、高性能混凝土等。

2. 混凝土的制备

制备混凝土时，首先应根据工程对和易性、强度、耐久性等的要求，合理地选择原材料并确定其配合比例，以达到经济适用的目的。混凝土配合比的设计通常按水灰比法则的要求进行。材料用量的计算主要用假定容重法或绝对体积法。

建筑工地现场搅拌混凝土，用于承重结构。先要委托具有资质的实验室完成配合比设计，所用砂石经过烘干不含水分，称为实验室配合比。在现场配制混凝土时，要考虑砂、石的实际含水率，对配合比进行调整，称为施工配合比。很多城市都建立了混凝土集中搅拌站，也称商品混凝土站，供应半径为 15～20km 商品混凝土站自己具备有资质的实验室，能完成配合比设计、搅拌和运输等生产过程。

3. 混凝土的搅拌

根据不同施工要求和条件，混凝土可在施工现场搅拌或在搅拌站集中搅拌。混凝土搅拌机按搅拌原理可分为自落式搅拌机和强制式搅拌机两大类。

流动性较好的混凝土拌合物可用自落式搅拌机；流动性较小或干硬性混凝土宜用强制式搅拌机搅拌。搅拌前应按配合比要求配料，控制称量误差。投料顺序和搅拌时间对混凝土质量均有影响，应严格掌握，使各组分材料拌合均匀。

5-6
混凝土的
搅拌

4. 混凝土的运输

混凝土运输是整个混凝土施工中的一个重要环节，对工程质量和施工进度影响较大。由于混凝土拌和后不能久存，而且在运输过程中对外界的影响敏感，运输方法不当或疏忽大意，都会降低混凝土质量，甚至造成废品。如供料不及时或混凝土品种错误，正在浇筑的施工部位将不能顺利进行。因此，要解决好混凝土拌合、浇筑、水平运输和垂直运输之间的协调配合问题。混凝土拌合物，可用料斗、皮带运输机或搅拌运输车输送到施工现场。

5. 混凝土的浇筑

混凝土的浇筑是将混凝土放入已经安装好的模板内并振捣密实以形成设计要求的

构件。

混凝浇筑前对模板及其支架、钢筋、预埋件和预埋管线，必须进行检查，并做好隐蔽工程的验收，符合设计要求后方能浇筑混凝土。在浇筑混凝土之前，应将模板内的杂物和钢筋上的油污等清理干净对模板的缝隙及孔洞应予堵严；对木模板应浇水湿润，但不得有积水。

混凝土必须分层浇筑，浇筑混凝土应连续进行，若因停电等原因必须间歇时，其间歇时间宜短，并应在下层混凝土凝结之前，将上层混凝土浇筑完毕以防止扰动已经初凝的混凝土而出现质量缺陷。

6. 混凝土的振捣

混凝土入模以后是松散的，里面含有空气与气泡。混凝拌合物浇筑之后，需经密实成型才能赋予混凝土结构一定的外形和内部结构。混凝土只有经密实成型才能达到设计的强度、抗冻性、抗渗性和耐久性。目前主要采用振动捣实方法也有的采用离心、挤压和真空作业等。掺入某些高效减水剂的流态混凝土，则可不振捣。混凝土振捣是混凝土施工中的关键工序，施工操作者必须认真对待以保证混凝土施工质量。

混凝土振捣器的类型，按振捣方式的不同分为插入式、表面式、外部式和振动台。

7. 混凝土的养护

混凝土浇捣后之所以能逐渐硬化，主要是因为水泥水化作用的结果，而水化作用则需要适当的温度和湿度条件。混凝土养护的目的在于创造适当的温湿度条件，保证或加速混凝土的正常硬化。

不同的养护方法对混凝土性能有不同影响。养护的原则是：湿度要充分，温度应适宜。

常用的养护方法有自然养护、蒸汽养护、热拌混凝土热模养护、蒸压养护、电热养护、红外线养护和太阳能养护等。养护经历的时间称养护周期。为了便于比较，规定测定混凝土性能的试件必须在标准条件下进行养护。标注养护条件是：温度为（20±3）℃；温度不低于90%。在工程中制定施工养护方案或生产养护制度应作为必不可少的规定并应有施工过程的养护记录，供存档备案。

5.5.4 模板工程基础知识

模板是使混凝土结构和构件按所要求的几何尺寸成型的模型板。模板系统包括模板和支架系统两大部分，此外尚须适量的紧固连接件。模板工程量大，材料和劳动力消耗多。

1. 模板的基本要求和组成

（1）基本要求

形状尺寸准确；足够的强度、刚度及稳定性；构造简单、装拆方便，能多次周转使用；接缝严密，不得漏浆；用料经济。

正确选择模板形式、材料及合理组织施工，对加速现浇钢筋混凝土结构施工和降低工程造价具有重要作用。

（2）模板组成

模板工程主要由模板系统和支撑系统组成。

模板系统：与混凝土直接接触，它主要使混凝土具有构件所要求的体积。

支撑系统：保证模板位置正确和承受模板、混凝土等重量的结构。

2. 模板的分类

模板按所用的材料不同，分为木模板、定型组合钢模板、胶合板模板、钢木模板、塑料模板和铝合金模板等。

（1）木模板（图 5-13）

木模板由板条和拼条组成，尺寸切割灵活方便，可用作基础、梁柱模板。由于木材吸水易变形，木模板加工繁琐，且资源紧缺，目前只用于零星小工程。

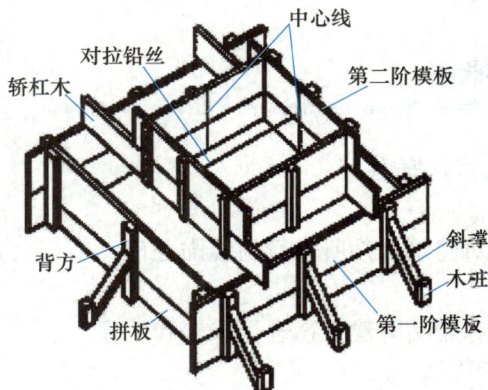

图 5-13 木模板

（2）定型组合钢模板

它是一种工具式的模板，由具有一定模数的若干类型的板块、角模、支撑和连接件组成。拼装灵活，可拼出多种尺寸和几何形状，通用性强，适应各类建筑物的梁、柱、板、墙、基础等构件的施工需要。

（3）竹胶合板模板

竹胶合板是利用竹材加工余料——竹黄篾。竹胶合板硬度为普通木材的 100 倍，抗拉强度是木材的 1.5 ～ 2.0 倍。具有防水防潮防腐防碱等特点。

（4）钢木定型模板

钢木定型模板的模板由钢板改为复塑竹胶合板、纤维板等，自重比钢模轻 1/3，用钢量减少 1/2，是一种针对钢模板投资大、工人劳动强度大的改良模板。

3. 支撑系统

模板工程常用支撑有木制琵琶撑和活动式钢管支撑。可调式钢管支柱，活动钢管支撑的可调高度为 1.5 ～ 3.6m，每档调节高度为 100mm。

当工程规模较大时，一般搭设扣件式钢管架、碗扣架或门式架作为梁板的模板支撑系统。

扣件式钢管架用作梁板模板的支模架是目前国内主流的支撑方式，其优点为装拆方便、搭设灵活，通用性强；缺点为扣件的传力不直接，受人为因素影响大。

碗扣架钢管脚手架是模板支架的主要形式之一，承载力大，接头设计安全可靠，无零散易丢失扣件，便于管理和运输，搭拆方便；缺点是横杆为几种尺寸的定型杆，立杆上碗扣节点按 0.6m 间距设置，使构架尺寸受到限制，价格较贵。

　　门式钢管脚手架几何尺寸标准化，结构合理，受力性能好，施工中装拆容易、回收效率高；缺点是构架尺寸无任何灵活性，构架尺寸的任何改变都要换用另种型号的门架，定型脚手板较重，价格较费，主要应用在市政、桥梁工程上。

5.6　建筑装饰工程

5.6.1　建筑装饰装修概述

1. 建筑装饰、装修的基本概念
（1）建筑装饰

指主体工程完成后，对建筑构件所进行的装饰处理。

（2）建筑装修

指使用建筑装饰材料和制品对建筑物进行修补和处理。

（3）建筑装饰、装修构造

指使用建筑装饰材料和制品对建筑物内、外表面以及某些部位进行修饰的构造做法。

2. 建筑装饰装修的内容

按国家标准《建筑装饰装修工程质量验收标准》GB 50210—2018 中的规定，建筑装修应包括抹灰工程、外墙防水工程、门窗工程、吊顶工程、轻质隔墙工程、饰面板工程、饰面砖工程幕墙工程、涂饰工程、裱糊与软包工程、细部工程等 11 项内容。但是，面对当前新型装饰材料的大发展，装饰工程的标准也越来越高，建筑装饰设计的范围比较广，通常涉及艺术构思和创作问题，而建筑装修则比较具体，它涉及的是技术问题。建筑装修就是为了达到建筑装饰设计的艺术目的和意图，去具体地运用合适的装饰材料对建筑的各个部位进行装饰处理。

5.6.2　建筑装饰装修构造设计的原则

1. 一般原则

（1）美化和保护建筑构件，满足房间不同界面的功能要求，延展和扩展室内空间，改善空间环境，完善空间品质。

（2）根据国家标准、行业规范，选择恰当的建筑材料，确定合理的构造方案。

（3）协调各工种之间的关系。

2. 安全原则

（1）构造设计的安全性

1）装饰构件自身必须具有足够的强度、刚度和稳定性。

2）装饰构件与主体的连接应安全。

3）严禁破坏主体结构，保证主体结构的安全。

4）装饰构件的耐久性。

（2）防火的安全性

1）严格执行现行《建筑设计防火规范》GB 50016—2014、《建筑内部装修设计防火规范》GB 50222—2017 的规定，评判建筑物防火性能，确定防火等级。

2）对改变用途的建筑物应重新确定防火等级。

3）协调装饰材料和使用安全的关系，尽量避免和减少材料燃烧时产生浓烟和有毒气体。

4）施工期间应采取相应的防火措施。

（3）防震的安全性

进行建筑装饰设计时，要考虑地震时产生的结构变形影响。抗震设防烈度为七度地区的住宅，吊柜应避免设在门上方，床头上方不宜设置隔板、吊柜、玻璃罩灯具，不宜悬挂硬质画框、镜框等饰物。

3. 绿色原则（健康环保原则）

（1）节约能源

建筑装饰构造节约能源的具体措施有很多，例如，改进节点构造，提高外墙和屋顶保温隔热性能，改善外门窗气密性等；选用节能高效的光源及照明技术；选用节能节水型厨卫设备；充分利用自然光和采用自然通风等。

（2）节约资源

建筑装饰构造设计中节约资源主要体现在选用材料上，如使用环保型材料、可重复使用材料、可再生使用材料及可循环使用材料。

（3）减少室内空气污染

在选择材料时，首先要选择符合国家绿色环保标准，并且要检查是否提供了原件材质检测证书和检测报告，商家名称、产品名称是否相符，是否符合国家标准等。

4. 美观原则

（1）正确搭配使用材料，充分发挥和利用其质感、肌理、色彩及材性。

（2）注意室内空间的完整性、统一性，选择材料不能杂乱。

（3）正确运用建筑造型美学规律（比例与尺度、对比与协调、统一与变化、均衡与稳定、节奏与韵律、排列与组合），做到美观、大方、典雅。

5.6.3　建筑装饰装修构造的类型及连接

1. 建筑装饰装修的部位

建筑装饰装修的部位主要包括室外和室内。室外装饰包括墙面、地面、店面、檐口、腰线、窗台、雨篷、台阶、建筑环境小品等；室内装饰包括顶棚、内墙面、地面、踢脚、墙裙、隔墙与隔断、门窗、楼梯、电梯等。

2. 建筑装饰装修构造的类型

（1）装饰结构类构造

在建筑构件的表面直接涂刷覆盖装饰材料的构造做法，常用于空间结构、井格式楼板下顶棚等。

（2）饰面类构造

在建筑构件的表面覆盖装饰材料的构造做法，根据建筑装饰材料的加工性能和饰面部位的不同，饰面构造可分为罩面类饰面构造、贴面类饰面构造和钩挂类饰面构造3大类。

（3）配件类构造

配件类构造是指通过各种加工工艺，将建筑装饰材料制成装饰配件，然后在现场安装，以满足使用和装饰要求的构造，又称"装配式构造"。

根据建筑装饰材料的加工性能，配件的成型方法有塑造、铸造、加工与拼装3种。

3. 建筑装饰材料的连接与固定

根据各种材料的特性与施工方法的不同，建筑饰面材料的连接与固定一般分为3大类：① 胶接法；② 机械固定法；③ 金属件之间的焊接法。

（1）胶接法

通常在墙地面铺设整体性比较强的抹灰类或现浇细石混凝土，还有在铺贴陶瓷锦砖、面砖和石材时，利用水泥本身的胶结性和掺入胶接材料作为饰面的方法。此种方法一般为湿作业，所费工时较大。

（2）机械固定法

随着高强复合的新型建筑结构构件和饰面板材的不断涌现，工厂制作、现场装配的比例越来越高，机械连接和固定方法在建筑装修工程中逐渐占主导地位，此种方法大多采用金属紧固件和连接件。在装修工程中采用机械连接和固定法具有速度快、效率高、施工灵活和安全可靠等优点，但施工精确度也必须高。

（3）焊接法

对于一些比较重型的受力构件的连接或者某些金属薄型板材的接缝，通常采用电焊或气焊的方法。

（4）榫接法

对于木构件通常采用榫接，但装修材料如塑料、碳化板、石膏板等也具有木材的可凿、可削、可锯、可钉的性能，也可适当采用榫接。

5.6.4 建筑装饰防火设计技术

1. 建筑装饰装修等级

建筑物等级是依据质量标准和建筑物的重要性而确定的，建筑装饰装修等级与建筑物等级有着密切关系。一般情况下，建筑物等级越高，其装饰的等级也就越高。建筑装饰等级与用料标准直接影响工程造价，在实际应用中应结合不同地区的构造做法和业主具体要求灵活运用。建筑装饰等级与用料标准见表5-11。

建筑装饰等级 表5-11

建筑装饰等级	建 筑 物 类 型
一级	高级宾馆、别墅、纪念性建筑、大型博览、观演、交通、体育建筑、一级行政机关办公建筑、大型综合商业建筑

续表

建筑装饰等级	建筑物类型
二级	科研建筑、高等教育建筑、普通博览、观演、交通、体育建筑、广播通信建筑、医疗建筑、商业建筑、旅馆建筑、局级以上行政机关办公建筑
三级	中学、小学、托儿所、生活服务性建筑、普通行政机关办公建筑、普通居住建筑

2. 建筑装饰防火设计技术

建筑装饰构造设计要根据建筑防火等级选择相应材料。见表5-12。

建筑装饰材料的燃烧性能等级 表 5-12

等级	燃烧性能	等级	燃烧性能
A	不燃	B2	可燃
B1	难燃	B3	易燃

思考及练习题

1. 建筑工程测量常用的测量仪器有哪些？
2. 土方工程的施工内容有哪些？
3. 地基的处理方法有哪些？
4. 砌筑砂浆的种类有哪几种？分别用于什么部位？
5. 模板主要组成系统有哪些？
6. 建筑装饰材料的连接类型有哪些？

答案及解析

教学单元5

Chapter 06

教学单元 6

装配式建筑

知识目标

掌握装配式建筑基本概念、内涵、外延、作用及地位，了解装配式建筑结构与设计，了解预制构件的生产流程、方法，了解装配式建筑施工。

能力目标

通过了解装配式建筑与一般建筑设计上的区别，了解装配式建筑的预制构件生产流程，达到装配式建筑施工管理应该具备的能力。

思维导图

```
                定义
                内涵                                          预制构件工厂规划建设
                外延 ○ 装配式建筑的概念              预制构件的生产  构件生产工艺流程
                发展历程                                       设备及加工流程

                                    装配式建筑

  装配式混凝土结构                                            施工前准备
  装配式钢结构                                               施工进度管理
  装配式木结构  装配式建筑结构与设计              装配式建筑施工  施工现场管理
  设计理念                                                  劳动力组织管理
  设计方法                                                  材料与预制构件管理
```

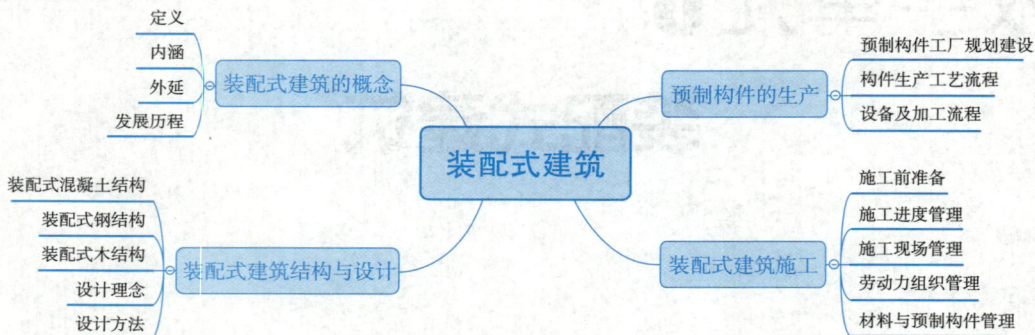

6.1 装配式建筑的概念

6.1.1 装配式建筑的定义

6.1 装配式建筑之概述

6.2 装配式建筑体系

1. 装配式建筑的基本含义

（1）从狭义上讲，装配式建筑是指用预制构件通过可靠的连接方式在工地装配而成的建筑。在通常情况下，从建筑施工技术的角度来理解装配式建筑，一般都按照狭义上理解或定义。

（2）从广义上讲，装配式建筑是指用工业化建造方式建造的建筑。工业化建造方式主要是指在房屋建造全过程中采用标准化设计、工业化生产、装配化施工，一体化装修和信息化管理为主要特征的建造方式。从装配式建筑发展的宏观角度来理解装配式建筑，一般按照广义上理解或定义。

2. 装配式建筑特征

装配式建筑集中体现了工业化建造方式。其基本特征主要体现在：标准化设计、工厂化生产、装配化施工、一体化装修和信息化管理。

（1）标准化设计：标准化设计是装配式建筑的基本设计理念，主要采用标准化的模数协调和模块化组合方法，使得建筑构件具有通用性和互换性，满足少规格、多组合的原则，符合适用、经济、高效的要求。

（2）工厂化生产：采用现代工业化手段，实现施工现场作业向工厂生产作业的转化，形成标准化、系列化的预制构件和部品，完成预制构件、部品精细制造的过程。

（3）装配化施工：在现场施工过程中，使用现代机具和设备，以构件、部品装配施工代替传统现浇或手工作业，实现工程建设装配化施工的过程。

（4）一体化装修：一体化装修是指建筑室内外装修工程与主体结构工程紧密结合，装修工程与主体结构一体化设计，采用定制化部品部件实现技术集成化施工装配化，施工组织穿插作业、协调配合。

（5）信息化管理：以 BIM 信息化模型和信息化技术为基础，通过设计运输、装配、运维等全过程信息数据传递和共享，在工程建造全过程中实现协同设计、协同生产、协同装配等信息化管理。

装配式建筑的"五化"特征是有机的整体，通过"五化"系统地反映了工业化建造的主要环节以及各种生产要素有效整合的过程，各生产要素包括生产资料、劳动力、生产技术、组织管理、信息资源等在生产方式上都能充分体现专业化、集约化和社会化。

6.1.2 装配式建筑的内涵

1. 装配式建筑引领行业变革

装配式建筑是建造方式的重大变革，是从传统建造方式向新型工业化建造方式的转变，是新时代我国建筑业从高速增长阶段向高质量发展阶段转变的必然要求，是推进供给侧结构性改革、培育新产业新动能、促进建筑业转型升级的重要举措。有利于节约资源能源、减少环境污染；有利于提升劳动生产效率和质量安全水平；有利于促进建筑业与信息化工业化深度融合。

发展装配式建筑是建造文明的发展进程，装配式建造与传统建造方式相比具有一定的先进性、科学性，这一新的建造方式不仅表现在建造技术上，更重要体现在企业的经营理念、组织内涵和核心能力方面发生了根本性变革，是一场生产方式的革命。

装配式建筑是以建筑为最终产品，强调标准化、工厂化和装配化，以及室内装修与主体结构一体化，具有系统化、集约化的显著特征。装配式建筑建造的全过程是运用工业化的理念，采用标准化设计方法，通过建筑师对全过程的控制进而实现工程建造方式的工业化，以及建筑产业的现代化。

2. 装配式建筑的历史价值

正确理解装配式建筑的历史价值，应当从结构开始，包含主体结构、外围护、内装三部分。首先，主体结构包括预制混凝土结构、钢结构木或竹结构、混合结构等。目前，我国装配式建筑的主体结构以预制混凝土结构为主，应大力推广以钢结构为主的其他结构。钢构建筑相比传统的混凝土建筑而言，强度更高，抗震性更好。我国钢材产能严重过剩，钢构建筑的市场运用前景极其广泛，而且钢作为可循环材料，能够大大减少建筑垃圾，更加符合当前世界可持续发展理念。但同时，钢结构建筑存在的建筑成本高、露梁露柱、隔声不好、湿作业多以及管线不分离等问题亟待解决。其次，设备管线及内装部品部件是装配式建筑的重要组成部分，自由组合设计与自主选用产品也是满足个性化需求的关键环节。装配式建筑如果没有这一重要环节的参与，又将沦为"采用工业化建造方式的构筑物"。设备管线及内装部品部件的工业化程度更高，当其与主体、外围护相分离，能很方便地实现维修、更换和重新布局、可逆装修时，更体现出建筑全寿命周期的产业化价值。正确理解装配式建筑，除了建筑本身以外，全寿命周期运维也是装配式建筑非常重要的组成部分。信息化管理、智能化应用、设备管线及内装部品部件的产业化生产与更换，使得建筑功能为适应社会进步和人民生活需求变化进行改造成为可能，由于结构主体无须拆除，使得百年建筑得以实现，这就是装配式建筑的历史价值所在。

6.1.3 装配式建筑的外延

基于装配式建筑发展是建造方式重大变革这一重要发展目标的拓展和延伸，现阶段装配式建筑的外延与建筑工业化、住宅产业化、建筑产业化、建筑产业现代化、新型建筑工业化等相关概念既有交集，又有区别，归根结底都是在我国经济转型的宏观背景下以产业转型为目标。建筑业的转型离不开大工业，而大工业生产的基础是标准化。这里主要介绍住宅产业化与建筑产业现代化两个重要概念。

1. 住宅产业化

住宅产业化从本义来讲就是要实现住宅生产、供应等的工业化。工业化的必要条件是标准化。住宅产业化是指用工业化生产的方式来建造住宅，是机械化程度不高和粗放式生产的生产方式升级换代的必然要求，以提高住宅生产的劳动生产率，提高住宅的整体质量，降低成本，降低物耗、能耗。所谓住宅产业化，实际上包括两方面的含义：一是住宅科技成果的产业化，一是住宅生产方式的产业化。实现住宅产业化的基本条件一是采用工业化的建造方式，二是住宅用构件和部品大多实现了标准化、系列化。

我们通常所说的住宅产业化，更多的是指住宅生产方式的产业化。在这方面，日本已达到了很高的水平，例如日本积水化学工业株式会社设在埼玉县的一座住宅工厂，是用工业流水线的方式生产房子，他们把住宅分拆成一个个盒子式的构件，在生产线上制造完成一栋住宅所需要的全部构件，只需要花费四十多分钟，然后运到施工现场，在一天之内组装完毕。在我国住宅产业化也取得了比较大的进展，浙江宝业集团、浙东建材、远大住工、万科、黑龙江宇辉集团等都在住宅产业化方面取得了较大的成绩。

住宅产业化就是利用现代科学技术，先进的管理方法和工业化的生产方式去全面改造传统的住宅产业，使住宅建筑工业生产和技术符合时代的发展需求。也就是说，住宅的生产方式是运用现代工业手段和现代工业组织，对住宅工业化生产的各个阶段的各个生产要素通过技术手段集成和系统的整合，达到建筑的标准化，构件生产工厂化，住宅部品系列化，现场施工装配化，土建装修一体化，生产经营社会化，形成有序的工厂的流水作业。国外的经验表明，当社会发展到一定的阶段（如人工成本占比很大，住宅工业的配套产业已经成熟时）采用工业化的方式建造住宅要比采用现浇的方式在成本上会低 10% ~ 15%，当然这是基于比较自动化的生产上。住宅产业化改变了传统建筑业的生产方式。住宅工业化是住宅产业化的必要条件，住宅产业化采用工业化的生产方式建设建筑，能够降低成本、提高效率、保证质量。

2. 建筑产业现代化

建筑产业现代化是装配式建筑发展的目标。现阶段以装配式建筑发展作为切入点和驱动力，其根本目的在于推动并实现建筑产业现代化。建筑产业现代化以建筑业转型升级为目标，以装配式建造技术为先导，以现代化管理为支撑，以信息化为手段，以建筑工业化为核心，通过与工业化、信息化的深度融合，对建筑的全产业链进行更新、改造和升级，实现传统生产方式向现代工业化生产方式转变，从而全面提升建筑工程的质量、效率和效益。

　　建筑产业现代化针对整个建筑产业链的产业化，解决建筑业全产业链、全寿命周期的发展问题，重点解决房屋建造过程的连续性问题，使资源优化，整体效益最大化。建筑工业化是生产方式的工业化，是建筑生产方式的变革，主要解决房屋建造过程中的生产方式问题，包括技术、管理、劳动力、生产资料等，目标更具体明确。标准化、装配化是工业化的基础和前提，工业化是产业化的核心，只有工业化达到一定程度才能实现产业现代化。因此，产业化高于工业化，建筑工业化的发展目标就是实现建筑产业现代化。

6.1.4　装配式建筑的发展历程

　　装配式建筑历史悠久，早在 20 世纪初期，欧洲一些国家就开始采用装配式凝土结构建筑，后推广至美国。到 20 世纪 60 年代中期，装配式混凝土建筑得到大量推广，技术日趋成熟。日本的装配式建筑的研究是从 1955 年住宅公团成立时开始，至 20 世纪 80 年代后期，形成了若干较为成熟的装配式混凝土结构体系，并合减震、隔震以及高强高性能混凝土技术，目前工程应用较为普遍。

　　我国装配式混凝土结构始于 20 世纪 50 年代，在苏联建筑工业化影响下，我国建筑行业开始走预制装配的建筑工业化道路，这一时期主要以发展预制构件为主预制构件类型主要有：用于工业厂房的预制柱、预制屋面梁、预制吊车梁和用于住宅建筑的预制空心板等，大多采用现场预制的方式。至 20 世纪 80 年代，预制构件的应用得到了长足发展，形成了内浇外挂、框架等各种装配式混凝土结构，以及预制空心楼板的砌体结构等多种建筑体系。到 20 世纪 90 年代初期，因装配式结构抗震性能差、建筑物理性能不好、经济水平局限等原因，发展陷入停滞。

　　随着我国改革开放和经济社会的快速发展，以及建筑业生产力水平的提高，1999 年国务院发布了《关于推进住宅产业现代化提高住宅质量的若干意见》（国办发 72 号）文件，明确了住宅产业现代化的发展目标、任务、措施等要求。但总体来说，在 21 世纪的前十年，发展相对缓慢。到 2010 年以后，随着我国建筑业的产业规模不断扩大，人们对建筑质量、建筑节能环保的要求不断提高以及人口红利逐步淡出的客观事实，建筑行业必须进行转型升级。2016 年，中央国务院《关于进一步加强城市规划建设管理工作的若干意见》（中发［2016］16 号）文件，首次提出"发展新型建造方式。大力推广装配式建筑，力争用 10 左右时间，使装配式建筑占新建建筑的比例达到 30%。"的明确要求。至此，我装配式建筑发展进入了大发展时期。

6.1.5　装配式建筑在行业发展中的作用和地位

1. 装配式建筑的作用

　　2016 年 9 月，国务院办公厅印发了《关于大力发展装配式建筑的指导意见（国办发［2016］71 号）》文件，明确提出了"发展装配式建筑是建造方式的重大变革，是推进供给侧结构性改革和新型城镇化发展的重要举措，有利于节约资源、减少施工污染、提升劳动生产效率和质量安全水平，有利于促进建筑业与息化工业化深度融合、培育新产业新动能、推动化解过剩产能"，深刻表明了发展装配式建筑的重大意义和作用。主要表现为：

（1）是贯彻落实国家绿色发展理念需要。发展装配式建筑有利于节约资源能源；有利于减少施工污染、保护环境；有利于减少建筑垃圾排放，节水、节材；有利于促进工程建设全过程实现绿色建造的发展目标。

（2）是促进建筑业向高质量发展的需要。发展装配式建筑是建造方式的重大变革，也是生产方式的革命，有利于提高建筑工程质量和品质、工程效率和效益，是新时代建筑业由高速增长阶段向高质量发展阶段转变的重要举措。

（3）是促进建筑业与信息化、工业化深度融合的需要。我国正处在信息化、工业化高速发展阶段，建筑业与其他行业相比，其信息化、工业化水平较低，通过装配式建筑发展和驱动，促进建筑业与信息化、工业化的深度融合，将极大地改变建筑业传统粗放的发展方式，极大地提高建筑业整体素质和能力。

（4）是供给侧结构性改革，培育新产业、新动能需要。发展装配式建筑是住房城乡建设领域推进供给侧结构性改革，培育新产业、新动能的重要抓手，可以优化产业结构，整合产业资源，提高供给质量，增强我国建筑业创新发展能力。

（5）是建筑业转型升级，实现建筑产业现代化的需要。发展装配式建筑为我国建筑业转型升级提供了新理念、新机遇，为解决建筑业长期以来一直延续的传统粗放的发展方式，提供了新型建筑工业化的发展理念；为新时期建筑业的创新发展，提供了前所未有的机遇和挑战。

2. 装配式建筑的地位

发展装配式建筑在国家经济社会发展中的重要作用，决定了在住房城乡建设领域中具有极为重要的地位，突出体现在行业发展中的先导性、基础性和支撑性地位。

（1）发展装配式建筑在行业发展中具有先导性地位

我国改革开放以来，建筑业的产业规模不断扩大，科技水平不断提高，建造能力不断增强，带动了大量关联产业，已成为国民经济的重要支柱产业。但是，目前我国建筑业仍是一个劳动密集型、建造方式相对落后的传统产业，这种传统粗放的生产方式已不能适应新时代发展要求。生产方式决定了生产质量、效率和资源消耗的水平。因此，当前大力发展装配式建筑，就是将其作为先导性建造技术、产业发展的新动能和先进的生产力驱动并改变建筑业目前发展不充分、不平衡和不相适应的传统粗放的建造方式，进而实现传统生产方式向现代工业化生产方式转变，因为，有什么样的生产力，就决定了有什么样的生产关系。通过大力发展装配式建筑并作为先进的生产力进而助力并驱动建筑业从技术和管理以及体制机制上发生根本性变革，从而实现建筑业的转型升级。为此，发展装配式建筑在行业创新发展中具有先导性地位。

（2）发展装配式建筑在行业发展中具有基础性地位

发展装配式建筑是建造方式的变革，是生产方式的革命，也是实现建筑产业现代化的重要内容和基础。发展装配式建筑不同于以往的新技术推广和应用，也不仅仅是简单的装配率高低，它涉及整个住房和城乡建设领域的方方面面，包括资质管理、招投标管理、审图制度、质量监管等体制机制。通过发展装配式建筑的途径将房屋建造的全过程连接为一个完整的产业系统，从而形成建筑设计、生产、施工和管理一体化的生产组织形式，改变传统落后的生产方式，全面提升行业整体素质，推动建筑业转型升级。

（3）发展装配式建筑在行业发展中具有支撑性地位

装配式建筑是对建筑业乃至住房城乡建设领域在新时代的新要求，是项带有革命性、根本性、全局性的工作，也是对行业自身的新跨越。所谓革命性，指生产方式变革，是以现代工业化的生产方式替代传统的劳动密集型的生产方式。所谓根本性，是解决一直以来房屋建造过程中存在的质量、安全、品质、效益、节能、环保等一系列重大问题的根本途径。所谓全局性，它不仅是房屋建设自身的生产方式变革，也将推动我国建筑业转型升级，涉及住房城乡建设的方方面面能够实质、有效地响应建筑产业现代化的要求，完成对建筑业革命性、根本性、全局性的改变，实现建筑产业现代化的发展目标。

6.2 装配式建筑结构与设计

6.2.1 装配式混凝土结构（图 6-1）

图 6-1 装配式混凝土结构

1. 装配式混凝土结构概念

装配式混凝土结构指由预制混凝土构件通过各种可靠的连接方式装配而成的凝土结构，包括装配整体式混凝土结构和全装配混凝土结构。其中，装配整体式混凝土结构是由预制混凝土构件通过后浇混凝土、水泥基灌浆料等可靠连接方式形成整体的装配式结构，而全装配混凝土结构是由预制混凝土构件通过连接部件、螺栓等方式装配而成的混凝土结构。作为混凝土结构的一种，装配式混凝土结构的建造工艺有别于现浇混凝土结构，但对其设计仍需满足国家现行标准《混凝土结构设计规范》GB 50010 的基本要求，此外，尚需注意采取有效措施加强结构的整体性，并确保连接节点和接缝构造可靠、受力明确，且结构的整体计算模型应根据连接节点和接缝的构造方式及性能确定。由于我国属于多地震国家，对螺栓、焊接等"干式"连接节点的研究尚不充分，对于高层建筑的应用以装配整体式混凝土结构为主，包括装配整体式混凝土框架结构、装配整体式混凝土剪力墙结构、装配整体式框架—现浇剪力墙结构和装配整体式框架—现浇筒体结构等结构类型。装配整体式混凝土结构的可靠性、耐久性和整体性等性能要求等同现浇混凝土结构，也称为"等

6.3
天悦家园
装配式
演示视频

6.4
拆分设计
相关简介

同现浇"的设计方法。

2. 装配式混凝土结构的特点

国内目前广泛应用的装配整体式的混凝土结构,其连接节点的构造具有以下主要特点:连接节点区域钢筋构造与现浇混凝土结构的要求一致,都需要满足混凝土结构的基本要求,连接节点区域的混凝土后浇部分或纵向受力钢筋采用灌浆套筒连接、浆锚搭接连接等连接方式;结构设计遵循"强接缝弱构件"的原则;一般采用叠合式楼盖系统,以加强楼盖整体刚度。其中,钢筋套筒灌浆连接是装配整体式混凝土结构中竖向构件的主要连接方式之一,系指在预制混凝土构件内预埋的金属套筒中插入钢筋并灌注水泥基灌浆料而实现的钢筋连接方式。另外,在装配整体式混凝土结构设计和施工时尚应注意不能机械化地照搬现浇混凝土结构的构造措施,应充分考虑对装配结构的特点,并形成与之相适应的现场施工组织管理模式。

6.2.2　装配式钢结构（图6-2）

图6-2　装配式钢结构

1. 装配式钢结构的概念

装配式钢结构建筑是指建筑的结构系统由钢构件、部品通过可靠的连接方式而成的建筑。装配式钢结构建筑具有安全、高效、绿色、环保、可重复利用的优势,尤其是具有良好的抗震性能、施工安装速度快、建造质量好、施工精度高活、使用率高等特点和优势。钢结构建筑主要应用于工业建筑和民用建筑。

在美国和日本等国家,装配式钢结构建筑广泛应用于钢结构住宅。钢结构住宅是指以工厂生产的钢型材构件作为承重骨架,以新型轻质、保温、隔热、高强的墙体材料作为围护结构而构成的居住类建筑。钢结构住宅产业化即是以钢结构住宅为最终产品,通过社会化大生产,将钢结构住宅的投资、开发、设计、施工、售后服务等过程集中统一成为一个整体的组织形式。

2. 装配式钢结构的特点

一般认为,钢结构防火防腐性能不好,采用涂料进行防护,涂料的寿命一般仅有十年左右,与建筑的设计使用寿命相差甚远。事实上,住宅钢结构在室内正常环境锈蚀极其有限，即便初期的涂装年久失效，腐蚀也在可控范围，根本不会影响结构安全。美国和日本几十年前建造的钢结构建筑使用至今已经充分说明了这些问题。甚至，根据日本的经验，目前建造的钢结构建筑已普遍不再进行防腐涂装。另外，钢结构的防火问题，也可通过防火片材的粘贴包覆处理，比防火涂料更为可靠。

钢结构公共建筑的舒适性问题并不突出，受到诟病的，住宅居多。这往往是住宅的建筑围护部品以及构造技术等问题造成的。实际上部品选择得当、构造合理的围护体系，装配式钢结构建筑完全可以实现和混凝土剪力墙等同的居住舒适性。这些问题随着建筑围护部品配套的逐步成熟和工程师技术上的进步，正在得到有力改进。

除此之外，装配式钢结构建筑，还有以下特点：

（1）重量轻、强度高：用钢结构建造的住宅重量是钢筋混凝土住宅的 1/2 左右；满足住宅大开间的需要，使用面积比钢筋混凝土住宅提高 4% 左右；

（2）安全可靠性、抗震、抗风性能好；

（3）钢结构构件在工厂制作，减少现场工作量，缩短施工工期，符合产业化要求；

（4）钢结构工厂制作质量可靠，尺寸精确，安装方便，易与相关部品配合；

（5）钢材可以回收，建造和拆除时对环境污染较少；

（6）钢结构住宅，室内格局可以随意改变，不受原有传统结构的限制。

6.2.3　装配式木结构（图 6-3）

图 6-3　装配式木结构

1. 木结构建筑的概念

木结构建筑是由木材或主要由木材承受荷载，通过各种金属连接件或榫卯手段进行连接和固定的建筑物。从建筑的发展历程来看，木结构建筑很早以前就伴随着人类文明的发展。这种结构形式以优良的性能和美学价值被广泛推广应用。我国木结构历史可以追溯到5000 年前，其产生、发展变化贯穿整个古代建筑的发展过程，也是我国古代建筑成就的主要代表。最早木框架结构体系采用卯榫连接梁柱的形式，到唐代逐渐成熟，并在明清时期以进一步得到发展。1949 年中华人民共和国成立后，因木材具有突出的就地取材、易于加工优势，当时的砖木结构占有相当大的比重。

20 世纪 60 年代，由于经济与历史的原因，我国木结构建筑的发展受到一定的束缚。近年来，随着人们生活水平的提高，崇尚自然、注重健康、提倡环保的消费观念越来越被认同，木结构得到了前所未有的青睐。目前在国家发展装配式建筑的推动下木结构作为典型的装配式建造结构，得到了大力推广和应用。木结构的旺盛需求产生了很多专业的木结构企业，我国木结构逐步走上了产业化的道路。

北欧的芬兰、瑞典木结构住宅所占居住建筑比例达 80% 左右，美国、加拿大木结构住宅所占比例达 75% 左右，尤其是高档别墅建筑几乎全部采用木结构。从日本木结构住宅类型来看，梁柱式木结构仍占绝对比例，即吸收了传统木结构的精髓也有自己独特的风格和个性。在这些国家的木结构建筑产业中，各种新型材料现代技术得到了广泛应用，木结构建筑体系已相对成熟，除了建造一些新颖别致的木质别墅外，还向公共建筑、多层和高层混合结构建筑方向发展。加拿大的木材工业是国家支柱产业之一，其木结构住宅的工业化、标准化和配套安装技术非常成熟。当然，这些国家的优势是他们大都属于木材的生产量超过使用量的国家。近年来为了应对全球气候变化，减少建筑能耗与碳排放，中国开始发展建筑用木材基地，并且已经找到了解决现代建筑用木材的途径。

2. 现代木结构建筑的分类与特点

相对于传统木结构，现代木结构建筑对木材的材性要求较低，不需要大量使用优材和大材。现代加工工艺可将劣材、小材，经过层压、胶合、金属连接件等工艺，变成结构性能远超原木的产品，极大地提高了木材利用效率。

现代木结构建筑的主要结构构件均采用标准化的木材或工程木产品，构件连接节点采用金属连接件连接。从结构形式上分，一般分为重型梁柱木结构和轻型桁架木结构。重型木结构是指用较大尺寸或断面的工程木产品作为梁、柱的木框架，墙体采用木骨架等组合材料的建筑结构，其承载系统由梁和柱构成；轻型木结构是指用标准的规格材、木基结构板材或石膏板制作、建造的木框架单层或多层建筑结构，其承载系统由墙骨柱和木构架墙体构成。目前在国内推广的主要是轻型木结构建筑。

轻型木结构建筑常用的形式主要又分为 4 类：

（1）多层木结构混合建筑，其中木结构部分在其他结构体系的上部且不超过三层；

（2）多层民用建筑采用木屋盖（含既有建筑平改坡体系）；

（3）钢筋混凝土框架结构与非承重木骨架外墙、内隔墙、木楼盖中的一种或多种组合；

（4）单层或者多层木结构建筑。

6.2.4 装配式建筑设计理念和设计方法

1. 装配式建筑设计理念

装配式建筑与一般的建筑从建造方式上来讲有着很大差异。一般建筑以钢筋、水泥等原材料和砌块等初级建筑材料为基础，设计要根据材料可以采用较为多样的方式，具有很强灵活性。实现这种灵活性，同时潜在最终交付成果的质量问题多、生产效率低、建筑寿命短等问题。

装配式建筑是诸多工业化建造方式中的一种，是一种高度集成的建造类型，装配式建筑的设计是基于工厂制造的部品部件（或称为构件）。这种建造方式的差别，必然要求用创新的理念进行装配式建筑的设计，同时也必须创新设计方法优化设计流程要做好装配式建筑，应建立以最终交付建筑物为成品的系统化和产品化理念；要做好装配式建筑，应采用系统化、一体化的设计方法。也就是说，在工程设计中应该全面地应用装配式建筑设计方法，而不是局部的、碎片化的设计；否则，必然会导致设计、生产、施工的矛盾和冲突。因此，对于装配式建筑的设计，必须要从装配式建筑的设计理念、方法、流程、要点及设计阶段和专业划分等方面全面学习和掌握装配式建筑设计。

2. 系统工程理论

系统工程理论是装配式建筑设计的基本理论，是工业化的思维和方法，是实现系统工程最优化的管理工程技术。钱学森先生是我国系统工程理论的奠基人，我国两弹一星、运载火箭等重大项目的成功，离不开系统工程的理论和方法。21世纪以来我国大型飞机、高铁、智能制造等重大工程，都是我国制造业全面和深入应用系统工程理论和方法的成功案例。而今装配式建筑的发展离不开向制造业学习，建立起工业化的系统工程理论基础和方法，将装配式建筑作为一个完整的建筑产品来进行研究和实践。

多年以来，我国的建筑设计行业与建筑部品生产、施工安装之间一直存在着脱节的问题。在近二十年的房地产大发展的过程中，这种现象越来越严重。建筑设计对规范和标准考虑得多，对加工生产、施工安装的需要考虑得少，这就导致在建设过程中出现很多问题，主要表现为生产效率低、材料浪费大、建筑质量难以保障。从系统角度看，主要原因有两个方面：一方面，受我国早期计划经济时期实行的行业划分，建筑设计、加工制造、施工建造分属不同行业，这必然造成相互分隔、各自为政，产业链难以集成。另一方面，受专业分工的影响，建筑、结构、机电设备等各专业间协同不足，设计文件的完成度不高，专业之间错漏碰缺的问题频发。由于缺少整体的协同优化设计，无法提供功能完的建筑产品，因此也阻碍了规模化、工业化、社会化的供应。

现行的建设管理体制缺少系统性，不适应新时代发展要求，直接影响了建设领域的高质量发展，因此，我们应将建筑作为一个复杂系统，以达到总体效果最优为目标，用系统集成的理论和方法融合设计、生产、装配、管理及控制等要素手段，才能实现我国建筑工程有高效率、高效益、高质量和高品质。

3. 系统设计理念

在装配式建筑设计过程中，必须建立整体性设计的方法，采用系统集成的设计理念与工作模式系统设计应遵循以下原则：

（1）要建立一体化，工业化的系统方法。首先要进行总体技术计划，要先决定整体技术方案，然后进入具体设计，即先进行建筑系统的总体设计，然后再进行各子系统和具体分部设计。

（2）要把建筑当作完整的工业化成品进行设计。装配式建筑设计应实现系统之间在不同阶段的协同、磁合、集成、创新，实现建筑、结构、机电装、智能化，造价等各专业的一体化集成设计。

（3）要采用标准化设计方法，遵循"少规格、多组合"的原则进行设计，要建立建筑部品和单元的标准化模数模块、统一的技术接口和规则，实现平面准化，立面标准化，构件标准化和部品标准化。

（4）要充分考虑生产、施工的可行性和经济性。设计要充分考虑构件部品安全生产和施工的可行性因素，通过整体的技术优化，进而保证建筑设计、生产运输、施工装配、运营维护等各环节实现一体化建造。

4. 系统设计方法

（1）标准化设计

装配式建筑的标准化设计是采用模数化、模块化及系列化的设计方法，遵循"少规格、多组合"的原则，将建筑基本单元、连接构造、构配件、建筑部品及设备管线等尽可能满足重复率高、规格少、组合多的要求。建筑的基本单元模块通过标准化的接口，按照功能要求进行多样化组合，建立多层级的建筑组合模块，形成可复制可推广的建筑单体。

在居住建筑设计中，可以将厨房模块、卫浴模块、居室模块、阳台模块等基本单元模块组合成套型单元模块，将套型模块、廊道模块、核心筒模块再组合成标准层模块，以此类推，最终形成可复制的模块化建筑。

各模块内部与外部组合的核心是标准化设计，只有模块接口的标准化，才能形成模块之间的协调与契合，达到建筑各模块组合的装配化。

（2）系列化设计

系列化设计包括模数协调系列、建筑标准系列以及系列设计等内容，是标准化设计的延展。通过分析同类建筑的规律，分析其功能需求、构成要素和技术经济指标，归纳总结出结构基本型式、空间组合关系、立面构成逻辑、机电设备选型和内装部品组合，并做出合理的选择、定型、归类和规划，这一过程即为系列化设计。

装配式建筑的系列化设计与工业产品的系列化设计相比，内容更加宽泛，既可以是整体的系列化方式，也可以是部分的系列化方式。比如，保障性住房基于面积划分的套型系列，既包括住宅面积、空间、配套等的系列化，也包括机电设备、装饰装修等的系列化。许多房地产开发企业会界定不同的投资标准、建设标准和售价标准，制定不同的产品系列。

建筑系列化首先需要选择对建设对象起到主导作用的参数，如造价、性能、配置等，然后对这些参数进行分档、分级，确定合理的规格、形制和建设标准以满足建设和使用的需要，并为指导用户选择提供依据，并用于指导设计、生产施工和销售。系列化设计就是实现建筑系列化的设计过程。

（3）集成化设计

集成化设计，也叫一体化设计，是指以设计的房屋建筑为完整的建筑品对象，通过建筑、结构、机电、内装、幕墙，经济等各专业实现一体化协同设计，统筹建筑设计、部品生产、施工建造、运营维护等各个阶段，充分考虑建筑全寿命周期的问题。

集成化设计采用建筑信息模型（BIM）技术，能够实现各专业之间的高协同与配合。一方面，一组协同的BM模型可被各个专业共同使用，能够完整描述工程设计对象，真实反映建筑产品的信息。BIM技术为建筑工程通过计算机模拟的可视化建筑模型，帮助各专业改进和优化设计，提高设计、施工和运维的质量，减少浪费，创造价值。另一方面，BIM技术可以作为沟通协同的工作方式，为建筑产品提供了多方可以在同一个平台上协作的工作平台，创造了一种新型的项目管理和协作模式。

（4）多样化设计

多样化设计的多样化包括建筑功能多样化、空间多样化、风格多样化、平面多样化、组合多样化和布局多样化等。

纵观建筑发展史，建筑多样化是人类的不同群在多样化的自然环境中发展演变而形成。最早的"巢居"、"穴居"、"棚屋"、"干栏式房屋"等作为庇护所的建筑，均是人类的祖先利用其现有的生存条件，因地制宜发展起来的。人类生存环境的多样化，造就了古代建筑的多样化。

随着人类社会的发展，在工业化、信息化和互联网等的冲击下，以地球村为特点的全球化浪潮，削弱了人类文化的多样性。在此背景下，日益活跃的全球化建筑活动，形成了"国际式"、"千城一面"、"千篇一律"等与建筑多样化相对立的建筑现象。因此，建筑创作需要更加关注地域性、历史性、民族性、人文性的元素，在全球化浪潮中保持建筑的本土性和多样化。在装配式建筑发展中，"多样化"与"标准化"是对立统一的矛盾体，既要坚持建筑标准化，又要做到建筑多样化，的确不易。

6.2.5　装配式建筑设计与一般建筑设计的区别

1. 一般建筑的设计流程（图 6-4）

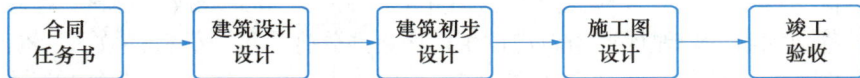

图 6-4　一般建筑设计流程图

我们将一般的建筑设计过程可以分为三个阶段，即前期阶段、设计阶段和服务配合阶段。前期阶段主要是确认设计任务，一般以签订设计合同为标志，是本阶段的结束，同时也是设计阶段的开始。设计阶段一般分为方案设计、初步设计（或扩大初步设计）、施工图设计三个阶段，这个阶段以交付完成的施工图纸为标志。服务配合阶段一般指交付正式的施工图纸到竣工验收之间，配合工程招标、技术交底、确定样板、分部分项验收，直至竣工验收等一系列的设计延伸服务工作。

在实际工作中，许多建筑项目被切割成多个不同的段落，不同的设计单位负责不同的任务。如果项目的管理者有很强的组织和统筹能力，这样的建筑项目往往能够取得不错的结果。但是，很多项目的统筹管理并不理想，结果管理的"碎片化"导致大量的冲突，重复工作、大量变更的情况比比皆是，项目超支、质量低下的情况也是普遍现象。

2. 装配式建筑设计流程（图 6-5）

装配式建筑与一般建筑相比，在设计流程上多了两个环节：建筑技术设计和部品部件设计加工。

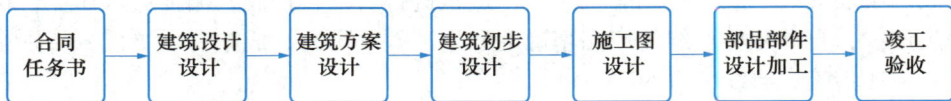

图 6-5　装配式建筑设计流程图

6.3 预制构件的生产

　　预制混凝土构件的生产制作主要在工厂或符合条件的现场进行。预制构件按照建筑类型划分，一般分为市政构件和房屋构件；按照构件结构一般分为预应力混凝土构件和普通混凝土构件。这里讨论的预制构件生产，主要是指房屋建筑的普通混凝土预制构件（简称预制构件）。预制构件工规模和设备选型，主要根据工厂生产的构件类型和工程的实际需要进行。自动化流水生产线、固定模台生产线等工艺流程，不同的预制构件类型具有不同生产工艺流程、机械设备、制作方法和技术标准。

6.3.1 预制构件工厂规划建设

1. 预制构件工厂规划

　　预制构件工厂的规划建设应充分考虑构件生产能力、成品堆放、材料、运输水源、电力和环境等各项因素，合理规划场内构件生产区、办公生活区、材料存放区、构件堆放区。

　　一般标准预制构件工厂占地面积在 100 ～ 300 亩之间，根据生产需要，标准工厂通常设有 5 条生产线，包括自动化预制叠合板生产线、自动化内外墙板生产线、自动化钢筋加工生产线、固定模台生产线等。规划同时要考虑到生产出的构配件的运输条件。

2. 标准构件厂规划建设内容

（1）构件生产区包括：构件厂房、构件堆放、构件展示

（2）办公生活区包括：办公楼、实验室、员工宿舍、食堂、活动场地、门卫等

（3）附属设施用房包括：锅炉房、配电房、柴油机发电房等

其他区域用地包括：厂区绿化、道路、停车位等

6.3.2 构件生产工艺流程

1. 自动化生产线工艺流程

　　自动化生产线一般分为八大系统：钢筋骨架成型、混凝土拌合供给系统、布料振捣系统、养护系统、脱模系统、附件安装与成品输送系统、模具返回系统、检测堆码系统。

　　在模台生产线上设置了自动清理机、自动喷油机（脱模剂）、划线机和模具安装、钢筋骨架或桁架筋安装、质量检测等工位，全过程进行自动化控制，循环流水作业，相比固定台模生产线，自动化生产线的产品精确度和生产效率更高，成本费用更低，特别是人工成本投入将比传统生产线节省 50%。

2. 固定模台工艺

　　固定平模工艺是指构件的加工与制作在固定的台座上完成各道工序（清模、布筋、成型、养护、脱模等）。一般生产梁、柱、阳台板、夹心外墙板和其他一些工艺较为复杂的

异型构件等。

模板垂直使用被称之为立模工艺，被广泛使用。模板内是箱体，腔内可通入蒸汽，侧模装有振动设备。从模板上方分层灌筑混凝土后，即可分层振动成型与平模工艺比较，可节约生产用地、提高生产效率，而且构件的两个表面同样平整，通常用于生产外形比较简单而又要求两面平整的构件，如预制楼梯段等。立模通常成组组合使用，可同时生产多块构件。每块立模板均装有行走轮，能以上悬或下行方式作水平移动，以满足拆模、清模、布筋、支模等工序的操作需要。

6.3.3　预制构件的设备及加工流程

常用的生产设备主要有混凝土搅拌机组、钢筋加工设备、模具加工设备、混凝土浇筑设备、养护设备、吊装码放设备等。

首先备好水泥、钢筋、砂石、外加剂、掺合料、保温材料、模具、成品钢筋、连接套筒、保温连接件、预埋件等，其质量应符合现行国家及地方有关定。预制构件生产常规工艺流程。

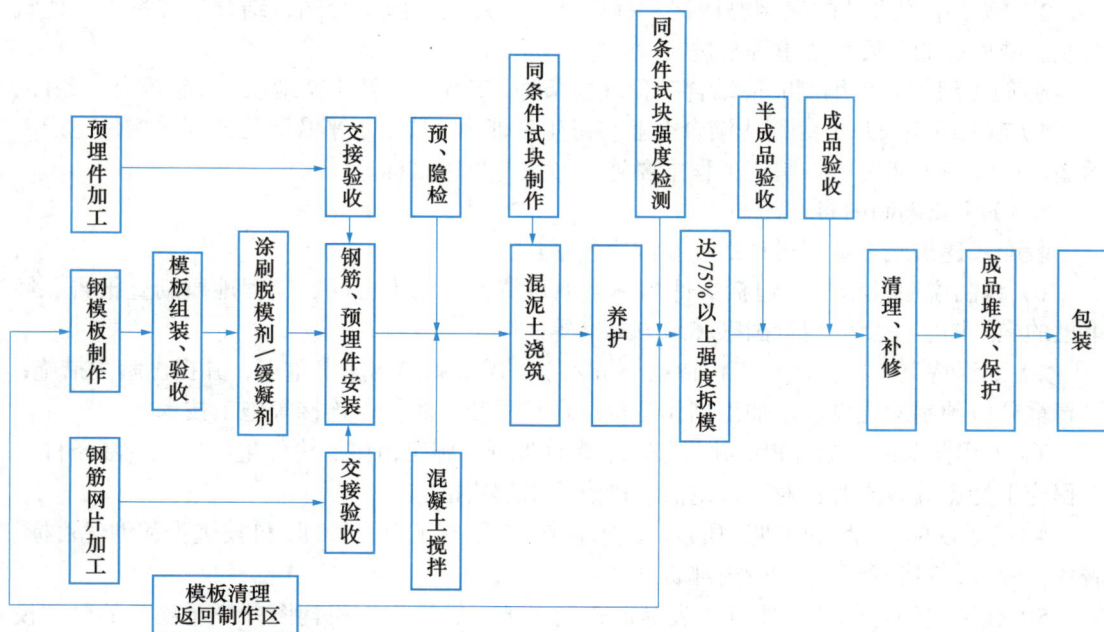

图 6-6　预制构件加工流程图

6.4　装配式建筑施工

装配式建筑的施工环节相当于工业制造的总装阶段，是按照建筑设计的要求，将各种建筑构件部品在工地装配成整体建筑的施工过程。装配建筑的

6.6 构件类型与车型选择知识

施工要遵循设计、生产、施工一体化原则，并与设计、生产、技术和管理协同配合。装配化施工组织设计、施工方案的制定要重点围绕装配化施工技术和方法。施工组织管理、施工工艺与工法、施工质量控制要充分体现工业化建造方式。通过全过程的高度组织化管理，以及全系统的技术优化集成控制，全面提升施工阶段的质量效率和效益。

6.4.1　施工前期准备

1. 施工组织设计

（1）编制原则

工程施工组织设计应具有预见性，能够客观反映实际情况，涵盖项目的施工全过程，施工组织设计要做到技术先进、部署合理、工艺成熟，并且要有较强的针对性、指导性和可操作性。

（2）编制依据

1）施工组织设计的编制应遵循相关法律法规文件并符合现行国家或地方。

2）施工组织设计的编制要依据工程设计文件及工程施工合同，结合工程特点、建筑功能、结构性能、质量要求等来进行。

3）施工组织设计编制时应结合工程现场条件，工程地质及水文地质、气象等自然条件。

4）施工组织设计的编制应结合企业自身生产能力、技术水平及装配式建筑构件生产、运输、吊装等工艺要求，制定工程主要施工办法及总体目标。

（3）主要编制内容

装配式建筑施工组织设计的主要内容包括：

1）编制说明及依据：包括文件名称、项目特征、施工合同、工程地质勘查报告、经审批的施工图、主要的现行国家和地方标准等。

2）工程特点分析：从本工程特点分析入手，层层剥离出施工重点，并提出解决措施；要着重分析预制深化设计、加工制作运输、现场吊装、测量、连接等施工技术。

3）工程概况：包括工程的建设概况、设计概况、施工范围、构件生产厂商现场条件、工程施工特点等，同时针对工程重点、难点提出解决措施。

4）工程目标：工程的工期、质量、安全生产、文明施工以及管理、科技进步和创优目标、服务目标等，对各项目标进行内部责任分解。

5）施工组织与部署：要以图表等形式列出项目管理组织机构图并说明项目的管理模式、项目管理人员配备、职责分工和项目劳务队安排；要概述工程段的划分、施工顺序、施工任务划分、主要施工技术措施等。

6）施工准备：概述施工准备工作组织、时间安排、技术准备、现场准备等。技术准备包括规范标准准备、图纸会审及构件拆分准备、施设计与开发、检验批的划分、配合比设计、定位桩接收和复核、施工方案编划等。

资源准备包括：机械设备、劳动力、工程用材、周转材料、资源组织等。

现场准备包括：现场准备任务安排、现场准备内容的说明等。

7）施工总平面布置：结合工程实际，说明总平面图编制的约束条件，分段说明现场平面布置图的内容，并阐述施工现场平面布置管理内容。

2. 施工组织安排

（1）总体安排

根据工程总承包合同、施工图纸及现场情况，将工程划分为：基础及地下室结构施工阶段、地上结构施工阶段、装饰装修施工阶段、室外工程施工阶段、系统联动调试及竣工验收阶段。

以装配式高层住宅建筑为例，工程施工阶段总体安排是，塔楼区（含地下室）组织顺序向上流水施工，地下室分三段组织流水施工。工序安排上以桩基础施工→地下室结构施工→塔楼结构施工→外墙涂料施工→精装修工程施工→系统联合调试→竣工验收为主线，按照节点工期确定关键线路，统筹考虑自行施工与业主另行发包的专业工程的统一、协调，合理安排工序搭接及技术间歇，确保完成各节点工期。

（2）分阶段安排

1）基础及地下室施工阶段：根据工程特点、后浇带位置以及施工组织需要进行施工区段划分，地下室结构施工阶段划分为 N 个区域进行施工，N 个区组织独立资源平行施工。

2）主体结构施工阶段：根据地上塔楼及工业化施工特点进行区段划分，地上结构施工分为塔楼转换层以下结构施工阶段和转换层以上结构施工阶段。各塔楼再根据工程量、施工缝、作业队伍等划分施工流水段。

3）竣工验收阶段：竣工验收阶段的工作任务主要包含系统联动调试、竣工验收及资料移交。

3. 施工平面布置

施工场地布置，首先应进行起重机械选型，根据起重机械类型进行施工场地布局和场内道路规划，再根据起重机械以及道路的相对关系确定构件堆场位置装配式建筑与传统建筑施工场区布置相比，影响塔式起重机选型的因素有了一定变化，主要因素是增加了构件吊装工序，影响起重机对施工流水段及施工流向的划分。由于预制构件运输的特殊性，需对运输道路坡度及转弯半径进行控制，并依照塔式起重机覆盖情况，综合考虑构件堆场构件堆场的布置原则是：预制构件存放受力状态与安装受力状态一致。

（1）控制施工场地的影响因素

施工场地平面布置的重点既要为现场施工需要的材料堆场，又要为预制构件吊装作业预留场地，因此不宜在规划的预制构件吊装作业场地设置临时水电管线、钢筋加工场等临时设施。吊装构件堆放场地要以满足 1 天施工需要为宜，同时为以后的装修作业和设备安装预留场地，因此需合理布置塔吊和施工电梯位置，满足预制构件吊装和其他材料运输。

在装修施工和设备安装阶段将有大量的分包单位将进场工，此阶段的设备和材料堆场布置，应按照施工进度计划要求，满足后续材料、设备的堆放根据最重预制构件重量及其位置进行塔式起重机选型，使得满足最重构件起吊要求；根据其余各构件重量、模板重量、混凝土吊斗重量及其与塔式起重机相对关系对已经选定的塔式起重机进行校验；根据预制构件重量与其安装部位相对关系进行道路布置与堆场布置。

（2）预制构件吊装平面布置要求

1）施工道路宽度需满足构件运输车辆的双向开行及卸货吊车的支设空间道路平整度和路面强度需满足吊车吊运大型构件时的承载力要求。

2）对于长度为 21m 货车，路宽宜为 6m，转弯半径宜为 20m，可采用装配式预制混凝土铺装路面或者钢板铺装路面。

3）构件存放场地的布置宜避开地下车库区域，以免对车库顶板施加过大临时荷载，当采用地下室顶板作为堆放场地时，应对承载力进行计算，必要时应进行加固处理。

4）墙板，楼面板等重型构件宜靠近塔式起重机中心存放，阳台板、女儿墙等较轻构件可存放在起吊范围内的较远处。

5）各类构件宜靠近且平行于临时道路排列。便于构件运输车辆卸货到位和施工中按顺序补货，避免二次倒运。

6）不同构件堆放区域之间宜设宽度为 0.8 ～ 1.2m 的通道。将预制构件存放位置按构件吊装位置进行划分，并用黄色油漆涂刷分隔线，并在各区域标注构件类型，存放构件时一一对应，提高吊装的准确性，便于堆放和吊装。

7）构件存放宜按照吊装顺序及流水段配套堆放。

6.4.2　施工进度管理

装配式混凝土建筑项目应最大限度地采用设计、生产、施工一体化的组织理模式，进而能从根本上控制施工进度，提升管理水平和工程效率。

1. 项目进度管控

项目的进度管控内容，应从设计、生产、施工等各环节统筹考虑，充分发挥 EPC 总承包的优势。项目的进度管控，要从进度的事前控制、事中控制、事后控制等方面进行，形成计划、实施、调整（纠偏）的完整循环。

（1）进度的事前控制，主要是在设计、生产阶段提前介入。要确定工期目标、编制项目实施总进度计划及相应的分阶段（期）计划、相应的施工方案和保障措施。其中重点是明确设计的出图时间节点和施工进度计划的编制。

（2）进度的事中控制，主要是审核计划进度与实际进度的差异，并进行工程进度的动态管理，即分析进度差异的原因，提出调整的措施和方案，相应调整施工进度计划、资源供应计划。对于装配式混凝土工程，施工中应重点观察起重吊装机械的运行效率、构件安装效率等，并与计划和企业定额进行对比。

（3）进度的事后控制，主要是当实际进度与计划进度发生偏差时，在分析原因的基础上应制定保证总工期不突破的措施；制定总工期突破后的补救措施；调整施工计划，并组织相应的协调配套设施和保障措施。

2. 项目进度协调

（1）设计协调：设计是构件生产的前提，构件生产是现场施工安装的前提。所以，装配式混凝土建筑，要统一协调管理，以期高效。设计阶段的出图时间和设计质量直接影响到构件深化设计和工厂的生产准备，从而影响工程整体进度对设计的进度要求一般在项目策划阶段，就同工程总进度计划一起予以明确。构件厂、施工现场技术人员应与设计人员紧密联系，必要时应召开协调会。

（2）构件生产协调：在工程总进度计划确定之后，施工单位应排出构件吊装计划，并要求构件厂排出构件生产计划。现场施工人员应同构件厂紧密联系，了解构件生产情况，并根据现场场地情况考虑构件存放量。

（3）现场准备协调：构件进场前，施工单位应与构件厂商定每批构件的具体进场时间及进场次序。构件进场应充分考虑构件运输的限制因素，确定场内外行车路线。

3. 工序穿插作业

在施工过程中针对不同工序组织穿插作业，是装配式建筑的最大优势。施工中应与当地行政主管部门进行沟通，采取主体结构分段验收的形式，提前进行装饰装修施工的穿插，实现多作业面同时有序施工，对于提高项目的整体效率和效益十分明显。

6.4.3　施工现场管理

1. 构件吊装进度安排

以装配式剪力墙结构的标准层构件吊装进度安排为例：标准工期为 5 天一层，综合考虑前期装配施工，装配工人安装熟练程度，前 2～3 层装配施工按 6 天一层施工，待装配工人装配工序熟练后，可按 5 天一层施工。

2. 典型施工作业穿插安排

以某工程项目进行的循环穿插流水作业安排为例，在混凝结构施工阶段中安排二次结构施工，在二次结构施工中可按楼层安排装修施工。

3. 工期保障措施

（1）组织管理保证：依据招标文件要求编排合理的总进度计划。以整个工程为对象，综合考虑各方面的情况，对施工过程作出战略性部署，确定主要施工阶段的开始时间及关键线路、工序，明确施工主攻方向。同时编制所有施工专业的分部分项工程进度计划，在工序的安排上服从施工总进度计划的要求和规定，时间安排上留有一定余地，确保施工总目标的实现。

（2）资源保证：装配式混凝土结构施工现场所需人工数量少于传统现浇结构，但工人的质量需求有所提高。特别是关键工序的操作工人（如构件安装、灌浆等），应具备相应的知识和过硬的技能水准，因此，施工现场应保证此类工人相对固定，并做好工人的培训和交底工作，提高工人素质。

（3）经济保证：严格执行预算管理，施工准备期间要编制项目全过程现金流量表，预测项目的现金流，对资金做到平衡使用，以丰补缺，避免资金的无计划管理。严格执行专款专用制度，建立专门的工程资金账户，随着工程各阶段控制日期的完成，及时支付各专业分包的劳务费用，充分保证劳动力、机械、材料的及时进场。

6.4.4　劳动力组织管理

劳动力组织管理是指在施工过程中按照项目特点和目标要求，合理地组织高效率地使用和管理劳动力，并按项目进度的需要不断调整劳动量、劳动力组织及劳动协作关系。装配式建筑的施工在劳动力组织管理与传统的劳动力组织管理有很大不同，主要区别在于：传统的劳动力组织管理是依靠劳务市场的劳务工输出，劳务工人技能素质普遍偏低，现场对劳务工人处于松散管理状态，难以实现高效的组织管理；而装配式建筑的劳动力组织管理是依靠专业化施工队伍和产业工人，在组织管理方式上发生了很大变化，尤其是在施工工种方面不仅减少一些工种，同时也增加了新的工种，如：构件堆放管理员、信息管理员、构件安装工、灌浆工等工种。

1. 构件堆放人员管理

施工现场应设置构件堆放专职人员来负责对已进场构件的堆放、储运管理工作。构件堆放专职人员应建立现场构件堆放台账，进行构件收、发、储、运等环节的管理，对预制构件进行分类有序堆放。同类预制构件应采取编码使用管理防止装配过程出现错装问题。为保障装配建筑施工工作的顺利开展，确保构件使用及安装的准确性，防止构件装配出现错装、误装或难以区分构件等问题，不宜随意更换构件堆放专职人员。

2. 吊装作业人员管理

装配整体式混凝土结构在构件施工中，需要进行大量的吊装作业，吊装作业的效率将直接影响到工程施工的进度，吊装作业的安全将直接影响到施工现场的全文明管理。吊装作业班组一般由班组长、吊装工、测量放线工、司索工等组成。通常一个吊装作业班组的组成。

3. 套筒灌浆作业人员管理

筒灌浆作业施工由若干班组组成，每组应不少于两人人负责注浆作业人负责调浆及灌浆溢流孔封堵工作。

4. 劳动力组织技能培训

根据装配式混凝土结构工程的管理和技术特点，要对从业人员进行专项培训，建立完善的内部培训和考核机制切实提高职业技能和素质。专项培训的主要环节有：

（1）吊装工序施工作业前，应对工人进行专门的吊装作业安全意识培训。构件安装前应对工人进行构件安装专项技术交底，确保构件安装质量一次到位。

（2）灌浆作业施工前，应对工人进行专门的灌浆作业技能培训，模拟现场灌浆施工作业流程，提高注浆工人的质量意识和业务技能，确保构件灌浆作业的施工质量。

6.4.5 材料与预制构件管理

1. 材料、预制构件管理

材料、预制构件管理是从施工准备到项目竣工交付全过程中所进行的对施工材料和预制构件的采购、运输、保管、使用、回收等环节的相关管理工作主要包括以下内容：

（1）根据现场施工所需的数量、构件型号，提前通知供货厂家按照提供的校件生产和进场计划组织好运输，有序地运送到现场。

（2）采用的灌浆料、套筒等材料的规格、品种、型号和质量必须满足设计和有关规范、标准的要求，坐浆料和灌浆料应提前进场取样送检，避免影响后续。

（3）预制构件的尺寸、外观、钢筋等，必须满足设计和有关规范、标准的要求。

（4）外墙装饰类构件、材料应符合现行国家规范和设计要求，同时应符合经业主批准的材料样板的要求，并应根据材料的特性、使用部位来进行选择。

（5）建立管理台账，进行材料收、发、储、运等环节的技术管理，对预制构件进行分类有序堆放，此外同类预制构件应采取编码使用管理，防止装配过程中出现位置错装问题。

2. 材料、工装的质量控制与管理

为了满足工程施工要求，在工程施工阶段应编制材料、工装系统使用计划，同时根据施工进度的要求，项目施工中各分项工程的管理人员还要编制月、周的材料、工装物资需用量的进场计划，项目组织工作应按各种材料、工装系统进场的搬运、存储、保管及分发。

6.4.6　机械设备管理

机械设备管理就是对机械设备全过程的管理，即从选购机械设备开始，经过投入使用、磨损、补偿，直至报废退出生产领域为止的全过程的管理。

1. 机械设备选型

施工机械设备选型应满足以下原则：施工机械与建设项目的实际情况相适应，尽量选用生产效率高的机械设备选用性能优越稳定，安全可靠，操作简单方便的机械设备，尽可能选用低能耗，易保养维修的施工机械设备；选用的施工机的各种安全防护装置要齐全、灵敏可靠。施工机械设备选型依据主要是：

（1）工程的特点：根据工程平面分布，长度，高度、宽度、结构形式等确定设备选型。

（2）工程量：充分考虑建设工程需要加工运输的工程量大小，决定选用的设备型号。

（3）施工项目的施工条件：现场道路条件、周边环境条件、现场平面布置条件等。

（4）施工机械需用量的计算。

2. 吊运设备的选型

装配整体式混凝土结构，一般情况下采用的预制构件体型重大，人工很难对其加以吊运安装作业，通常情况下我们需要采用大型机械吊运设备完成构件的安装工作。吊运设备分为移动式汽车起重机和塔式起重机。在实际施工过程中应合理地使用两种吊装设备，使其优缺点互补，以便于更好地完成各类构件的装卸运输吊运安装工作，取得最佳的经济效益。

（1）移动式汽车起重机选择

在装配整体式混凝土结构施工中，对于吊运设备的选择，通常会根据设备造价、合同周期、施工现场环境、建筑高度、构件吊运质量等因素综合考虑确定。一般情况下，在低层、多层装配整体式混凝土结构施工中，预制构件的吊运安装作业通常采用移动式汽车起重机，当现场构件需二次倒运时，可采用移动式起重机。

（2）塔式起重机选择

塔式起重机选型首先取决于装配整体式混凝土结构的工程规模，如小型多层装配整体式混凝土结构工程，可选择小型的经济型塔式起重机，高层建筑的塔式起重机选择，宜选择与之相匹配的起重机械，因垂直运输能力直接决定结构施工速度的快慢，要对不同塔式起重机的差价与加快进度的综合经济效果进行比较要合理选择。

6.4.7　构件装配化施工

1. 装配式混凝土结构施工流程

装配式混凝土结构是由水平受力构件和竖向受力构件组成，构件采用工厂化生产，在

施工现场进行装配，通过后浇混凝土连接形成整体结构，结构形式主要有装配式混凝土剪力墙结构、装配式混凝土框架结构。结构形式不同施工流程也有很大差异。

2. 装配式混凝土框架结构施工流程

装配式混凝土框架结构竖向部件主要是预制柱，水平构件是预制梁、预制（叠合）楼板。其中柱子竖向钢筋主要通过灌浆套筒连接方式进行连接安装配式混凝土框架结构，按照标准楼层的施工流程简单表述是：预制柱（墙）吊装→预制梁吊装→预制板吊装→预制外挂板吊装→预制阳台板吊装→楼梯吊装→现浇结构工程及机电配管施工→现浇混凝土施工。其中预制楼梯也可在现浇混凝土施工完毕拆模后进行吊装。

3. 装配式混凝土剪力墙结构施工流程

装配式混凝土剪力墙结构竖向部件主要是预制剪力墙，水平构件是预制梁预制（叠合）楼板。其中竖向结构钢筋主要通过灌浆套筒连接、浆锚连接、焊接等方式进行连接，墙底坐浆或灌浆。水平方向主要由后浇混凝土段连接，后浇段一般位于边缘构处。后浇混凝土段里面钢筋通过机械套筒连接、绑扎连接、焊接等方式连接。

思考及练习题 🔍

1. 简述装配式建筑的特征及作用。
2. 装配式建筑设计与一般建筑设计的异同点是什么？
3. 预制构件工厂建设的内容包括什么？
4. 装配式建筑施工组织包括哪些内容？

答案及解析 🔍

教学单元 6

Chapter 07

教学单元7

建筑项目管理

知识目标

（1）理解建设法规的概念，了解其调整对象、特征、作用和基本原则；掌握建设法规体系的构成；掌握建设法律关系的三要素，理解建设法律关系的产生、变更与终止。

（2）掌握招标投标法概念；掌握招标、投标、开标、评标、中标的法律规定；掌握招标投标中的法律责任；熟悉招标投标的主要法律法规及其条款；了解招标投标法调整的法律关系及其空间上的效力。

（3）理解项目、建设项目、项目管理的含义及特征；熟悉建筑工程项目的含义及特征；建筑工程项目管理组织设置的原则、依据；掌握建筑工程项目管理各阶段的主要工作。

（4）理解建设工程监理的基本概念；掌握工程建设基本程序及主要管理制度；了解工程项目实施监理的基本程序；了解建设工程监理规范与相关文件。

能力目标

学习本单元的基本要求是了解建设法规在与施工相关的各个环节中所起到的重要性，熟悉招标投标程序，掌握项目管理在实际工作中的运用，掌握建设工程监理的环节及任务，具有分析处理一般问题的基本能力。

思维导图

概述
构成
法律关系 —— 建设法规及其基本建设程序

概述
基本内容
管理办法 —— 工程项目管理

建筑项目管理

概述
法律关系
法律规定 —— 工程项目的招投标与合同管理
法律责任

概述
性质及作用
主要管理制度及基本程序 —— 工程监理
相关规范及文件

7.1 建设法规及其基本建设程序

7.1.1 建设法规概述

1. 建设法规的概念及调整对象

（1）建设法规的概念

建设法规是指国家权力机关或其授权的行政机关制定的，旨在调整国家及有关机构、企事业单位、社会团体、公民之间在建设活动中或建设行政管理活动中发生的各种社会关系的法律、法规和规章的统称。

建设法规包括调整建设活动各方面关系的法律、法规、部门规章和地方性法规等一系列的规范性法律文件，体现国家对城市建设、乡村建设、市政及社会公用事业等各项建设活动进行组织、管理、协调的方针、政策和基本原则。其主要的法律规范性质多数属于行政法或经济法的范围。

（2）建设法规的调整对象

建设法规的调整对象是建设行政管理关系以及与之密切联系的建设经济协作关系。建设法规调整的范围包括三类：

1）建设活动中的行政管理关系

建设活动中的行政管理关系即国家建设行政管理机关对工程建设活动的组织、监督、协调、管理等行政性职能活动。由于建筑产品的特殊性，建设活动直接关系到国家、人民的生命财产安全，因此国家建设行政主管部门必须对此进行严格的监督管理。这种监督管理贯穿于建设项目的生命周期中，包括建设项目的立项、计划、资金筹集、设计、施工、验收等各个阶段。

2）建设活动中的经济协作关系

建设活动是由许多行业、部门、单位和人员共同参与的复杂活动，各大经济主体为了实现各自的经济利益与目的，必然寻求协作伙伴，随即发生相互间的经济协作关系。如建设单位同勘察设计单位、建筑安装施工单位等发生的勘察设计和施工关系等，都要有许多单位和人员参与，共同协作完成。在这些协作过程中所产生的权利、义务关系，也应由建设法规来加以规范、调整。这种经济协作关系是平等、自愿、互利的横向协作关系，是通过法定的合同形式来确定的。如《中华人民共和国合同法》（简称《合同法》）与《中华人民共和国建筑法》中规定了发承包双方在订立和履行建设工程合同关系中应有的权利与义务。

3）建设活动中的民事关系

建设活动中的民事关系是指从事建设活动而产生的国家、社会组织、公民之间的民事权利、义务关系。这些关系也需要由建设法规及其他相关法规来调整和规范。主要包括建设活动中发生的有关自然人的损害、侵权、赔偿关系，建设领域从业人员的人身和经济权利保护关系，房地产交易中买卖、租赁、产权关系，土地征用、房屋拆迁导致的拆迁安置关系等，由此而产生国家、单位和公民之间的民事权利与义务关系。如《城市房地产管理法》中就有关于城市房屋拆迁补偿的规定。

2. 建设法规的特征

建设法规作为调整建设活动行政管理和建设协作所发生的社会关系的法律规范，除具备一般法律基本特征外，还具有行政隶属性、经济性、政策性、技术性的特征。

（1）行政隶属性

这是建设法规区别于其他法律的主要特征。这一特征决定了建设法规必须要采用直接体现行政权力活动的调整方法，即以行政指令为主的方法调整建设活动的法律关系。常用的调整方式包括授权、命令、禁止、许可、免除、确认、计划、撤销等。

（2）经济性

建设活动与生产、分配、交换、消费各个环节紧密联系，直接为社会创造财富，为国家增加积累。如房地产开发、建设工程勘察设计、施工安装等都是直接为社会创造财富的活动，而建设法规是建设活动正常运转的有力保障。随着建筑业的发展，其在国民经济中的地位日益突出，建筑业是可以为国家增加积累的一个重要产业部门。可见，建设法规的经济性特征是很强的。

（3）政策性

建设法规体现着国家的建设政策。它一方面是实现国家建设政策的工具和手段，另一方面也使国家建设政策规范化和体系化。建设法规要随着国家建设形势的变化而变化，使其适应建设形势的客观需要。

（4）技术性

建设法规的技术性特征也十分明显。工程建设产品的质量与人民的生命财产紧密相连，国家建设法规的制定必须考虑保证建设产品的质量和安全问题。大量的工程建设法规是以技术规范形式存在的，如各种设计规范、施工规范、验收规范、产品质量监测规范等。

3. 建设法规的作用

建设法规是国家组织和管理建设活动、规范建设行为、加强建筑市场管理、保障城乡建设健康发展的重要工具。

建设法规的作用主要体现在三个方面：

（1）规范、指导建设行为

建设法规对建设行为的规范指导性表现为两个方面：

1）必须为一定的建设行为，如《中华人民共和国建筑法》第五十二条规定："建筑工程勘察、设计、施工质量必须符合国家有关建筑工程安全标准的要求……"

2）禁止为一定的建设行为，如《中华人民共和国建筑法》第二十六条规定："禁止建筑施工企业超越本企业资质等级许可的业务范围或者以任何形式用其他建筑施工企业的名义承揽工程……"

（2）保护合法建设行为

保护合法建设行为是指对符合法律、法规的建设行为给予确认和保护。

（3）处罚违法建设行为

建设法规要实现对建设行为的规范和指导作用必须对违法建设行为给予应有的处罚。如《中华人民共和国建筑法》第七章关于法律责任的规定即是处罚违法建设行为的具体体现。

4. 建设法规的基本原则

工程建设活动具有周期长、影响因素多、关系复杂、技术要求高等特点，为了保证建设活动的顺利进行，必须贯彻以下基本原则：

（1）从事建设活动应当遵守法律、法规原则

社会主义市场经济是法制经济，工程建设活动应当依法行事。建设法规对于建设活动的规定要与国家有关法律法规相统一。建设活动参与单位和人员不仅应遵守建设法规的规定，还应遵守其他相关法规的规定。

（2）不得损害社会公共利益和他人的合法权益原则

社会公共利益是全体社会成员的整体利益，他人合法权益是法律确定并保护的社会权利。保护社会公共利益和他人的合法权益是法律的基本出发点，从事工程建设活动不得损害社会公共利益和他人的合法权益是维护建设市场秩序的保障。

（3）合法权利受法律保护原则

宪法和法律保护每一市场主体的合法权益不受侵犯，任何单位和个人都不得妨碍和阻挠依法进行的建设活动，这也是维护建设市场秩序的必然要求。

（4）建设活动应当确保建设工程质量与安全原则

建设工程质量与安全是整个建设活动的核心，是关系到人民生命、财产安全的重大问题。建筑业是高风险行业，伤亡率非常高，建设法规通过一系列的规定对建设工程提出了强制性的质量要求和安全要求，同时赋予有关政府部门监督和检查的权力。

（5）建设活动应当符合国家的工程建设标准原则

工程建设标准指对基本建设中各类工程的勘察、规划、设计、施工、安装、验收等需要协调统一的事项所制定的标准。工程建设标准是衡量工程质量的尺度，保证工程质量与安全的基础。建设法规中关于工程建设标准的规定对保证技术进步，提高工程建设的质量与安全，发挥社会效益与经济效益，维护国家、人民利益具有重要作用。

7.1.2　建设法规的构成（表7-1）

建设法规体系是指已经制定和需要制定的建设法律、建设行政法规和建设部门规章等

构成的一个相互联系、相互补充、相互协调的完整统一的框架结构。

法 的 形 式			
法律形式	制定机关		效力
宪法	全国人民代表大会		最高
法律	全国人大及其常委会		仅次于宪法
行政法规	国务院		低于宪法和法律
地方性法规	省、自治区、直辖市人民代表大会及其常委会		只在本辖区内有效，效力低于法律和行政法规
行政规章	部门规章	国务院各部委	低于法律和行政法规
	地方政府规章	省、自治区、直辖市人民政府	低于法律和行政法规，低于同级或上级地方性法规
国际公约	国家缔结的协议		对所有国家机关、社会组织和公民都具有法律效力
自治条例单行条例	民族自治地方的人民代表大会		本自治地方适用
经济特区法规	经济特区所在地省市的人大及其常委会		本经济特区适用
司法解释	最高人民法院		对法院审判有约束力

我国建设法规体系是以建设法律为龙头，建设行政法规为主干，建设部门规章和地方建设法规、地方建设规章为支干而构成的。

1. 建设法律

建设法律是指由全国人民代表大会及其常务委员会颁行的属于国务院建设行政主管部门主管业务范围的各项法律。其法律地位和效力仅次于宪法。

建设法律在建设法规体系框架中位于顶层，其法律地位和效力最高，是建设法规体系的核心和基础。如《中华人民共和国建筑法》《中华人民共和国城乡规划法》《中华人民共和国招标投标法》（以下简称《招标投标法》）、《中华人民共和国合同法》等。

2. 建设行政法规

建设行政法规是指由最高国家行政机关即国务院依法制定颁行的属于国务院建设行政主管部门主管业务范围的各项法规。建设行政法规的法律地位和效力低于建设法律。

行政法规的名称通常以"条例"出现，也可以"规定""办法""章程"等名称出现。如《建设工程质量管理条例》《建设工程勘察设计管理条例》《建设工程安全生产管理条例》《城市房地产开发经营管理条例》等。

3. 建设部门规章

建设部门规章是指由国务院建设行政主管部门或其与国务院其他相部门联合制定颁行的规章。其法律地位和效力低于法律、行政法规。

部门规章是由国务院各部委制定的法律规范性文件，如《工程建设项目施工招标投标办法》《建筑业企业资质管理规定》等。

4. 地方性建设法规

地方性建设法规指在不与宪法、法律、行政法规相抵触的前提下，由省、自治区、直辖市人民代表大会及其常委会结合本地区实际情况制定并发布的规范性文件，如《湖北省建设工程施工招标投标管理办法》《黑龙江省建筑市场管理条例》等。

地方性法规具有地方性，只在本辖区内有效，其法律地位和效力低于法律和行政法规。

5. 地方建设规章

地方建设规章是指省、自治区、直辖市人民政府根据法律和行政法规制定并颁布的适用于本地区的规范性文件。其法律地位和效力低于法律和行政法规，低于同级或上级地方性法规。如《湖北省生产安全事故报告和调查处理办法》《湖北省土地整治管理办法》等。

《中华人民共和国立法法》第 86 条规定：地方性法规、规章之间不一致时，由有关机关依照下列规定的权限做出裁决：

（1）同一机关制定的新的一般规定与旧的特别规定不一致时，由制定机关裁决；

（2）地方性法规与部门规章之间对同一事项的规定不一致，不能确定如何适用时，由国务院提出意见，国务院认为应当适用地方性法规的，应当决定在该地方适用地方性法规的规定；认为应当适用部门规章的，应当提请全国人民代表大会常务委员会裁决；

（3）部门规章之间，部门规章与地方政府规章之间对同一事项的规定不一致时，由国务院裁决。

7.1.3 建设法律关系

1. 建设法律关系的概念
（1）法律关系的概念

法律关系是指由法律规范调整一定社会关系而形成的权利与义务关系。法律规范是法律关系产生的前提，法律关系是受法律约束的社会关系，是一定法律规范调整一定社会关系的结果。

（2）建设法律关系的概念

建设法律关系是法律关系的一种，是指由建设法规所确认和调整的，在建设管理和建设协作过程中所产生的权利与义务关系。

2. 建设法律关系的构成要素

法律关系都是由法律关系主体、法律关系客体和法律关系内容三个要素构成的。由于三个要素的内涵不同，则组成不同的法律关系，如民事法律关系、行政法律关系、劳动法律关系、经济法律关系等。同样，其中一个构成要素发生变化也就不再是原来的法律关系。

建设法律关系也是由主体、客体和内容三个要素组成的。

（1）建设法律关系主体

建设法律关系主体是指参加或管理、监督建设活动，受建设法规调整，在法律上享有权利、承担义务的自然人、法人或其他组织。

（2）建设法律关系客体

建设法律关系客体是指参加建设法律关系的主体享有的权利和承担的义务所共同指向的对象。在通常情况下，主体都是为了某一客体，彼此才设立一定的权利、义务，从而产生法律关系，这里的权利、义务所指向的事物，即法律关系的客体。

（3）建设法律关系的内容

建设法律关系的内容指建设法律关系主体享有的权利和承担的义务。

1）权利

权利是指法律关系主体在法定范围内有权进行各种活动。权利主体可要求其他主体做出一定的行为或抑制一定的行为，以实现自己的权利，因其他主体的行为而使权利不能实现时有权要求国家机关加以保护并予以制裁。

2）义务

义务是指法律关系主体必须按法律规定或约定承担应负的责任。

义务和权利是相互对应的，相应主体应自觉履行建设义务，义务主体如果不履行或不适当履行，就要承担相应的法律责任。如在一个建设工程施工合同所确定的法律关系中，建设单位所享有的权利是在合同约定的期限内获得满足质量要求的完工工程，其承担的义务是按照合同约定的时间和数量对施工单位支付工程款。如果建设单位没有按照合同约定向施工单位进行工程款的支付，则要承担违约责任。

3. 建设法律关系的产生、变更与终止

（1）建设法律关系的产生、变更与终止的概念

1）建设法律关系的产生

建设法律关系的产生是指建设法律关系的主体之间形成了一定的权利和义务关系。如某建设单位与施工单位签订了建设工程施工合同，主体双方就产生了相应的权利和义务。此时，受建设法规调整的建设法律关系即告产生。

2）建设法律关系的变更

构成法律关系的三个要素如果发生变化，就会导致这个特定的法律关系发生变化。法律关系的变更，是指法律关系的三个要素发生变化。

法律关系的变更分为主体变更、客体变更和内容变更。

① 主体变更

主体变更，是指法律关系主体数目增多或减少，如总承包商将所承揽的工程进行了分包，就导致了主体数目的增加。也可以是主体改变。在合同中，客体不变，相应权利义务也不变，此时主体改变也称为合同转让。

② 客体变更

客体变更，是指法律关系中权利义务所指向的事物发生变化。客体变更可以是其范围变更，也可以是其性质变更。

客体范围的变更表现为客体的规模、数量发生变化。例如，由于设计变更，将某挖土方工程的工程量由 $200m^3$ 增加到了 $260m^3$。

客体性质的变更表现为原有的客体已经不复存在，而由新的客体代替了原来的客体。例如，由于设计变更，将原合同中的小桥改成了涵洞。

③ 内容变更

法律关系主体与客体的变更，必然导致相应的权利和义务，即内容的变更。

3）建设法律关系的终止

建设法律关系的终止是指建设法律关系主体之间的权利义务不复存在，彼此丧失了约束力。

① 自然终止

建设法律关系的自然消灭是指建设法律关系所规范的权利义务顺利得到履行，取得了各自的利益，从而使该法律关系达到完结。

② 协议终止

建设法律关系的协议消灭是指法律关系主体之间协商解除某类工程建设法律关系规范的权利义务，致使该法律关系归于终止。

③ 违约终止

建设法律关系的违约终止是指法律关系主体一方违约，或发生不可抗力，致使某类法律关系规范的权利不能实现。

（2）建设法律关系的产生、变更与终止的原因

法律关系只有在一定的情况下才能产生，同样这种法律关系的变更和终止也是由一定情况决定的。这种引起法律关系产生、变更和终止的情况，通常称之为法律事实。法律事实即是法律关系产生、变更和终止的原因。

法律事实按是否包含当事人的意志为依据分为两类。

1）事件

事件是指不以当事人意志为转移而产生的法律事实。如洪水灾害导致工程施工延期，致使建设工程施工合同不能履行等。事件可分为自然事件，如地震、海啸、台风等自然灾害；社会事件，如战争、政府禁令、暴乱等；意外事件，如爆炸事故、触礁、失火等。

2）行为

行为是指人的有意识的活动。行为包括积极的作为和消极的不作为。

在建筑活动中，行为通常表现为以下几种：

① 民事法律行为。民事法律行为是指基于法律规定或有法律依据，受法律保护的行为。如依法签订建设工程施工合同的行为等。

② 违法行为。违法行为是指受法律禁止的侵犯其他主体的建设权利和建设义务的行为。如违反法律规定或因过错不履行建设工程施工合同等行为。

③ 行政行为。行政行为是指国家授权机关依法行使对建筑业管理权而发生法律后果的行为。如国家建设管理机关监督执行工程项目建设程序的行为。

④ 立法行为。立法行为是指国家机关在法定权限内通过规定的程序，制定、修改、废止建设法律规范性文件的活动。如国家制定、颁布建设法律、法规、条例、标准定额等行为。

⑤ 司法行为。司法行为是指国家司法机关的法定职能活动。它包括各级检察机构所实施的法律监督，各级审判机构的审判、调解活动等。如人民法院对建筑工程纠纷案件做出判决的行为。

7.2　工程项目的招投标与合同管理

7.2.1　建设工程招投标概述

1. 招标投标的概念与意义
（1）招标投标的概念

建设工程招标是指招标人在发包建设项目之前，公开招标或邀请投标人，根据招标人的意图和要求提出报价，择日当场开标，以便从中择优选定中标人的一种经济活动。

7.1
招投标原理
与理论介绍

建设工程投标是指具有合法资格和能力的投标人根据招标条件，经过初步研究和估算，在指定期限内填写标书，提出报价，并等候开标，决定能否中标的经济活动。

7.2
工程招标

（2）招标投标的意义
1）形成了由市场定价的价格机制；
2）不断降低社会平均劳动消耗水平；
3）工程价格更加符合价值基础；
4）公开、公平、公正的原则；
5）能够减少交易费用。

7.3
工程投标

2. 招投标制的适用条件
（1）要有能够开展公平竞争的市场经济运行机制；
（2）必须存在招标投标采购项目的买方市场；
（3）采购行为属于条件型采购；
（4）招标采购的地位和作用。

3. 招投标制度的作用
（1）确立了竞争的规范准则，有利于开展公平竞争；
（2）扩大了竞争范围，可以使招标人更充分地获得市场利益，使社会获得更大的利益；
（3）有利于引进先进技术和管理经验，提高企业的有效竞争能力；
（4）提供正确的市场信息，有利于规范交易双方的市场行为。

7.2.2　招标投标法调整的法律关系

1. 招标投标中的民事关系
招标人与投标人之间、招标人与招标代理人、招标人与评标委员会、投标人与投标人之间，如果一方违反招标投标法的规定，给对方造成了损失，应当承担相应的民事赔偿责任。

2. 招标投标中的行政关系

民事行为需要接受行政管理部门的监督。如果招标人、投标人、招标代理人、评标委员会等民事主体违反招标投标法的规定，行政管理部门有权对其进行行政处罚，包括没收财产、罚款、取消招标代理资格、取消投标资格、取消担任评标委员会成员的资格等。

3. 招标投标法在空间上的效力

空间效力是指招标投标法生效的地域范围。根据国家主权原则，一国的法律在其主权管辖的全部领域内有效。凡在中华人民共和国境内进行的招标投标活动，均应适用于《招标投标法》。

7.2.3　招标的法律规定

1. 招标人和招标代理机构

（1）招标人：是指依照《招标投标法》的规定提出招标项目并进行招标的法人或者其他组织。应具备的条件：

1）是法人或依法成立的其他组织；

2）有与招标工程相适应的经济、技术、管理人员；

3）有组织编制招标文件的能力；

4）有审查投标单位资质的能力；

5）有组织开标、评标、定标的能力。

（2）招标代理机构：是指受招标人的委托，代为从事招标组织活动的中介组织。它必须是依法成立，从事招标代理业务并提供相关服务，实行独立核算、自负盈亏，具有法人资格的社会中介组织。如招标公司、工程招标（代理）中心、工程咨询公司等。

（3）招标代理人应当具备下列条件：

1）有从事招标代理业务的营业场所和相应资金；

2）有能够编制招标文件和组织评标的相应措施专业力量；

3）具有可以作为评标委员会成员人选的技术、经济等方面的专家库；

4）有健全的组织机构和内部管理的规章制度。

2. 招标方式

我国规定国内工程施工招标应采用公开招标和邀请招标两种方式。其中又以公开招标为主要方式。

（1）公开招标：无限竞争招标。

（2）邀请招标：有限竞争招标。

（3）公开招标和邀请招标方式的主要区别：

1）发布信息的方式不同；

2）竞争的范围或效果不同；

3）时间和费用不同；

4）中标可能性的大小不同。

3. 强制招标的范围和规模标准

（1）强制招标范围：在中华人民共和国境内进行下列工程建设项目的勘察、设计、施工、监理以及与工程建设有关的重要设备、材料等的采购，必须进行招标。

具体如下：

1）大型基础设施、公共事业等关系社会公共利益、公众安全的项目；

2）全部或者部分使用国有资金投资或者国家融资的项目；

3）使用国际组织或者外国政府贷款、援助资金的项目。

（2）强制招标规模标准

《工程建设项目招标范围和规模标准规定》指明：达到下列标准之一的必须进行招标：

1）施工单项合同估算在 200 万元以上；

2）重要设备、材料等货物的采购，单项合同估算价在 100 万元以上的；

3）勘察、设计、监理等服务的采购，单项合同估算价在 50 万元以上的；

4）单项合同估算低于上述三项规定标准，但项目总投资额在 3000 万元以上的。（规避化整为零）

（3）可以不进行招标的范围

1）涉及国家安全、国家秘密、抢险救灾或者属于利用扶贫资金实行以工代赈、需要使用农民工等特殊情况。

2）建设项目的勘察、设计采用特定专利或专有技术的，或者其建筑艺术造型有特殊要求的。

3）施工企业自建自用的工程，且该施工企业资质等级符合工程要求的，在建筑工程中追加的附属小型工程或者主体加层工程，原承包人仍具备承包能力的。

4）法律、行政法规规定的其他情形。

4. 招标文件的禁止内容和招标人的保密义务

在招标文件的编制过程中，应注意其所禁止的内容，如《招标投标法》第 20 条明确规定：招标文件不得要求或者标明特定的生产供应者以及含有倾向或者排斥潜在投标人的其他内容。

为创造公平竞争的环境，《招标投标法》第 22 条对招标人的有关保密义务作了规定：招标人不得向他人透露已获取招标文件的潜在投标人的名称、数量和可能影响公平竞争的有关招标投标的其他情况；招标人设有标底的，标底必须保密。

5. 招标文件的澄清和更改

招标文件对招标人具有法律约束力，一经发出，不得随意更改。

《招标投标法》第 23 条规定：招标人对已发出的招标文件进行必要的澄清或者修改的，应当在招标文件要求提交投标文件截止时间至少 15 天前，以书面形式通知所有招标文件收受人，该澄清或者修改的内容为招标文件的组成部分。

7.2.4 投标的法律规定

1. 投标人

建设工程投标人是建设工程招标投标活动中的另一主体，它是指响应招标并购买招标文件，参加投标的法人或其他组织。投标人应当具备承担招标项目的能力。参加投标活动必须具备一定的条件，不是所有感兴趣的法人或其他组织都可以参加投标。建设工程投标人主要是指勘察设计单位、施工企业、建筑装饰装修企业、工程材料设备供应（采购）单位、工程总承包单位以及咨询、监理单位等。

投标人应符合以下三个条件：

（1）应该是响应招标、参加投标竞争的法人；

（2）应符合资质等级条件；

（3）应当符合其他条件。

2. 投标文件的送达及补充、修改或撤回

《招标投标法》第 28 条规定：投标人应在招标文件要求提交投标文件的截止日期前，将投标文件送达投标地点。招标人收到投标文件后，应当签收保存，不得开启。

《招标投标法》第 29 条规定：投标人在招标文件要求提交投标文件的截止时间前，可以补充、修改或者撤回已提交的投标文件，并书面通知招标人。补充、修改的内容作为投标文件的组成部分。

在提交投标文件截止时间后到招标文件规定的投标有效期终止之前，投标人不得补充、修改、替代或者撤回其投标文件。投标人补充、修改、替代投标文件的，招标人不予接受；投标人撤回投标文件的，其投标保证金将被没收。

3. 投标担保

投标担保就是为防止投标人不审慎地进行投标而设定的一种担保方式。投标保证金除现金以外，可以是银行出具的银行保函、保兑支票、银行汇票或现金支票。

投标保证金一般不得超过投标总价的 2%，而且最高不得超过 80 万元人民币。投标保证金有效期应当超出投标有效 30 天，投标人应当按照招标文件要求的方式和金额，将投标保证金随投标文件提交给招标人。投标人不按照招标文件的要求提交投标保证金的，该投标文件将被拒绝，作为废标处理。

投标保证金将被没收的两种情形：① 投标人在投标有效期内撤回其投标文件的；② 中标人未能在规定的期限内提交履约保证金或签署合同协议。

4. 联合体投标

联合体投标是指两个以上的法人或者其他组织组成一个联合体以一个投标人的身份共同投标。由同一专业的单位组成的联合体，按照资质等级较低的单位确定资质等级。

联合体各方应当签订共同投标协议，明确约定各方拟承担的工作和责任，并将共同投标协议连同投标文件一并提交招标人。

联合体中标的，联合体各方应当共同与招标人签订合同，就中标项目向招标人承担连带责任。

5. 投标的禁止性规定

（1）串通投标

1）投标人之间串通投标

① 投标人之间相互约定抬高或压低投标报价；

② 投标人之间相互约定，在招标项目中分别以高、中、低价位报价；

③ 投标人之间先进行内部竞价，内定中标人，然后再参加投标；

④ 投标人之间其他串通投标报价的行为。

2）投标人与招标人之间串通投标

① 招标人在开标前开启投标文件，并将投标情况告知其他投标人，或者协助投标人撤换投标文件，更改报价；

② 招标人向投标人泄露标底；

③ 招标人与投标人商定，投标时压低或抬高标价，中标后再给投标人或招标人额外补偿；

④ 招标人预先内定中标人；

⑤ 其他串通投标行为。

（2）以行贿手段谋取中标

投标人以行贿的手段谋取中标是投标人以谋取中标为目的，给予招标人（包括其工作人员）或者评标委员会成员财物的行为。

（3）以低于成本的报价竞标

《招标投标法》第 33 条规定：投标人不得以低于成本的报价竞标。

如果投标人以低于自己成本的报价竞标就很难保证工程质量，偷工减料、以次充好的现象也会随之产生。

投标人以低于成本的报价竞标，其目的主要是为了排挤其他对手，但是这样不符合市场的竞争规则，对招标人和投标人自己都无益处。

（4）以非法手段骗取中标

主要表现在以下几个方面：

1）非法挂靠、转让或租借其他企业的资质证书参加投标；

2）投标文件中故意在商务条款和技术条款上采用模糊语言骗取中标，中标后提供低档劣质的货物、工程或服务；

3）投标时递交虚假业绩证明、资格文件；

4）假冒法定代表人签名、私刻公章、递交假的委托书等。

在评标过程中，评标委员会发现投标人以他人的名义投标、串通投标、以行贿手段谋取中标或者以其他弄虚作假方式投标的，该投标人的投标应作废标处理。

7.2.5　开标、评标、中标的法律规定

1. 开标

时间：招标文件确定的提交投标文件截止时间的同一时间。

地点：招标文件中预先确定的地点。

参与者：开标由招标人主持，并邀请所有投标人参加，建设行政主管部门及其工程招投标监督管理机构依法实施监督。

程序：检查投标文件的密封情况、拆封，宣读投标人名称、投标报价和投标文件的其他内容。

（1）不予受理的情形：

1）逾期送达的或未送达指定地点的；

2）未按照招标文件的要求予以密封的。

（2）废标的情形：

1）无单位盖章，并无法定代表人或法定代表人授权的代理人签字盖章的。

2）未按规定的格式填写，内容不全或关键字字迹模糊、无法辨认的。

3）投标人递交两份或多份内容不同的投标文件，或在一份投标文件中对同一招标项目有两个或多个报价，且未声明哪一个有效的，按招标文件规定提交备选投标方案的除外。

4）投标人名称或组织机构与资格预审时不一致的。

5）未按招标文件要求提交投标保证金的。

6）联合体投标未附联合体各方共同投标协议的。

2. 评标

评标是对各投标书优劣的比较，以便最终确定中标人。

（1）评标委员会

组成：评标由招标人依法组建的评标委员会负责。评标委员会由招标人的代表和有关技术、经济等方面的专家组成，成员人数为五人以上单数，其中技术、经济等方面的专家不得少于成员总数的 2/3。

选取：评标委员会专家应当从事相关领域工作满 8 年并具有高级职称或者具有同等专业水平。由招标人从国务院有关部门或者省、自治区、直辖市人民政府有关部门提供的专家名册或招标代理机构的专家库内的相关专业的专家名单中确定。

确定方式：可以采取随机抽取或者直接确定的方式。

回避和保密：与投标人有利害关系的人不得进入相关项目的评标委员会，已经进入的应当更换。评标委员会成员的名单在中标结果确定前应当保密。

权利和义务：① 独立评审权；② 澄清权；③ 推荐权或确定权；④ 否决权；⑤ 保密义务。

（2）评标的程序

1）评标委员会应当按照招标文件确定的评标标准和方法，对投标文件进行评审和比较；

2）设有招标控制价的，应当参考招标控制价；

3）评标委员会完成评标后，应当向招标人提出书面评标报告，并推荐合格的中标候选人；

4）招标人根据评标委员会提出的书面评标报告和推荐的中标候选人确定中标人，招标人也可以授权评标委员会直接确定中标人。

（3）中标的条件

中标人的投标应当符合下列条件之一：

1）能够最大限度地满足招标文件中规定的各项综合评价标准；

2）能够满足招标文件的实质性要求，并且经评审的投标价格最低，但是投标价格低于成本的除外。

（4）评标中废标、否决所有投标和重新招标

废标处理情况：

1）以虚假方式谋取中标；

2）以低于成本的报价竞标；

3）不符合投标的资格条件或拒不对投标文件做必要的澄清、说明或补正；

4）未能对招标文件提出的实质性要求和条件做出响应。

否决所有投标的情况：

评标委员会经评审，认为所有投标都不符合招标文件要求的，可以否决投标。

重新招标的情况：

依法必须进行招标的项目，所有投标被否决的，招标人应当依照本法重新招标。

3. 中标

（1）中标通知书

中标通知书指招标人在确定中标人后，向中标人通知其中标的书面凭证，是对招标人和中标人都有约束力的法律文书。

（2）合同及履约保证金

1）合同：招标人和中标人应当自中标通知书发出之日起 30 天内，按照招标文件和中标人的投标文件订立书面合同；招标人和中标人不得再行订立背离合同实质性内容的其他协议。

2）履约保证金：是指招标人要求投标人在接到中标通知后，提交的保证履行合同各项义务的担保金。

履约保证金三种形式：银行保函、履约担保书和保留金。

（3）招标投标备案制度

依法必须进行招标的项目，招标人应当自确定中标人之日起 15 天内向有关行政监督部门提交招标投标情况的书面报告。

（4）履行合同

1）中标人应当按照合同约定履行义务，完成中标项目；

2）中标人不得转让中标项目。

7.2.6 招标投标的法律责任

1. 民事责任

中标无效；转让、分包无效；履约保证金不予退还；承担赔偿责任。

2. 行政责任

责令改正、警告、罚款、暂停项目执行或者暂停资金拨付、对主管人员和其他直接责任人员给予行政处分或者纪律处分、没收违法所得、吊销营业执照等。

3. 刑事责任

侵犯商业秘密罪、串通投标罪、合同诈骗罪、对单位行贿罪、对公司、企业人员行贿罪、受贿罪、徇私舞弊罪、滥用职权罪或者玩忽职守罪等。

7.3 工程项目管理

7.3.1 项目相关概念

1. 项目

项目是由一组有起止时间的、相互协调的受控活动所组成的特定过程，该过程要达到符合规定要求的目标，包括时间、成本和资源的约束条件。项目具有以下几个特征：

（1）项目具有一次性或单件性，这是项目主要特征。

（2）项目具有明确的目标和一定的约束条件。约束条件有时间约束、资源约束、质量约束，即一个工程项目都有预期的生产能力、技术水平或使用效益目标。

（3）项目具有特定的生命期。项目过程的一次性决定了每个项目都具有自己的生命任何项目都有其产生时间、发展时间和结束时间，在不同的阶段都有特定的任务、程序和工作内容。

（4）项目作为管理对象的整体性。由于内外环境是变化的，所以管理和生产要素的配置是动态的。项目中的一切活动都是相关的，构成一个整体。

（5）项目的不可逆性。项目按照一定的程序进行，其过程不可逆转，必须一次成功，失败了便不可挽回，因而项目的风险很大，与批量生产过程有着本质的区别。

2. 工程项目

一个工程项目就是一个固定资产投资项目，它包括工程项目新建、扩建等扩大生产能力的项目和技术改造项目。工程项目的定义是：需要一定量的投资，按照一定程序，在一定时间内完成，应符合质量要求，以形成固定资产为明确目标的特定性任务。工程项目有以下特征：

（1）工程项目在一个总体设计或初步设计范围内，是由一个或若干个互相有内在联系的单项工程所组成的，在建设中实行统一核算、统一管理的建设单位。

（2）工程项目在一定的约束条件下，以形成固定资产为特定目标。约束条件有以下三方面：一是时间约束，即一个工程项目有合理的建设工期目标；二是资源约束，即一个工程项目有一定的投资总量目标；三是质量约束，即一个工程项目都有预期的生产能力、技术水平或使用效益目标。

（3）工程项目需要遵循必要的建设程序和经过特定的建设过程。即一个工程项目从提出建设的设想、建议、方案拟订、可行性研究、评估、决策、勘察、设计、施工，一直到竣工、试运行和交付使用，是一个有序的系统过程。

（4）工程项目按照特定的要求，进行一次性组织。表现为建设机构的一次性设置，建设过程的一次性实施，建设地点的一次性固定，项目经理的一次性任命。

（5）工程项目具有投资限额标准。只有达到一定限额投资的才作为工程项目，不满限额标准的称为零星固定资产购置。

3. 施工项目

施工项目是施工企业自施工承包投标开始到保修期满为止的全过程中完成的项目。施工项目具有下述特征：

（1）施工项目是工程项目或其中的单项工程或单位工程的施工任务。

（2）施工项目是以施工企业为管理主体的。

（3）施工项目的范围是由工程施工合同界定的。

从上述特征来看，只有单位工程、单项工程和工程项目的施工任务，才能叫作施工项目。由于分部分项工程的结果不是施工企业的最终产品，故不能称作施工项目，而是施工项目的组成部分。

7.3.2 项目管理与工程项目管理的概念

1. 项目管理

项目管理是为使项目取得成功（实现所要求的质量、所规定的时限、所批准的费用预算）进行的计划、组织、协调和控制等专业化活动。项目管理的对象是项目，项目管理的职能同所有管理的职能均是相同的。需要特别指出的是，项目的一次性，要求项目管理具有程序性、全面性和科学性，主要是用系统工程的观念、理论和方法进行管理。项目管是知识、智力、技术密集型的管理。

2. 工程项目管理

工程项目管理是项目管理的一大类，其管理对象是有关种类的工程项目。工程项目管理的本质是工程建设者运用系统的观点、理论和方法，对工程的建设进行全过程和全面的管理，实现生产要素在工程项目上的优化配置，为用户提供优质产品。它是一门综合学科，实用性强，有很强的应用性和发展潜力。

7.3.3 工程项目管理的分类

由于工程项目可分为建设项目、工程设计项目、工程咨询项目和工程施工项目，故工程项目管理亦可据此分类，分成为工程项目管理、工程设计项目管理、工程咨询项目管理和施工项目管理，它们的管理者分别是建设单位、设计企业、咨询（监理）企业和施工企业。建设工程项目管理企业可以接受建设单位的委托进行建设工程项目管理。

1. 工程项目管理

工程项目管理是站在项目法人（建设单位）的立场对项目建设进行的综合性管理工作。工程项目管理是通过一定的组织形式，采取各种措施、方法，对投资建设的一个项目的所有工作的系统实施过程进行计划、协调、监督、控制和总结评价，以达到保证建设项目质量、缩短工期、提高投资效益的目的。广义的工程项目管理包括投资决策的有关管理工作，狭义的工程项目管理只包括项目立项以后至交付使用的全过程的管理。

2. 工程设计项目管理

工程设计项目管理是由设计单位对自身参与的建设项目设计阶段的工作进行自我管理。设计项目管理同样需进行质量管理、进度管理、投资管理，对工程的实施在技术上和经济上进行全面而详尽地安排，引进先进技术和科研成果，形成设计图纸和说明书以供实施，并在实施的过程中进行监督和验收。所以工程设计项目管理包括以下阶段：设计标、签订设计合同、设计条件准备、设计计划、设计实施阶段的目标控制、设计文件验收与归档、设计工作总结、建设实施中的设计控制与监督、竣工验收。工程设计项目管理不仅仅局限于设计阶段，而是延伸到了施工阶段和竣工验收阶段。

3. 施工项目管理

施工项目管理是指施工单位对自身参与的工程项目实施全过程的工作进行自我管理。施工项目管理有以下特点：

（1）施工项目管理的主体是工程施工企业。由建设单位或监理单位进行的工程项目管理中涉及的施工阶段管理仍属建设项目管理，不能算作施工项目管理。

（2）施工项目管理的对象是施工项目。施工项目管理的周期也就是施工项目的生命期，包括工程投标、签订工程项目施工合同、施工准备、施工、交工验收及用后服务等。施工项目管理的任务包括进度管理、质量管理、成本管理、安全管理、环境管理、合同管理、资源管理、信息管理、沟通管理、风险管理、组织协调等。施工项目的特点给施工项目管理带来了特殊性，主要是生产活动与市场交易活动同时进行；先有交易活动，后有"产成品"（竣工项目）；买卖双方都投入管理，生产活动和交易活动很难分开。所以施工项目管理是对特殊的生产活动、在特殊的市场上进行的特殊的交易活动的管理，其复杂性和艰难性都是一般生产管理难以比拟的。

（3）施工项目管理要求强化组织协调工作。施工项目具有生产活动的单件性，对产生的问题难以补救或虽可补救但后果严重；参与施工人员不断在流动，需要采取特殊的流水方式，组织工作量很大；施工在露天进行，工期长，需要的资金多；施工活动涉及复杂的经济关系、技术关系、法律关系、行政关系和人际关系等。以上原因使施工项目管理中的组织协调工作艰难、复杂、多变，必须通过强化组织协调的办法才能保证施工顺利进行。主要强化方法是优选项目经理，建立调度机构，配备称职的调度人员，努力使调度工作科学化、信息化，建立起动态的控制体系。

7.3.4 工程项目管理的基本内容

1. 工程项目范围管理

工程项目范围是指工程项目各过程的活动总和，或指组织为了成功完成工程项目并实现工程项目各项目标所必须完成的各项活动。工程项目的范围既包括其产品的范围，又包括项目工作范围。工程项目产品范围决定了工程项目的工作范围，包括各项设计活动、施工活动和管理活动的范围。工程产品范围要求的深度和广度，决定了工程项目范围的深度和广度。

工程项目范围管理就是对从项目建议书开始到竣工验收交付使用为止的全过程中所涉及的活动范围进行界定和管理的过程。这些过程是相互联系和相互影响的，甚至发生一定程度的搭接。在工程项目启动后，以上工作会从大到小不断反复进行，形成大环套小环、小环、大环一起转的工程项目实施过程。在这个过程中，范围的控制是重要的，通过控制及时纠偏或及时调整各项活动范围，直至工程项目交付使用。

2. 工程项目组织管理

"组织"有两种含义，即组织机构和组织行为。组织机构是按一定的领导体制、部门设置、层次划分、职责分工、规章制度和信息系统等构成的有机整体，是社会人的结合形式，可以完成一定的任务，并为此而处理人与人、人与事、人与物的关系。组织行为也即组织活动，指通过一定的权力和影响力，为达到一定目标所进行的活动过程。组织职能是通过两种含义的有机结合而实现的。

工程项目组织管理，是指为实现工程项目组织职能而进行的组织系统的设计、建立运行和调整。组织系统的设计与建立，是指经过筹划与设计，建成一个可以完成工程项管理任务的组织机构，建立必要的规章制度，划分并明确岗位、层次、部门、责任和权力，通过一定岗位和部门内人员的规范化的活动和信息流通，实现组织目标。高效率的组织体系的建立是工程项目管理取得成功的组织保证。组织运行就是按分担的责任完成各自的工作。组织运行有三个关键：一是人员配置；二是业务联系；三是信息反馈。组织调整是指根据工作的需要和环境的变化，分析原有的项目组织系统的缺陷、适应性和效率，对原有组织系统进行调整或重新组合，包括组织形式的变化，人员的变动，规章制度的修订和废止，责任系统的调整，以及信息流通系统的调整等。

3. 工程项目管理规划与决策

规划是制定目标及安排如何完成这些目标的过程。通常规划应形成书面文件。进行规划的目的是指出努力的方向和标准，降低环境变化对任务的完成造成的冲击，最大限度地减少浪费。规划可以带来较高的绩效。工程项目管理者必须很好利用规划的手段，编制科学、严密、有效的工程项目管理规划，通过实施该规划达到提高工程项目管理绩效的目的。在进行工程项目管理规划时，大致应按下列内容和程序进行工作：

（1）进行工程项目分解，形成由大到小的项目分解体系，以便由细部到整体地确定管理目标及阶段控制目标。

（2）建立工程项目组织体系，绘制工程项目组织体系图和信息流程图。

（3）编制工程项目管理规划文件，确定管理内容、方式、手段、目标和标准，明确项目管理规划既是对合同目标的贯彻，又是进行管理决策的依据。决策的工程项目管理目标是工程项目管理控制的依据。工程项目目标控制的目的，就是确保决策的工程项目管理规划目标的实现。

4. 工程项目目标控制与组织协调

目标控制是工程项目管理的核心内容。控制的目标是工程项目管理规划决策的目标。

（1）工程项目控制目标的内容

第一，施工项目管理控制目标包括：进度、质量、成本、安全和环境目标。

第二，建设项目管理与工程建设监理控制目标包括：功能、投资、质量和进度目标。

（2）工程项目目标控制的基本理论

1）工程项目目标控制的概念

所谓目标控制，是指在实现计划目标的过程中，行为主体通过检查，收集实施状态的信息，将它与原计划（标准）比较，发现偏差，采取措施纠正这些偏差，从而保证计划的正常实施，达到预定目标。从这个定义可以看出，工程项目目标控制问题的要素包括：工程项目、控制目标、控制主体、实施计划与信息、偏差数据、纠偏措施、纠偏行为。工程项目控制的直接目的是实现规划目标或计划目标，其最终目的是实现合同目标。因此可以说，工程项目目标控制是排除干扰、实现目标的手段，是工程项目管理的核心，如果没有控制，便谈不上工程项目管理。

2）工程项目控制原理

控制的需要产生于社会化的生产活动。法约尔把它作为管理的职能之一，其原意是指：注意是否一切都按制定的规章和下达的命令进行。1948年美国的诺伯特维纳创立了控制论，并应用于蓬勃发展的自动化技术、信息论和计算机使控制论发展成为一门应用广泛、效果显著的现代科学理论。控制的基本理论有：

第一，控制者进行控制的过程是从反馈过程得到控制系统的信息后，便着手制定计划采取措施，输入受控系统，在输入资源转化为产品的过程中，对受控系统进行检查、监督，并与计划或标准进行比较，发现偏差进行直接修正，或通过（报告等）信息反馈修正计划或标准，开始新一轮控制循环。这个循环就是我们通常所说的 PDCA 循环（图 7-1）。

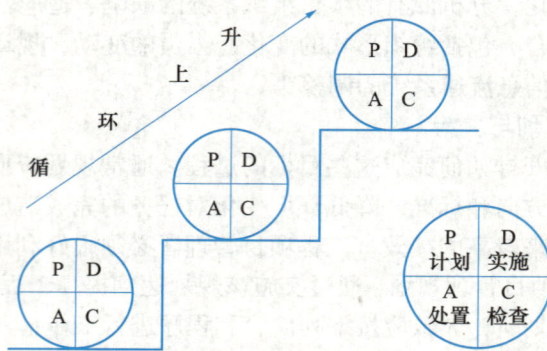

图 7-1　PDCA 循环图

第二，要实现最优控制，必须有两个先决条件：一是要有一个合格的控制主体；二是要有明确的系统目标。

第三，控制是按事先拟订的计划或标准进行的。控制活动就是要检查实际发生的情况与计划（或标准）是否存在偏差，偏差是否在允许范围之内，是否应采取控制措施及采取何种措施来纠正偏差。

（3）工程项目的沟通管理与组织协调

1）工程项目沟通管理

沟通就是信息的交流。沟通是管理活动和管理行为中最重要的组成部分，也是企业和其他一切管理者最为重要的职责之一。工程项目沟通管理就是确保通过正式的结构和步骤，及时和适当地对项目信息进行收集分发、储存和处理，并对非正式的沟通网络进行必要的控制，以利于项目目标的实现。沟通过程就是发送者将信息通过选定的渠道传递给接收者的过程。

项目利益相关者之间良好有效的沟通是组织效率的切实保证，而管理者与被管理者之间的有效沟通是各种管理艺术的精髓。沟通可以是口头的或书面的，也可以是面对面的，还可以使用媒介，如电话、传真等。在传统的项目管理中，项目进展报告、备忘录是基本的交流方式。而在电子通信技术如此发达的今天，沟通方式更是多种多样。

2）工程项目组织协调

组织协调是沟通的一种手段，是指正确处理各种关系。组织协调为目标控制服务织协调的内容包括：人际关系、组织关系、配合关系、供求关系及约束关系的协调。工程项目组织协调范围是根据与工程项目管理组织的关系的松散与紧密状况决定的，大致有三层：第一层是内部关系，是紧密的自身机体关系，应通过行政的、经济的、制度的、信息的、组织的和法律的等多种方式进行协调；第二层是近外层关系，指直接的和间接的合同关系，如施工项目经理部与建设单位、监理单位及设计单位等单位的关系，都属于近外层关系，因此，合同就成为近外层关系协调的主要工具；第三层关系是远外层关系，这是比较松散的关系，如项目经理部与政府部门、与现场环境相关单位的关系就是这一类。这些关系的处理没有定式，协调困难，应按有关法规、公共关系准则、经济联系规章等处理。如与政府部门的关系是请示、报告、汇报、接受领导与监督的关系；与现场环境单位的关系则是力求和谐，讲信誉，遵守有关规定，争取给予支持等。

5. 资源、合同、信息和风险管理

（1）工程项目资源管理

工程项目资源是工程项目得以实现的保证，主要包括人力资源、材料、设备、资金和技术（即 5M）。工程项目资源管理的内容包括三项：

1）分析各项资源的特点。

2）按照一定原则、方法对工程项目资源进行优化配置，并对配置状况进行评价。

3）对工程项目的各项资源进行动态管理，使资源与项目的需求始终保持平衡和相互适应。

（2）工程项目合同管理

由于工和项目管理是在市场条件下进行的特殊交易活动的管理，且交易活动持续于工工程项目合同管理的全过程，因此必须依法签订合同，进行履约经营。由于合同管理是一项执法、守法活动，市场有国内市场和国际市场，因此合同管理势必涉及国内及国际上有关法规和合同文本、合同条件，在合同管理中应予高度重视。为了取得经济效益，还必须搞好索赔，讲究索赔的方法和技巧，提供充分的索赔证据。

（3）工程项目信息管理

现代化管理要依靠信息。工程项目管理是一项复杂的现代化管理活动，更要依靠大量信息及大量的信息管理活动。而信息管理又要依靠计算机辅助进行，如现在的 BIM 技术。人类正在步入信息时代，我们必须注意和研究信息时代的经营管理的变化及其对工程项目管理的影响。信息时代的管理要有两项基础建设，一个是设备的信息化建设，一个是人和组织的知识化建设，一个硬件，一个软件，两者缺一不可。总之，市场、人、效率、效益和社会责任，这些就是信息时代企业管理的核心，项目管理也应当围绕这个核心进行变革。

（4）工程项目风险管理

项目风险是发生之后对于项目欲创造的成果产生不利后果的不确定性事件或者条件风险管理是系统地识别和分析项目风险，并采取应对措施的过程。项目风险管理主要有风险管理规划、风险识别、定性风险分析、定量风险分析、风险应对规划和风险监视与控制六个过程，这六个过程彼此之间相互影响，而且还与项目其他方面的管理过程，例如规范管

理、进度管理、费用管理、质量管理、采购与合同管理、人力资源管理、沟通与信息管理有关。风险管理的各个过程在实践中交叉重叠，互相影响。项目要想获得成功，公司项目经理部必须在整个项目进程中投入力量进行风险管理。风险管理的宗旨是采取主动行动，创造条件，尽量扩大风险事件的有利结果，妥善地处理风险事故造成的不利后果，以最小的代价实现项目的目标。

6. 工程项目收尾管理

从管理的循环原理来说，管理的收尾阶段是对工程收尾期工作的管理，是对计划执行、检查阶段的经验和问题的回顾和提炼，是进行新的管理所需信息的来源，其经验可作为新的管理制度和标准的源泉，其问题有待于下一循环的管理予以解决。

7.3.5 工程项目管理方法

1. 工程项目管理方法的应用特征

工程项目管理的发展过程，实际上是其管理理论和方法的继承、研究、创新工程项目管理方法的选用，带有时代的特点。管理理论发展到现在，已经形成了以经营决策为中心，以信息资源和信息技术的应用为手段，应用运筹学和系统理论的方法，结合行为科学的应用，把管理对象看作由人和物组成的完整系统的综合管理，即现代化管理。随着信息科技的发展，现代化管理方法具有科学性、综合性和系统性，可以适应工程项目管理的需要。在方法的应用上，需要满足以下几个特征：

（1）选用方法的广泛性。

（2）工程项目管理方法服从于项目目标管理的需要。

（3）工程项目管理方法与企业管理方法紧密相关。

2. 工程项目管理方法的应用原则

工程项目管理方法是工程项目管理的动力，在应用时应贯彻四项原则：

（1）适用性原则。即首先要明确管理的目标，不同的管理目标分别选用不同的、有针对性的方法，并且要对管理环境调查分析，以判断管理方法应用的可行性，可能产生的干扰和效果。

（2）灵活性原则。即为了达到一定的管理目的，必须灵活运用各种有效的管理方法必须根据变化了的内部和外部情况，灵活运用管理方法，防止盲目、教条和僵化。

（3）坚定性原则。在应用管理方法时，并非一帆风顺，会遇到各种干扰和困难。如习惯性会产生对应用新方法的抵触；应用某种方法时可能受许多条件的限制而产生干扰或制约等。这时，项目管理人员就应该有坚定性，克服困难以取得效果。

（4）开拓性原则。即进行工程项目管理方法创新。既要创造新方法，又应对成熟的应用方式进行创新，用出新水平，产生更大效果。

3. 工程项目管理方法的分类

从不同的角度，我们可以对工程项目管理方法进行划分：

（1）按管理目标划分，工程项目管理方法有进度管理方法、质量管理方法、成本管理方法、安全管理方法、环境管理方法等。

（2）按管理方法的量性分，工程项目管理方法有定性方法、定量方法和综合管理方法。

其中定性方法是经验方法；综合管理方法是定性方法和定量方法兼容。

（3）按管理方法的专业性质分，工程项目管理方法有行政管理方法、经济管理方法、管理技术方法和法规管理方法等。

7.4　工程监理

7.4.1　建设工程监理的基本概念

1. 建设工程监理的概念

建设工程监理，是指具有相应资质的工程监理企业，接受建设单位的委托，承担其项目管理工作，并代表建设单位对承包单位的建设行为进行监督管理的专业化业务活动。

2. 建设工程监理概念的内涵

（1）建设工程监理的行为主体

《中华人民共和国建筑法》明确规定，实施监理的工程，由建设单位委托具有相应资质条件的工程监理企业实施工程监理。建设工程监理只能由具有相应资质的工程企业来完成，建设工程监理的行为主体是工程监理企业。

（2）建设工程监理的依据

建设工程监理的依据包含工程建设文件，有关的法律、法规、规章和标准、规范，建设工程委托监理合同和有关的建设工程合同。

3. 建设工程监理的范围

建设工程监理的范围可分为监理的工程范围和监理的阶段范围。

（1）监理的工程范围

《中华人民共和国建筑法》和《建设工程质量管理条例》对实施强制性监理的工程范围做了原则性的规定，2001 年建设部颁布了《建设工程监理范围和规模标准规定》（86 号部令），规定了必须实行监理的建设工程项目的具体范围和规模标准。下列建设工程必须实行监理。

1）国家重点建设工程：依据《国家重点建设项目管理办法》所确定的对国民经济和社会发展有重大影响的骨干项目。

2）大中型公用事业工程：项目总投资额在 3000 万元以上的供水、供电、供气、供热等市政工程项目；科技、教育、文化等项目；体育、旅游、商业等项目；卫生、社会福利等项目；其他公用事业项目。

3）成片开发建设的住宅小区工程项目：建筑面积在 5 万 m^2 以上的住宅建设工程。

4）利用外国政府或者国际组织贷款、援助资金的工程：使用世界银行、亚洲开发银行等国际组织贷款资金的项目；使用国外政府及其机构贷款资金的项目；使用国际组织或者国外政府援助资金的项目。

5）国家规定必须实行监理的其他工程：项目总投资额在 3000 万元以上关系社会公共

利益、公众安全的交通运输、水利建设及城市基础设施、生态环境保护、信息产业、能源等基础设施项目；学校、影剧院、体育场馆等项目。

（2）监理的阶段范围

建设工程监理可以适用于工程建设投资决策阶段和实施阶段，但现在我国主要是建设工程的施工阶段的工程监理。

7.4.2　建设工程监理的性质

1. 服务性

工程监理企业不能完全取代建设单位的管理活动。它不具有工程建设重大问题的决策权，它只能在授权范围内代表建设单位进行管理。

工程监理企业的服务对象现阶段只能是建设单位，监理服务是按照委托监理合同的规定进行的，是受法律约束和保护的。

2. 科学性

（1）工程监理单位必须建立强有力的项目管理机构，选用组织管理能力强、工程建设经验丰富的人员担任总监；

（2）应当有足够数量的、有丰富管理经验和应变能力的监理工程师组成的监理队伍；

（3）要有一套健全的管理制度；

（4）要掌握先进的管理理论、方法和现代化的管理手段；

（5）积累足够的技术、经济资料和数据；

（6）要有科学的工作态度和严谨的工作作风，要实事求是、创造性地开展监理工作。

3. 独立性

《中华人民共和国建筑法》指出，工程监理企业应当根据建设单位的委托，客观、公正地执行监理任务。《建设工程监理规范》要求工程监理企业按照"公正、独立、自主"的原则开展监理工作。

4. 公正性

公正性是社会公认的职业道德标准。在开展建设工程监理的过程中，工程监理企业应当排除各种干扰，客观、公正地对待建设单位和承建单位。特别是当这两者发生利益冲突或者矛盾时，工程监理企业应以事实为依据，以法律和有关合同为准绳，在维护建设单位的合法利益的同时，不得损害承包单位的合法利益。

7.4.3　建设工程监理的作用

我国实行建设工程监理的时间虽然不长，但在提高建设工程投资经济效益方面发挥了重要作用，被政府和社会所承认。建设工程监理的作用主要表现在以下几个方面。

1. 有利于提高建设工程投资决策科学化水平

在建设单位委托工程监理企业实施全方位全过程监理的条件下，在建设单位有了初步的项目投资意向之后，工程监理企业可协助建设单位选择适当的工程咨询机构，管理工程咨询合同的实施，并对咨询结果（如项目建议书、可行性研究报告等）进行评估，提出有价值的修改意见和建议；或者直接从事工程咨询工作，为建设单位提供建设方案。

2. 尽可能地规范工程建设参与各方的建设行为

工程建设参与各方的建设行为都应当符合法律、法规、规章和市场准则的要求，当然更要有健全的约束机制。约束有自我约束和他人约束，要做到这一点，仅仅依靠自律机制是远远不够的，还需要建立有效的约束机制。为此，首先需要政府对工程建设参与各方的建设行为进行全面的监督管理，这是最基本的约束，也是政府的主要职能之一。但是，由于客观条件限制，政府的监督管理不可能深入到每一项建设工程的具体实施过程中，因而，还需要建立另一种约束机制，能在工程建设实施过程中对工程参与各方的建设行为进行约束。建设工程监理就是这样一种约束机制。

3. 有利于促使承建单位保证建设工程质量和使用安全

建设工程是一种特殊的产品，不仅价值大、使用寿命长，而且还关系到人民的生命财产安全、健康环境。因此，保证建设工程质量和使用安全就显得尤为重要，在这方面不允许有丝毫的懈怠和疏忽。

4. 有利于实现建设工程投资效益最大化

建设工程投资效益最大化有以下三种不同表现：

（1）在满足建设工程既定功能和质量标准的前提下，建设投资额最少。

（2）在满足建设工程既定功能和质量标准的前提下，建设工程寿命周期费用（或全寿命费用）最少。

（3）建设工程本身的投资效益与环境、社会效益的综合效益的最大化。

7.4.4　工程建设基本程序及主要管理制度

1. 工程建设基本程序

（1）建设程序的概念

所谓建设程序是指建设工程从设想、提出决策，经过设计、施工，直至投产或交付使用的整个过程中，应当遵循的内在规律。

按现行规定，我国一般大中型及限额以上项目的建设程序中，将建设活动分为以下几个阶段：① 提出项目建议书；② 编制可行性研究报告；③ 根据咨询评估情况对建设项目进行决策；④ 根据批准的可行性研究报告编制设计文件；⑤ 初步设计批准后，做好施工前各项准备工作；⑥ 组织施工，可根据施工进度做好生产或动用前准备工作；⑦ 项目按照批准的设计内容建完，经验收合格并正式投产交付使用；⑧ 生产运营一段时间后，进行项目后评估。

（2）坚持建设程序的意义

建设程序反映了工程建设过程的客观规律。坚持建设程序在以下几方面有重要意义。

1）依法管理工程建设，保证正常建设秩序。建设工程涉及国计民生，并且投资大、工期长、内容复杂，是一个庞大的系统。在建设过程中，客观上存在着具有一定内在联系的不同阶段和不同内容，必须按照一定的步骤进行。

2）科学决策，保证投资效果。建设程序明确规定，建设前期应当做好项目建议书和可行性研究工作。在这两个阶段，由具有资质的专业技术人员对项目是否必要、条件是否可行进行研究和论证，并对投资收益进行分析，对项目的选址、规模等进行方案比较，提出技术上可行、经济上合理的可行性研究报告，为项目决策提供依据，而项目审批又从综合平衡方面进行把关。如此，可最大限度地避免决策失误，并力求决策优化，从而保证投资效果。

3）顺利实施建设工程，保证工程质量。建设程序强调了先勘察、后设计、再施工的原则。根据真实、准确的勘察成果进行设计，根据深度、内容合格的设计进行施工，在做好准备的前提下，合理地组织施工活动，使整个建设活动能够有序进行，这是工程质量得以保证的基本前提。事实证明，坚持建设程序，就能顺利实施建设工程并保证工程质量。

4）顺利开展建设工程监理。建设工程监理的基本目的是协助建设单位在计划的目标内把工程建成并投入使用。因此，坚持建设程序，按照建设程序规定的内容和步骤，有条不紊地协助建设单位开展好每个阶段的工作，对建设工程监理是非常重要的。

（3）建设程序与建设工程监理的关系

1）建设程序为建设工程监理提出了规范化的行为标准。建设工程监理要根据行为准则对建设工程行为进行监督管理。建设程序对各建设行为主体和监督管理主体在每个阶段应当做什么、如何做、何时做、由谁做等一系列问题都给予了解答。工程监理企业和监理人员应当根据建设程序的有关规定进行监理。

2）建设程序为建设工程监理提出了监理的任务和内容。建设程序要求建设工程的前期应当做好科学决策的工作。建设工程监理决策阶段的主要任务就是协助委托单位正确地做好投资决策，避免决策失误，力求决策优化。具体的工作就是协助委托单位择优选定咨询单位，做好咨询合同管理，对咨询成果进行评价。

3）建设程序明确了工程监理企业在工程建设中的重要地位。根据有关法律、法规的规定，在工程建设中应当实行建设工程监理制。现行的建设程序体现了这一要求。这就为工程监理企业在工程建设中确立了应有地位。

4）坚持建设程序是监理人员的基本职业准则。坚持建设程序，严格按照建设程序办事，是所有工程建设人员的行为准则。对于工程监理人员而言，更应率先垂范。掌握和运用建设程序，既是监理人员业务素质的要求，也是职业准则的要求。

5）严格执行我国建设程序是结合我国国情推行建设工程监理制的具体体现。任何国家的建设程序都能反映这个国家的工程建设方针、政策、法律、法规的要求，反映建设工程的管理体制，反映工程建设的实际水平。而且，建设程序总是随着时代、环境和需求的变化，反映建设工程的管理体制，反映工程建设的实际水平。而且，建设程序总是随着时代、环境、需求的变化，不断地调整和完善。这种动态的调整是与国情相适应的。

2. 建设工程主要管理制度

按照我国有关规定，在工程建设中，应当实行项目法人责任制、工程招标投标制、建设工程监理制、合同管理制等主要制度。这些制度相互关联、相互支持，共同构成了建设工程管理制度体系。

（1）项目法人责任制

为了建立投资约束机制，规范建设单位的行为，建设工程应当按照政企分开的原则组建项目法人，实行项目法人责任制，即由项目法人对项目的策划、资金筹措、建设实施、生产经营、债务偿还和资产的保值增值，实行全过程负责的制度。

（2）工程招标投标制

为了在工程建设领域引入竞争机制，择优选定勘察单位、设计单位、施工单位以及材料、设备供应单位，需要实行工程招标投标制。

《招标投标法》对招标范围和规模标准、招标方式和程序、招标投标活动的监督等内容做出了相应的规定。

（3）建设工程监理制

在1988年建设部发布的《关于开展建设监理工作的通知》中明确提出要建立监理制度，《中华人民共和国建筑法》也做了"国家推行建筑工程监理制度"的规定。经过20多年的发展，建设工程监理在理论与实践两方面都取得了一定的成绩。

（4）合同管理制

为了使勘察、设计、施工、材料设备供应单位和工程监理企业依法履行各自的责任和义务，在工程建设中必须实行合同管理制。

合同管理制的实施对建设工程监理企业开展合同管理工作提供了法律支持。

7.4.5　工程项目实施监理的基本程序

建设项目工程监理机构在工程建设过程中必须按照制定的程序进行建设的监理工作，努力实现委托监理合同中确定的工期、质量、投资控制目标，努力做好合同管理、信息管理及沟通协调工作，要求施工单位积极配合支持监理企业的监理工作。能否实现工程项目建设目标，坚持监理程序是关键，建设工程主要包括项目决策阶段、实施阶段、竣工验收阶段、保修阶段和使用阶段。现阶段我国的工程项目监理主要在施工阶段，为此，要求施工项目部做好以下工作。

要求施工单位按施工合同确定日期组织进场，并积极做好施工准备工作，施工单位应将该项目的施工组织管理机构及工程项目负责人（包括姓名、年龄、性别、岗位、职称）以书面形式报送现场项目监理部，由项目监理工程师核准各施工技术管理人员的到位情况。

为了工程施工正常进行，保证业主投资目标的实现，要求施工单位尽快向项目监理部书面报告施工准备情况（包括现场布置、主要材料进场、施工机械准备、管理层及劳务层的人员到位等情况），并将正式施工组织设计报监理工程师审定。

施工单位使用专业分包队伍时，须经总监理工程师对其审核批准。

施工所用的各类建筑材料均须向监理工程师报送样品、材质证明和有关技术资料，经监理工程师同意后方可采用。变更用材等，须事前征得监理工程师同意，否则不予结算，对同意采购的材料，要按要求及时报送进场材料报验单。

各类施工配合比，钢筋焊接及其他新材料、新技术、新工艺的使用，必须事前报送试配、试焊结果及有关技术资料，经监理工程师审核批准后方可使用。

要求施工单位于每道工序及分项工程施工作业前对有关人员进行书面施工技术交底，并于每道工序完成后按程序报验。

对于隐蔽工程，施工单位应在认真自检合格的基础上，提前24小时书面通知监理工程师和项目监理部。与此同时，还应将隐蔽自检资料送监理部审核。

监理工程师对某些质量有疑问而要求施工单位复测时，施工单位应给予积极配合，并对检测仪器的使用提供方便。

施工单位应及时向监理工程师报送分部分项工程质量自检资料和混凝土、砂浆强度报告。

现场出现质量问题后，施工单位应及时报告监理工程师，并严格按照质量事故处理程序和共同商定的方案进行处理，任何质量缺陷均不得私自掩盖或不经监理工程师许可自行处理。

监理工程师对工程质量有否决权，凡由于施工组织不利，现场管理不善，不按规范、规程及工艺标准施工造成的质量事故或质量问题，并由此所引起的工期拖延和资金损失是由承包方承担责任。

施工单位应遵守执行监理工程师的指令，如有异议时，应在三日内提出书面申诉，否则监理工程师可以不承认该部分工作量。

每月完成工作量及工程进度款的申报按合同规定的时间进行，逾期不进行申报的，监理工程师不再受理。

工程全部完工后，施工单位应认真进行自检，认为符合交工条件时可向监理工程师提交验收申请，并经监理工程师复验认可后，转报业主组织正式竣工验收。

工程竣工验收后，施工单位应在一个月内向监理工程师送报完整的竣工结算资料（包括完整的工程竣工技术资料）。

施工单位对施工现场必须做到场清路平、堆放整齐、文明施工。

7.4.6 建设工程监理规范与相关文件

1. 建设工程监理规范

行政主管部门制定颁发的工程建设方面的标准、规范和规程也是建设工程监理的依据。《建设工程监理规范》虽然不属于建设工程法律、法规、规章体系，但对建设工程监理工作有重要的作用。

《建设工程监理规范》（以下简称《监理规范》）分总则、术语、项目监理机构及其设施、监理规划及监理实施细则、施工阶段的监理工作、施工合同管理的其他工作、施工阶段监理资料的管理、设备采购监理与设备监造等八个部分，另附有施工阶段监理工作的基本表式。

2. 监理管理办法

为了提高建设工程质量，建设部于 2002 年 7 月 17 日颁布了《房屋建筑工程施工旁站监理管理办法（试行）》。该规范性文件要求在工程施工阶段的监理工作中实行旁站监理，并明确了旁站监理的工作程序、内容及旁站监理人员的职责。

（1）旁站监理的概念

旁站监理是指监理人员在工程施工阶段监理中，对关键部位、关键工序的施工质量实施全过程现场跟班的监督活动。旁站监理是控制工程施工质量的重要手段之一，也是确认工程质量的重要依据。

（2）旁站监理程序

旁站监理一般按下列程序实施。

1）监理企业制订旁站监理方案，明确旁站监理的范围、内容、程序和旁站监理人员职责，并编入监理规划中。旁站监理方案同时送建设单位、施工企业和工程所在地的建设行政主管部门或其委托的工程质量监督机构各一份。

2）施工企业根据监理企业制订的旁站监理方案，在需要实施旁站监理的关键部位、关键工序进行施工前 24 小时，书面通知监理企业派驻工地的项目监理机构。

3）项目监理机构安排旁站监理人员按照旁站监理方案实施旁站监理。

（3）旁站监理人员的工作内容和职责

1）检查施工企业现场质检人员到岗、特殊工种人员持证上岗以及施工机械、建筑材料准备情况。

2）在现场跟班监督关键部位、关键工序的施工执行方案以及工程建设强制性标准情况。

3）核查进场建筑材料、建筑构配件、设备和商品混凝土的质量检验报告等，并可在现场监督施工企业进行检验或者委托具有资格的第三方进行复验。

4）做好旁站监理记录和监理日记，保存旁站监理原始资料。

如果旁站监理人员或施工企业现场质检人员未在旁站监理记录上签字，则施工企业不能进行下一道工序施工，监理工程师或者总监理工程师也不得在相应文件上签字。旁站监理人员在旁站监理时，如果发现施工企业有违反工程建设强制性标准行为的，有权制止并责令施工企业立即整改；如果发现施工企业的施工活动已经或者可能危及工程质量的，应当及时向监理工程师或者总监理工程师报告，由总监理工程师下达局部暂停施工指令或者采取其他应急措施，制止危害工程质量的行为。

思考及练习题 🔍

1. 什么是建设法规？建设法规的调整对象是什么？
2. 我国建设工程招标范围和规模标准是什么？
3. 施工项目管理的特点有哪些？
4. 旁站监理人员的工作内容和职责是什么？

答案及解析 🔍

教学单元 7

Chapter 08

教学单元 8

建筑工程造价

知识目标

　　了解建筑工程项目的造价构成和建筑工程计量的基本概念，熟悉工程量计算规范，了解建筑工程计价的基本概念、类型及作用，掌握工程结算的基本概念和支付方式、竣工结算的编制，掌握竣工决算的基本概念、竣工决算的编制、竣工结算与竣工决算的区别。

能力目标

　　通过本教学单元的学习，了解营改增之后的造价构成，了解工程量计算规范的应用，能应用工程结算知识处理工程结算问题，能够编制结算文件。

思维导图

建筑安装工程费
设备及工、器具购置费
工程建设其他费
预备费
建设期利息
固定资产投资方向调节税

造价构成

建筑工程造价

建筑工程计价 —— 概念及特点
类型及作用

工程结算的概念
结算方式
工程决算与结算 —— 中间结算
竣工结算
竣工决算

定义及作用
计算依据
计算规范

建筑工程计量

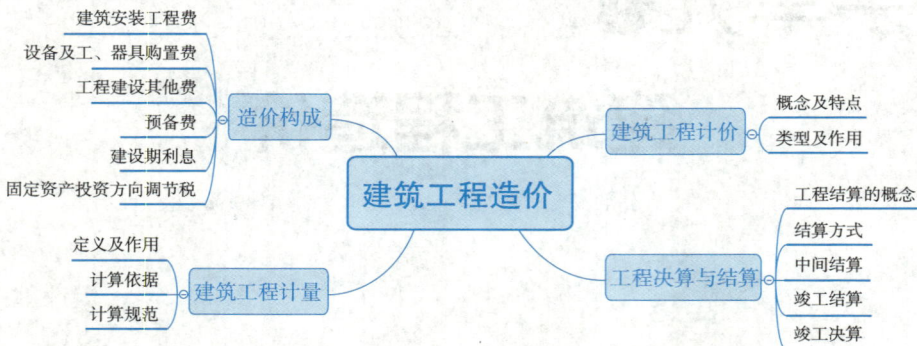

8.1 建筑工程项目的造价构成

　　建设项目总投资包括固定资产投资和流动资产投资两部分。建设项目总投资中的固定资产投资与建设项目的工程造价在量上相等。工程造价基本由设备及工、器具购置费用，建筑安装工程费用，工程建设其他费用，预备费，建设期贷款利息，固定资产投资方向调节税构成。国外各个国家的建设工程造价构成有所不同，具有代表性的是世界银行、国际咨询工程师联合会对建设工程造价构成的规定，工程项目总建设成本包括直接建设成本、间接建设成本、应急费和建设成本上升费等。

8.1.1　建筑安装工程费

　　根据中华人民共和国住房和城乡建设部、中华人民共和国财政部《关于印发〈建筑安装工程费用项目组成〉的通知》（建标〔2013〕44号），建筑安装工程费用项目按费用构成要素组成划分为人工费、材料费、施工机具使用费、企业管理费、利润、规费和税金；为指导工程造价专业人员计算建筑安装工程造价，将建筑安装工程费用按工程造价形成顺序划分为分部分项工程费、措施项目费、其他项目费、规费和税金。

1. 建筑安装工程费用项目组成（按费用构成要素划分）（图8-1）

　　建筑安装工程费按照费用构成要素划分，由人工费、材料（包含工程设备）费、施工机具使用费、企业管理费、利润、规费和税金组成。其中人工费、材料费、施工机具使用费、企业管理费和利润包含在分部分项工程费、措施项目费、其他项目费中。

				1. 分工分项工程费

建
筑
安
装
工
程
费

人工费 —
1. 计时工资或计件工资
2. 奖金
3. 津贴补贴
4. 加班加点工资
5. 特殊情况下支付的工资

材料费 —
1. 材料原料
2. 运杂费
3. 运输损耗费
4. 采购及保管费

施工机具使用费 —
1. 施工机械使用费
(1) 折旧费
(2) 大修理费
(3) 经常修理费
(4) 安装费及场外运费
(5) 人工费
(6) 燃料动力费
(7) 税费

2. 仪器仪表使用费

2. 措施项目费

企业管理费 —
1. 管理人员工资
2. 办公费
3. 差旅交通费
4. 固定资产使用费
5. 工具用具使用费
6. 劳动保险和职工福利费
7. 劳动保护费
8. 检验试验费
9. 工会经费
10. 职工教育经费
11. 财产保险费
12. 财务费
13. 税金
14. 其他

利润

3. 其他项目费

规费 —
1. 社会保险
2. 住房公积金
3. 工程排污费
(1) 养老保险费
(2) 失业保险费
(3) 医疗保险费
(4) 生育保险费
(5) 工伤保险费

税金 — 增值税

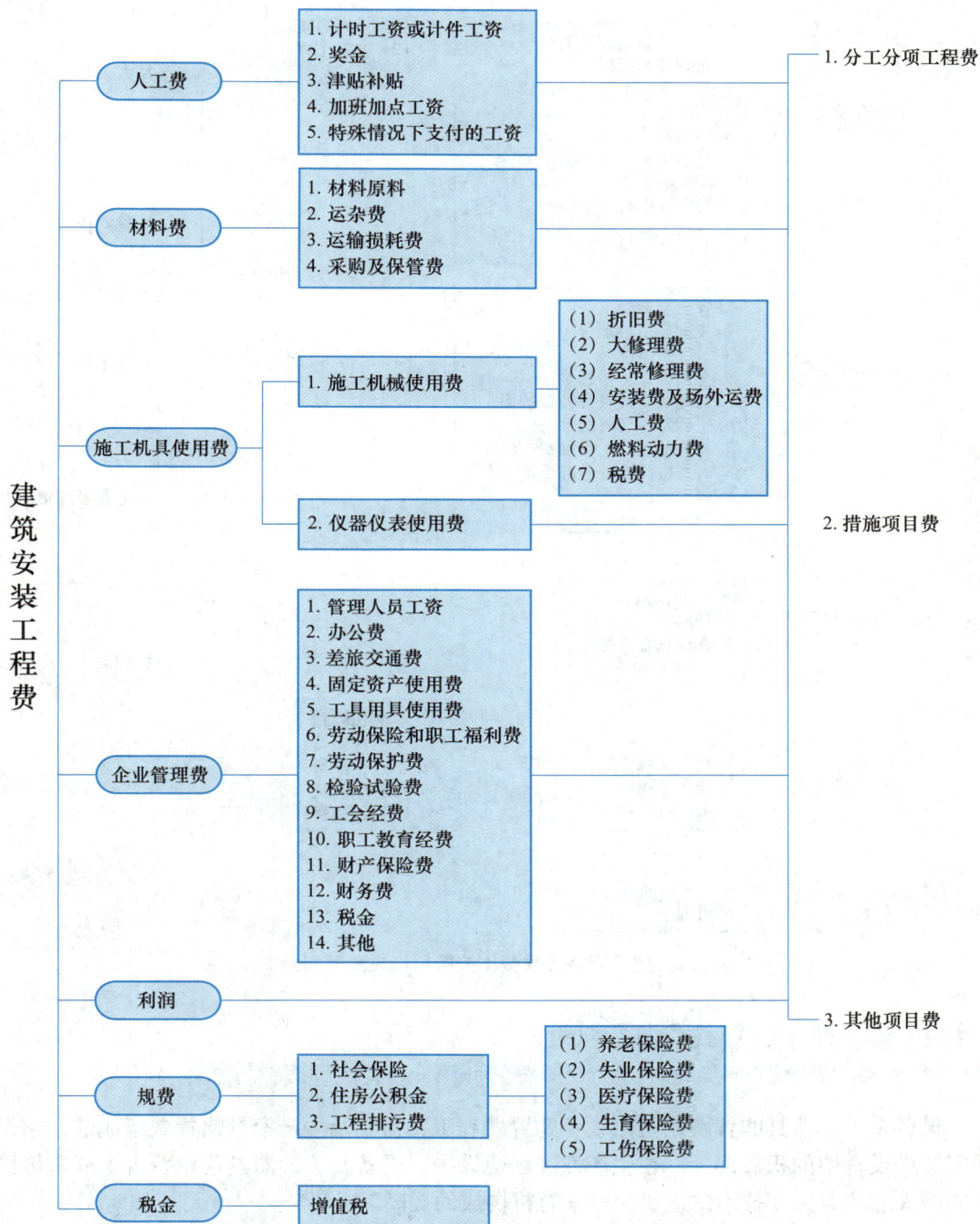

图 8-1　建筑安装工程费（按费用构成要素划分）

2. 建筑安装工程费用项目组成（按造价形成划分）（图 8-2）

　　建筑安装工程费按照工程造价形成划分，由分部分项工程费、措施项目费、其他项目费、规费、税金组成。分部分项工程费、措施项目费、其他项目费包含人工费、材料费、施工机具使用费、企业管理费和利润。

分部分项工程费
1. 房屋建筑与装饰工程 ── (1) 土石方工程
2. 仿古建筑工程 ──── (2) 桩基工程
3. 通用安装工程 ──── ……
4. 市政工程
5. 园林绿化工程
6. 矿山工程
7. 构筑物工程
8. 城市轨道交通工程
9. 爆破工程
……

措施项目费
1. 安全文明施工费
2. 夜间施工增加费
3. 二次搬运费
4. 冬雨期施工增加费
5. 已完成工程及设备保护费
6. 工程定位复测费
7. 特殊地区施工增加费
8. 大型机械设备进出场及安拆费
9. 脚手架工程费
……

其他项目费
1. 暂列金额
2. 计日工
3. 总承包服务费
……

规费
1. 社会保险费 ──── (1) 养老保险费
2. 住房公积金 ──── (2) 失业保险费
3. 工程排污费 ──── (3) 医疗保险费
(4) 生育保险费
(5) 工伤保险费

税金 ──── 增值税

建筑安装工程费

1. 人工费

2. 材料费

3. 施工机具使用费

4. 企业管理费

5. 利润

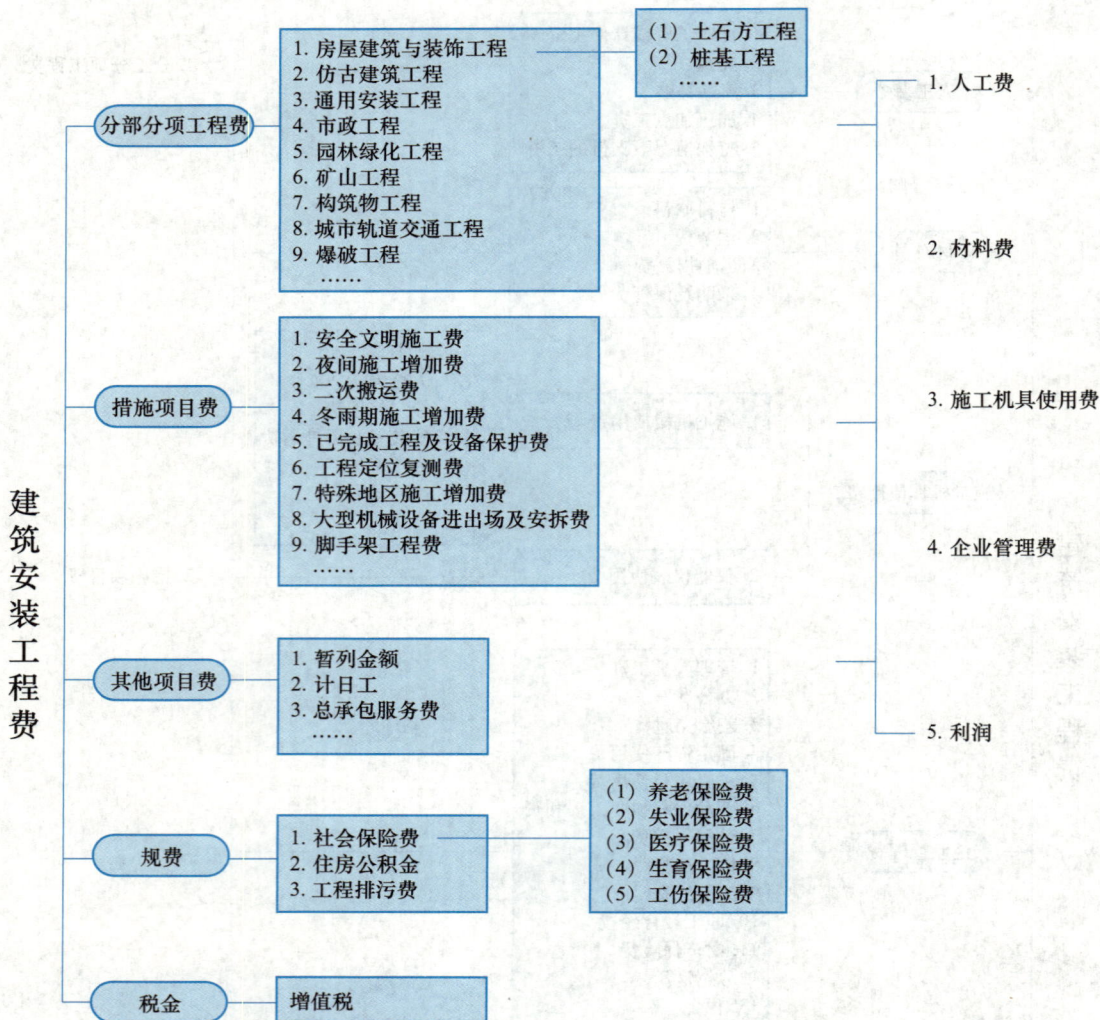

图 8-2　建筑安装工程费（按费用构成要素划分）

8.1.2　设备及工、器具购置费

设备及工、器具购置费用是由设备购置费和工、器具及生产家具购置费组成的，它是固定资产投资中的积极部分。在生产性工程建设中，设备及工、器具购置费占工程造价比例的增大意味着生产技术的进步和资本有机构成的提高。

1. 设备购置费

设备购置费是指达到固定资产标准，为建设项目购置或自制的各种国产或进口设备、工具、器具的购置费用。它由设备原价和设备运杂费构成。

$$设备购置费＝设备原价＋设备运杂费 \tag{8-1}$$

式中，设备原价指国产设备或进口设备的原价；设备运杂费指除设备原价之外的关于设备采购、运输、途中包装及仓库保管等方面支出费用的总和。

（1）设备原价

1）国产设备原价。国产设备原价一般指的是设备制造厂的交货价或订货合同价，它一般根据生产厂或供应商的询价、报价合同价确定，或采用一定方法计算确定。国产设备原价分为国产标准设备原价和国产非标准设备原价。

① 国产标准设备原价，国产标准设备是指按照我国主管部门颁布的标准图纸和技术要求，由我国设备生产厂批量生产的，符合国家质量检测标准的设备。国产标准设备原价有两种，即带有备件的原价和不带有备件的原价。在计算时，一般采用带有备件的原价。

② 国产非标准设备原价。国产非标准设备是指国家尚无定型标准，各设备生产厂不可能在工艺过程中批量生产，只能按一次订货，并根据具体的设计图纸制造的设备。非标准设备原价有多种不同的计算方法，如成本计算估价法、系列设备插入估价法，分部组合估价法、定额估价法等。但无论采用哪种方法都应该使非标准设备原价接近实际出厂价，并且计算方法要简便。

按成本计算估价法，非标准设备的原价可用下面的公式表达：

$$单台非标准设备原价＝\{（材料费＋加工费＋辅助材料费）×（1＋专用工具费率）$$
$$（1＋废品损失费率）＋外购配套件费］×（1＋包装费率）－外购配套件费\}×$$
$$（1＋利润率）＋销项税额＋非标准设备设计费＋外购配套件费 \qquad （8-2）$$

【例 8-1】某工厂采购一台国产非标准设备，制造厂生产该台设备所用材料费 20 万元加工费 2 万元，辅助材料费 4000 元，制造厂为制造该设备，在材料采购过程中发生进项增值税额 3.5 万元。专用工具费率为 1.5%，废品损失费率为 10%，外购配套件费为 5 万元，包装费率为 1%，利润率为 7%，增值税率为 17%，非标准设备设计费为 2 万元，求该国产非标准设备的原价。

【解】专用工具费＝（20＋2＋0.4）×1.5%＝0.336 万元

废品损失费＝（20＋2＋0.4＋0.336）×10%＝2.274 万元

包装费＝（22.4＋0.336＋2.274＋5）×1%＝0.300 万元

利润＝（22.4＋0.336＋2.274＋0.3）×7%＝1.772 万元

销项税额＝（22.4＋0.336＋2.274＋5＋0.3＋1.772）×17%＝5.454 万元

该国产非标准设备的原价＝22.4＋0.336＋2.274＋0.3＋1.772＋5.454＋2＋5
　　　　　　　　　　　＝39.536 万元

2）进口设备原价的构成及计算。

进口设备的原价是指进口设备的抵岸价，即设备抵达买方边境港口或边境车站交完关税等税费后形成的价格。抵岸价的构成与交货方式有关。

① 进口设备的交货方式。

进口设备的方式可分为内陆交货类、目的地交货类、装运港交货类。

内陆交货类即卖方在出口国内陆的某个地点完成交货任务。在交货地点，卖方及时提交合同规定的货物和有关凭证，并承担交货前的一切费用和风险；买方按时接收货物交付货款，承担接货后的一切费用和风险，并自行办理出口手续和装运出口。货物的的有权也在交货后由卖方转移给买方。

目的地交货类即卖方在进口国的港口或内地交货，包括目的港船上交货价、目的港船边交货价（FOB）和目的港码头交货价（关税已付）及完税后交货价（进口国的指定地点）

等几种交货价。它们的特点是：买卖双方承担的责任、费用和风险是以目的地约定交货点为分界线，只有当卖方在交货点将货物置于买方控制下才算交货，才能向买方收取货款。这种交货方式对卖方来说承担的风险较大，在国际贸易中卖方一般不愿采用。

装运港交货类即卖方在出口国装运港完成交货任务。它主要有装运港船上交货价（FOB），习惯称离岸价格；运费在内价（CFR）和运费、保险费在内价（CIF），习惯称到岸价格。它们的特点是：卖方按照约定的时间在装运港交货，只要卖方把合同规定的货物装船后提供货运单据便完成交货任务，可凭单据收回货款。

装运港船上交货价是我国进口设备采用最多的一种货价。采用船上交货价时卖方的责任是：在规定的期限内，负责在合同规定的装运港口将货物装上买方指定的船只并及时通知买方；承担货物装船前的一切费用和风险，负责办理出口手续；提供出口国政府或有关方面签发的证件；负责提供有关装运单据。而此时买方的责任有：负责租船或舱，支付运费，并将船期、船名通知卖方；承担货物装船后的一切费用和风险；负责办理保险及支付保险费，办理在目的港的进口和收货手续；接收卖方提供的有关装运单据，并按合同规定支付货款。

② 进口设备抵岸价的构成及计算。

进口设备采用最多的是装运港船上交货价，其抵岸价的构成可概括为以下几类。

a. 进口设备的货价。一般可采用下列公式计算

$$货价＝离岸价 × 人民币外汇牌价 \tag{8-3}$$

b. 国际运费。我国进口设备大部分采用海洋运输，小部分采用铁路运输，个别采航空运输。进口设备国际运费计算公式为：

$$国际运费＝离岸价 × 运费率 \tag{8-4}$$

$$国际运费＝运量 × 单位运价 \tag{8-5}$$

其中，运费率或单位运价参照有关部门或进出口公司的规定执行。

c. 运输保险费。对外贸易货物运输保险是由保险人（保险公司）与被保险人（出口或进口人）订立保险契约，在被保险人交付议定的保险费后，保险人根据保险契约的规定货物在运输过程中发生的承保责任范围内的损失给予经济上的补偿。其计算公式为：

$$运输保险费＝\frac{离岸价＋国际运费}{1－保险费率} × 保险费率 \tag{8-6}$$

其中，保险费率按保险公司规定的进口货物保险费率计算。

d. 银行财务费：一般是指中国银行手续费。其计算公式为：

$$银行财务费＝离岸价 × 人民币外汇牌价 × 银行财务费率 \tag{8-7}$$

e. 外贸手续费：指按中华人民共和国商务部规定对货物和物品征收的一种税，外贸手续费率一般取 1.5%。计算公式为：

$$外贸手续费＝到岸价 × 人民币外汇牌价 × 外贸手续费率 \tag{8-8}$$

其中

$$到岸价＝离岸价＋国际运费＋运输保险费 \tag{8-9}$$

f. 关税。关税是由海关对进出国境或关境的货物和物品征收的一种税。其计算公式为：

$$关税＝到岸价格 × 人民币外汇牌价 × 进口关税税率 \tag{8-10}$$

到岸价格作为关税的计征基数时，通常又可称为关税完税价格。

g. 增值税。增值税是我国政府对从事进口贸易的单位和个人，在进口商品报关进口

后征收的税种。《中华人民共和国增值税暂行条例》规定，进口应税产品均按组成计税价格和增值税税率直接计算应纳税额。即：

$$进口产品增值税额＝组成计税价格 × 增值税税率 \tag{8-11}$$
$$组成计税价格＝到岸价 × 人民币外汇牌价＋关税＋消费税 \tag{8-12}$$

h. 消费税。对部分进口设备（如轿车、摩托车等）征收消费税，一般计算公式为：

$$消费税＝\frac{到岸价 × 人民币外汇牌价＋关税}{1－消费税税率} × 消费税税率 \tag{8-13}$$

其中，消费税税率根据规定的税率计算。

i. 车辆购置税。进口车辆需缴纳进口车辆购置税，其计算公式如下

$$进口车辆购置税＝（关税完税价格＋关税＋消费税＋增值税）× 进口车辆税税率 \tag{8-14}$$

（2）设备运杂费

设备运杂费通常由下列各项构成：

1）运费和装卸费。其指对国产设备由设备制造厂交货地点起至工地仓库（或施工组织设计指定的需要安装设备的堆放地点）止所发生的运费和装卸费；对进口设备则指由我国到岸港口或边境车站起至工地仓库（或施工组织设计指定的需安装设备的堆放地点）止所发生的运费和装卸费。

2）包装费。在设备原价中没有包含的，为运输而进行的包装支出的各种费用。

3）设备供销部门的手续费。按有关部门规定的统一费率计算。

4）采购与仓库保管费。指采购、验收、保管和收发设备所发生的各种费用，包括设备。采购人员、保管人员和管理人员的工资工资附加费、办公费、差旅交通费，设备供应部门。办公和仓库所占固定资产使用费工具用具使用费、劳动保护费、检验试验费等。这些费用可按主管部门规定的采购与保管费费率计算。

【例8-2】从某国进口设备，质量为1000t，装运港船上交货价为400万美元，工程建设项目位于国内某省会城市。如果国际运费标准为300美元/t，海上运输保险费率为3‰，银行财务费率为5‰，外贸手续费率为1.5%，关税税率为22%，增值税税率为17%，消费税税率10%，当时银行外汇牌价为1美元＝6.8元人民币，对该设备的原价进行估算。

【解】进口设备 FOB ＝ 400×6.8 ＝ 2720 万元

国际运费 ＝ 300×1000×6.8 ＝ 204 万元

$$海上运输保险费＝\frac{2720＋204}{1－0.3‰}×0.3‰ ＝ 8.80 万元$$

CIF ＝ 2720 ＋ 204 ＋ 8.80 ＝ 2932.8 万元

银行财务费 ＝ 2720×5‰ ＝ 13.6 万元

外贸手续费 ＝ 2932.8×1.5% ＝ 43.99 万元

关税 ＝ 2932.8×22% ＝ 645.22 万元

$$消费税＝\frac{2932.8＋645.22}{1－10%}×10% ＝ 397.56 万元$$

增值税 ＝（2932.8＋645.22＋397.56）×17% ＝ 675.85 万元

进口从属费 ＝ 13.6＋43.99＋645.22＋397.56＋675.85 ＝ 1776.22 万元

进口设备原价 ＝ 2932.8＋1776.22 ＝ 4709.02 万元

2. 工、器具及生产家具购置费

工、器具及生产家具购置费，是指新建或扩建项目初步设计规定的，保证初期正常生产必需的不够固定资产标准的设备、仪器、工卡模具、器具、生产家具和备品备件等的购置费用。其一般计算公式为：

$$工、器具及生产家具购置费＝设备购置费 \times 定额费率 \qquad （8\text{-}15）$$

8.1.3 工程建设其他费

工程建设其他费用是指应在建设项目的建设投资中开支的，为保证工程建设顺利成和交付使用后能够正常发挥效用而发生的固定资产其他费用、无形资产费用和其他生产费用。

1. 固定资产其他费用

固定资产其他费用是固定资产费用的一部分。其具体包括：

（1）建设单位管理费

建设单位管理费是指建设项目立项、筹建、建设、联合试运转、竣工验收、交付使用后评估等全过程管理所需费用。其内容包括建设单位开办费建设单位经费等。

（2）建设用地费

任何一个建设项目都固定于一定地点与地面相连接，必须占用一定量的土地，也必然要发生为获得建设用地而支付的费用，这就是建设用地费。它是指通过划拨方式得土地使用权而支付的土地征用及迁移补偿费，或者通过土地使用权出让方式取得土地使用权而支付的土地使用权出让金。

1）土地征用及迁移补偿费。

土地征用及迁移补偿费，是指建设项目通过划拨方式取得无限期的土地使用权，按照《中华人民共和国土地管理法》等规定所支付的费用。其总和一般不得超过被征土地年产值的30倍，土地年产值则按该地被征用前三年的平均产量和国家规定的价格计算。其内容包括：土地补偿费，青苗补偿费和被征用土地上的房屋、水井、树木等附着物补偿费，安置补助费，缴纳的耕地占用税或城镇土地使用税，土地登记费及征地管理费，征地动迁费，水利水电工程水库淹没处理补偿费等。

2）土地使用权出让金。

土地使用权出让金是指建设项目通过土地使用权出让方式，取得有限期的土地使用权，按照《中华人民共和国城镇国有土地使用权出让和转让暂行条例》的规定而支付的相关费用。

（3）可行性研究费

可行性研究费是指在建设项目前期工作中，编制和评估项目建议书、可行性研究报告所需的费用。

（4）研究试验费

研究试验费是指为建设项目提供和验证设计参数、数据、资料等所进行的必要的试验所需的费用，以及设计规定在施工中必须进行试验验证所需的费用。其包括自行或委托其他部门研究试验所需的人工费、材料费、设备及仪器使用费等。

（5）勘察设计费

勘察设计费是指委托勘察设计单位进行工程水文地质勘察、工程设计所发生的各项费用。其包括工程勘察费、初步设计费、施工图设计费、设计模型制作费。

（6）环境影响评价费

环境影响评价费是指按照《中华人民共和国环境保护法》和《中华人民共和国环境影响评价法》等规定，为全面、详细评价建设项目对环境可能产生的污染或造成的重大影响所需的费用。其包括编制环境影响报告书、环境影响报告表以及对环境影响报告书、环境影响报告表进行评估等所需的费用。

（7）劳动安全卫生评价费

劳动安全卫生评价费是指按照中华人民共和国人力资源和社会保障部［建设项目（工程）劳动安全卫生监察规定］和［建设项目（工程）劳动安全卫生预评价管理办法］的规定，为预测和分析建设项目存在的职业危险、危害因素的种类和危险危害程度，并提出先进、科学、合理、可行的劳动安全卫生技术和管理对策所需的费用。其包括编制建设项目劳动安全卫生预评价大纲和劳动安全卫生预评价报告书以及为编制上述文件所进行的工程分析和环境现状调查等所需费用。

（8）场地准备及临时设施费

建设项目场地准备费是指建设项目为达到工程开工条件所进行的场地平整和对建设场地余留的有碍施工建设的设施进行拆除、清理所需的费用建设单位临时设施费是指为满足施工建设需要而供到场界区的、未列入工程费用临时水、电、路、气、通信等其他工程费用和建设单位的现场临时建（构）筑物的搭设、维修、拆除、摊销或建设期间租赁费用，以及施工期间专用公路或桥梁的加固、养护、维修需费用。

（9）引进技术和进口设备其他费用

引进技术和进口设备其他费用，包括出国人员费用、国外工程技术人员来华费用、技术引进费、分期或延期付款利息、担保费以及进口设备检验鉴定费。

（10）工程保险费

工程保险费是指建设项目在建设期间根据需要实施工程保险所需的费用。其中包括以各种建筑工程及其在施工过程中的物料、机器设备为保险标的的建筑工程一切险，以安装工程中的各种机器、机械设备为保险标的的安装工程一切险，以及机器损坏保险等。

（11）联合试运转费

联合试运转费是指新建企业或新增加生产能力的过程，在交付生产前按照设计文件规定的工程质量标准和技术要求，进行整个生产线或装置的负荷联合试运转或局部联合试车而发生的费用净支出（试运转支出大于收入的差额部分）。其内容包括：试运转所需的原料、燃料、油料和动力的费用，机械使用费，低值易耗品及其他物品的购置费用和施工单位参加联合试运转人员的工资等。

（12）特殊设备安全监督检验费

特殊设备安全监督检验费是指在施工现场组装的锅炉及压力容器、压力管道、消防设备、燃气设备、电梯等特殊设备和设施，由安全监察部门按照有关安全监察条例和实施细则以及设计技术要求进行安全检验，应由建设项目支付的、向安全监察部门缴纳的费用。

（13）市政公用设施费

市政公用设施费是指使用市政公用设施的建设项目，按照项目所在地省一级人民政府有关规定建设或缴纳的市政公用设施配套费用，以及绿化工程补偿费用。

2. 无形资产费用

无形资产费用是指直接形成无形资产的建设投资，主要是指专利及专有技术使用费。

3. 其他资产费用

其他资产费用指建设投资中除形成固定资产和无形资产以外的部分，主要包括生产准备及开办费等。生产准备及开办费是指建设项目为保证正常生产（或营业、使用）而发生的人员培训费、提前进场费以及投产使用必备的生产、办公、生活家具用具及工、器具等购置费用。

8.1.4 预备费

按我国现行规定，预备费包括基本预备费和涨价预备费。

1. 基本预备费

基本预备费是指在初步设计及概算内难以预料的工程费用，它以设备及工、器具购置费，建筑安装工程费用和工程建设其他费用三者之和为计取基础，乘以基本预备费费率进行计算。其计算公式为：

$$基本预备费 = （设备及工、器具购置费 + 建筑安装工程费用$$
$$+ 工程建设其他费用）× 基本预备费费率 \qquad （8-16）$$

基本预备费费率的取值应执行国家及部门的有关规定。

2. 涨价预备费

涨价预备费是指建设项目在建设期间由于价格等变化引起工程造价变化的预测预留费用。涨价预备费的测算方法，一般根据国家规定的投资综合价格指数，按估算年份价格水平的投资额为基数，采用复利方法计算。其计算公式为：

$$PF = \sum_{t=0}^{n} I_t \left[（1+f）^m （1+f）^{0.5} （1+f）^{t-1} - 1 \right] \qquad （8-17）$$

式中　PF——涨价预备费；

　　　n——建设期年份数；

　　　I_t——建设期中第 t 年的投资计划额，包括设备及工、器具购置费，建筑安装工程费用，工程建设其他费用及基本预备费；

　　　f——年均投资价格上涨率；

　　　m——建设前期年限。

【例 8-3】某建设项目建筑安装工程费为 5000 万元，设备购置费为 3000 万元，工程建设其他费用为 2000 万元，已知基本预备费费率为 5%，项目建设前期年限为 1 年，建设期为 3 年，各年投资计划额为：第一年完成投资的 20%，第二年完成投资的 60%，第三年完成投资的 20%。年均投资价格上涨率为 6%，求建设项目建设期间涨价预备费。

【解】基本预备费 = （5000 + 3000 + 2000）× 5% = 500 万元

静态投资 = 5000 + 3000 + 2000 + 500 = 10500 万元

建设期第一年完成投资 = 1050020% = 2100 万元

第一年涨价预备费

$PF_1 = I_1 \left[(1 + f)(1 + f)^{0.5} - 1 \right] = 191.8$ 万元

第二年完成投资 $= 10500 \times 60\% = 6300$ 万元

第二年涨价预备费：

$PF_2 = I_2 \left[(1 + f)(1 + f)^{0.5}(1 + f) - 1 \right] = 987.9$ 万元

第三年完成投资 $= 10500 \times 20\% = 2100$ 万元

第三年涨价预备费

$PF_3 = I_3 \left[(1 + f)(1 + f)^{0.5}(1 + f)^2 - 1 \right] = 475.1$ 万元

8.1.5　建设期贷款利息

建设期贷款利息包括向国内银行和其他非银行金融机构贷款、出口信贷、外国政府贷款、国际商业银行贷款以及在境内外发行的债券等在建设期内应偿还的借款利息当总贷款是分年均衡发放时，建设期利息的计算可按当年借款在年中支用考虑，即当年贷款按半年计息，上年贷款按全年计息。其计算公式为

$$q_j = \left(P_{j-1} + \frac{1}{2} A_j \right) i \tag{8-18}$$

式中　q_j——建设期第 j 年应计利息；

　　　P_{j-1}——建设期第 $(j-1)$ 年末贷款累计金额与利息累计金额之和；

　　　A_j——建设期第 j 年贷款金额；

　　　i——年利率。

【例 8-4】某新建项目，建设期为 3 年，分年均衡进行贷款，第一年贷款 30 万元年贷款 600 万元，第三年贷款 400 万元，年利率为 12%，建设期内利息只计息不支付。试计算建设期利息。

【解】在建设期内，各年利息计算如下：

$q_1 = \frac{1}{2} A_1 i = \frac{1}{2} \times 300 \times 12\% = 18$ 万元

$q_2 = \left(P_1 + \frac{1}{2} A_2 \right) i = \left(300 + 18 + \frac{1}{2} \times 600 \right) \times 12\% = 74.16$ 万元

$q_3 = \left(P_2 + \frac{1}{2} A_3 \right) i = \left(318 + 600 + 74.16 + \frac{1}{2} \times 400 \right) \times 12\% = 143.06$ 万元

所以，建设期利息 $= q_1 + q_2 + q_3 = 18 + 74.16 + 143.06 = 235.22$ 万元

8.1.6　固定资产投资方向调节税

为贯彻国家产业政策，控制投资规模，引导投资方向，调整投资结构，加强重点建设促进国民经济持续、稳定、协调发展，对在我国境内进行固定资产投资的单位和个人开征或暂缓征收固定资产投资方向调节税。

固定资产投资方向调节税根据国家产业政策和项目经济规模实行差别税率，税率分为 0、5%、10%、15%、30% 五个档次。差别税率按两大类设计，一是基本建设项目投资，二是更新改造项目投资。对前者设计了四档税率，即 0、5%、15%、30%；对后者设计了

两档税率，即 0、10%。

1. 基本建设项目投资适用的税率

（1）对国家急需发展的项目投资，如农业、林业、水利、能源、交通、通信、原材料、科教、地质、勘探、矿山开采等基础产业和薄弱环节的部分项目投资，适用零税率。

（2）对国家鼓励发展但受能源、交通等制约的项目投资，如钢铁、化工、石油、水泥等部分重要原材料项目，以及一些重要机械、电子、轻工业和新型建材的项目投资，实行 5% 的税率。

（3）为配合住房制度改革，对城乡个人修建、购买住宅的投资实行零税率；对单位修建、购买一般性住宅的投资，实行 5% 的低税率；对单位用公款修建、购买高标准独门独院、别墅式住宅的投资，实行 30% 的高税率。

（4）对楼堂馆所以及国家严格限制发展的项目投资，课以重税，税率为 30%。

（5）对不属于上述四类的其他项目投资，实行中等税负政策，税率为 15%。

2. 更新改投资项目适用的税率

（1）为了鼓励企事业单位进行设备更新和技术改造，促进技术进步，对国家急需发展的项目投资，予以扶持，适用零税率；对单纯工艺改造和设备更新的项目投资，适用零税率。

（2）对不属于上述内容的其他更新改造项目投资，一律适用 10% 的税率。

3. 注意事项

为贯彻国家宏观调控政策，扩大内需，鼓励投资，根据国务院的决定，对《中华人民共和国固定资产投资方向调节税暂行条例》规定的纳税义务人，其固定资产投资应税项目自 2000 年 1 月 1 日起新发生的投资额，暂停征收固定资产投资方向调节税。但该税种并未取消。

8.2　建筑工程计量概述

建筑工程计量是项目部统计工作的重要内容，例如，某段时间一定范围内所完成的实物工程量指标就是以工程量的计算为基准的。工程量的计算是一项比较复杂而细致的工作，其工作量在整个计价所占比重较大，任何粗心大意都会造成计算上的错误，致使工程造价偏离实际，造成资源或建筑材料的浪费与积压，因此，正确计算工程量，对建设单位、施工企业和工程项目管理部门正确确定建筑工程造价都有重要的现实意义。

8.2.1　工程量含义及作用

1. 工程量的含义

工程量是指以物理计量单位或自然单位所表示的各个具体工程分项和结构配件的数量。物理计量单位是以物体的某种物理属性为计量单位，均以国家标准计量单位表示工程数量。以长度（米）、面积（平方米）、体积（立方米）、重量（吨）等或它们的倍数为单位。自然计量单位是指以物体本身的自然属性为计量单位表示完成工程的数量个（或只）、台、座、套、组等或它们的倍数作为计量单位，例如柜台、衣柜以台为单位。

工程量是编制工程造价最重要的基础性数据，工程量计算准确与否将直接影响工程造价的准确性。为快速准确地计算工程量，计算时应遵循以下原则：

（1）计算工程量的项目与相应的定额项目在工作内容、计量单位、计算方法、计算原则上要一致；

（2）工程量计算精度应统一；

（3）要避免漏算、错算和重复计算；

（4）尺寸取定应准确。

2. 工程量的作用

（1）工程量是确定建筑安装工程造价的重要依据。只有准确计算工程量，才能正确计算工程相关费用，合理确定工程造价。

（2）工程量是承包方生产经营管理的重要依据。工程量是编制项目管理规划，安排工程施工进度，编制材料供应计划，进行工料分析，编制人工、材料、机械台班需要量，进行工程统计和经济核算的重要依据。也是编制工程形象进度统计报表，向工程建设发包方结算工程价款的重要依据。

（3）工程量发包方管理工程建设的重要依据。工程量是编制建设计划、筹集资金、工程招标文件、工程量清单、建筑工程预算、安排工程价款的拨付和结算、进行投资控制的重要依据。

8.2.2　工程量计算的依据与计算规范

1. 计算依据

工程量是根据施工图及相关说明，按照一定的工程量计算规则逐项进行计算并汇总得到的。主要依据有：

（1）审定的施工图纸及其说明。施工图是计算工程量的基础资料，因为施工图反映了建筑工程的各部位构件、做法及其相关尺寸，所以它是计算工程量获取数据的基本依据。在取得施工图和设计说明等资料后，必须全面、细致地熟悉与核对有关图纸和资料，检查图纸是否齐全、正确。如果发现设计图纸有错漏或相互间有矛盾，应及时向设计人员提出修正意见，及时更正。经审核修正后的施工图才能作为计算工程量的依据。

（2）工程施工合同、招标文件的商务条款。

（3）经审定的施工组织设计与施工方案。施工组织设计（或施工方案）是确定施工方法和主要施工技术措施等内容的基本技术文件。如计算挖基础土方，施工方法是采用人工开挖，还是采用机械开挖，基坑周围是否需要放坡、预留工作面或支撑防护等，应以施工方案为计算依据。

（4）工程量计算规则。工程量计算规则是规定在计算工程实物数量时，从设计文件和图纸中摘取数值的取定原则。

（5）经审定的其他有关技术经济文件。

2. 计算规范

工程量计算规范是工程量计算的主要依据之一，按照现行规定，对于建设工程量清单计价的，其工程量计算应执行《房屋建筑与装饰工程工程量计算规范》GB 50854、《仿古建筑工程工程量计算规范》GB 50855、《通用安装工程工程量计算规范》GB 50856、《市政工程工程量计算规范》GB 50857、《园林绿化工程工程量计算规范》GB 50858、《矿山工程工程量计算规范》GB 50859、《构筑物工程工程量计算规范》GB 50860、《城市轨道交通工程工程量计算规范》GB 50861、《爆破工程工程量计算规范》GB 50862（以下简称《工程量计算规范》）。

《工程量计算规范》包括正文、附录和条文说明三分，正文部分共四章，包括总则、术语、工程计量和工程量清单编制。附录包括分部分项工程项目（实体项目）和措施项目（非实体项目）的项目设置与工程量计算规则。

《工程量计算规范》是正确计算工程量编制工程量清单的依据，工程量清单是载明建设工程分部分项工程项目、措施项目和其他项目的名称和相应数量以及规范和税金项目等内容的明细清单。

（1）分部分项工程项目内容

"分部分项工程"是"分部工程"和"分项工程"的总称。"分部工程"是单位工程的组成部分，系按结构部位、路段长度及施工特点或施工任务将单位工程划分为若干分部的工程，例如，房屋建筑与装饰工分为土石方工程、桩基工程，砌筑工程、混凝土及钢筋混凝土工程、楼地面装饰工程、天棚工程等分部工程。"分项工程"是分部工程的组成部分，系按不同施工方法、材料、工序及路段长度等分部工程划分为若干个分项或项目工程。例如，现浇混凝土基础分为带形基础、独立基础、满堂基础、桩承台基础、设备基础等分项工程。

《工程量计算规范》附录中分部分项工程项目的内容包括项目编码、项目名称、项目特征、计量单位、工程量计算规则和工作内容六项内容。在清单计价中分部分项工程量清单应根据《工程量计算规范》附录规定的项目编码、项目名称、项目特征、计量单位和工程量计算规则进行编制。

1）项目编码

项目编码是指分部分项工程和措施项目工程量清单项目名称的阿拉伯数字标识的顺序码。工程量清单项目编码，应采用十二位阿拉伯数字表示，一至九位为统一编码，其中，一、二位为工程分类顺序码（计价规范称附录顺序码），三、四位为专业工程顺序码，五、六位为分部工程顺序码，七、八、九位为分项工程项目名称顺序码。十至十二位（或十一位）为清单项目名称顺序码。同一个分项工程由于特征不同，需要分别列项，顺序码由编制人自 001 开始编制，当同一标段（或合同段）的一份工程量清单中含有多个单位工程且工程量清单是以单位工程为编制对象时，在编制工程量清单时应特别注意对项目编码十至十二位的设置不得有重码。

2）项目名称

分部分项工程项目名称的设置或划分一般以形成工程实体为原则进行命名，所道实体是指形成生产或工艺作用的主要实体部分，对附属或次要部分均一般不设置项目。对于某些不形成程实体的项目如"挖基础土方"，考虑土石方工程的重要性及对程造价有较大影响，仍列入清单项目。分部分项工程量清单的项目名称应按《工程量计算规范》中附录的项目名称结合拟建工程的实际确定。

3）项目特征

项目特征是表征构成分部分项工程项目、措施项目自身价值的本质特征，是对体现分部分项工程量清单、措施项目清单单价值的特有属性和本质特征的描述。从本质上讲，项目特征体现的是对分部分项工程的质量要求，是确定一个清单项目综合单价不可缺少的重要依据，在编制工程量清单时，必须对项目特征进行准确和全面的描述。工程量清单项目特征描述的重要意义在于：项目特征是区分具体清单项目的依据；项目特征是确定综合单价的前提；项目特征是履行合同义务的基础，如在施工中，施工图纸中特征与标价的工程量清单中分部分项工程项目特征不一致或发生改变，即可按合同约定调整该分部分项工程的综合单价。

分部分项工程清单项目特征应按《工程量计算规范》附录中规定的项目特征，结合拟建工程项目的实际、结合技术规范、标准图集、施工图纸，按照工程结构、使用材质及规格或安装位置等，予以详细而准确的表述和说明。如 010502003 异形柱，需要描述的项目特征有：柱形状、混凝土类别、混凝土强度等级，其中混凝土类别可以是清水混凝土、彩色混凝土等，或预拌（商品）混凝土、现场搅拌混凝土等。

为达到规范、简洁、准确、全面描述项目特征的要求，在描述工程量清单项目特征时应按以下原则进行。

第一，项目特征描述的内容应按《工程量计算规范》附录中的规定，结合拟建工程的实际，能满足综合单价的需要。

第二，若采用标准图纸能够全部或部分满足项目特征描述的要求，项目特征描述可直接采用详见 ×× 图集或 ×× 图号的方式。对不能满足项目特征描述要求的部分，仍应用文字描述。

在对分部分项工程特征描述时还应注意以下几点：

第一，必须描述的内容：

① 涉及正确计量的内容必须描述。如 010801001 木质门，当以"樘"为单位计量时，项目特征需要描述门洞口尺寸；当以"m²"为单位计量时，则门洞口尺寸描述的意义不大，可不描述。

② 涉及结构要求的内容必须描述。如混凝土构件的混凝土强度等级，是使用 C20 还是 C30 或 C40 等，因构件混凝土强度等级不同，其综合单价也不同，强度等级也是混凝土构件质量要求，所以必须描述。

③ 涉及材质要求的内容必须描述。如油漆的品种，是调和漆，还是硝基清漆等；管材的材质，是碳钢管，还是塑钢管、不锈钢管等；混凝土构件混凝土的种类，是清水混凝土还是彩色混凝土，是预拌（商品）混凝土还是现场搅拌混凝土。

④ 涉及安装方式的内容必须描述：如管道工程中的钢管的连接方式是螺纹连接还是焊接；塑料管是粘接还是热熔连接等就必须描述。

第二，可不描述或可不详细描述的内容：

① 对计量计价没有实质影响的内容可以不描述，如对现浇混凝土柱的高度、断面大小等的特征可以不描述，因为混凝土构件是按"m³"计量，对此的描述实质意义不大。

② 应由投标人根据施工方案确定的可以不描述。如对石方的预裂爆破的单孔深度及

装药量的特征，如清单编制人来描述是困难的，由投标人根据施工要求，在施工方案中确定，自主报价比较恰当。

③ 应由投标人根据当地材料和施工要求确定的可以不描述。如对混凝土构件中的混凝土拌和料使用的石子种类及粒径、砂的种类及特征可以不描述。因为混凝土拌和料使用石还是碎石，使用粗砂还是中砂、细砂或特细砂，除构件本身特殊要求需要指定外，主要取决于工程所在地砂、石子材料的供应情况。至于石子的粒径大小主要取决于钢筋配筋的密度。

④ 应由施工措施解决的可以不描述。如对现浇混凝土板、梁的标高的特征可以不描述。因为同样的板或梁，都可以将其归并在同一个清单项目中，但由于标高的不同，将会导致因楼层的变化对同一项目提出多个清单项目，不同的楼层工效不一样，但这样的差异以由投标人在价中考虑，或在施工措施中去解决。

⑤ 对采用标准图集或施工图纸能够全部或部分满足项目特征描述要求的，项目特征描述可直接采用详见 ×× 图集或 ×× 图号的方式。

⑥ 对注明由投标人根据施工现场实际自行考决定报价的，项目特征可不描述，如石工程中弃渣运距。

4）计量单位

分部分项工程量清单的计量单位应按《工程量计算规范》附录中规定的计量单位确定。规范中的计量单位均为基本单位：与定额中所采用基本单位扩大一定的倍数不同。如质量以"t"或"kg"为单位，长度以"m"为单位，体积以质量"m³"为单位，自然计量的以"个、件、根、组、系统"为单位。

《工程量计算规范》附录中有两个或两个以上计量单位的，应结合拟建工程项目的实际情况，选择其中一个确定，在同一个建设项目（或标段、合同段）中，有多个单位工程的相同项目计量单位必须保持一致。如 010506001 直形楼梯其工程量计量单位可以"m³"也可以是"m²"，由于工程量计算手段的进步，对于混凝土楼梯其体积也是很容易计算的，在《工程量计算规范》中增加了以"m³"为单位计算，可以根据实际情况进行选择，但一旦选定必须保持一致。

不同的计量单位汇总后的有效位数也不相同，根据《工程量计算规范》规定，工程计量时每一项目汇总的有效位数应遵守下列规定：

第一，以"t"为单位，应保留小数点后三位数字，第四位小数四舍五入。

第二，以"m"、"m²"、"m³"、"kg"为单位，应保留小数点后两位数字，第三位小数四舍五入。

第三，以"个"、"件"、"根"、"组"、"系统"为单位，应取整数。

5）工程量计算规则

《工程量计算规范》统一规定了分部分项工程项目的工程量计算规则。原则按施工图图示尺寸（数量）计算工程实体工程数量的净值。这与国际通行做法是一致的，不同于预算定额工程量计算，而预算定额的工程量则要考虑一定的施工方法、施工实际情况进行确定。

6）工作内容

工作内容是指为了完成分部分项工程项目或措施项目所需要发生的具体施工作业内

容。《工程量计算规范》附录中给出的是一个清单项目所可能发生的工作内容，在确定综合单价时需要根据清单项目特征中的要求，或根据工程具体情况，或根据常规施工方案，从中选择其具体的施工作业内容。

工作内容不同于项目特征，在清单编制时不需要描述，项目特征体现的是清单项目质量或特性的要求或标准，工作内容体现的是完成一个合格的清单项目需要具体做的施工作业，对于一项明确了分部分项工程项目或措施项目，工作内容确定了其工程成本。

如 01040100 砖基础，其特征为：① 品种，规格、强度等级；② 基础类型；③ 防潮层材料种类。工作内容为：① 砂浆制作、运输；② 砌砖；③ 防潮层铺设；④ 材料运输。通过对比可以看出，如"砂浆强度等级"是对砂浆质量标准的要求，属于项目特征；"砂浆制作、运输"是砌筑过程中的工艺和方法，体现的是如何做，属于工作内容。

"措施项目"是相对于工程实体的分部分项工程项目而言，对实际施工中必须发生的施工准备和施工过程中技术、生活、安全、环境保护等方面的非工程实体项目的总称。例如：安全文明施工、模板工程、脚手架工程等。

《工程量计算规范》附录中列出了两种类型的措施项目，一类措施项目中列出了项目编码、项目名称、项目特征、计量单位、工程量计算规则的项目，编制工程量清单时，与分部分项工程项目的相关规则一致；另一类措施项可措施项目列出了项目编码、项目名称，未列出项目特征、计量单位、工程量计算规则的项目，编制工程量清单时，应按规范中措施项目规定的项目编码、项目名称确定。措施项目应根据拟建工程的实际情况列项，若出现《工程量计算规范》中未列出的项目，可根据工程实际情况补充。

（2）工程量清单项目补充方法

随着工程建设中新材料、新技术、新工艺等的不断涌现，《工程量计算规范》附录所列工程量清单项目不可能包含所有项目。在编制工程量清单时，当出现规范附录中未包括的清单项目时，编制人应作补充，并报省级或行业工程造价管理机构备案，省级或行业工程造价管理机构应汇总住房和城乡建设部标准定额研究所。

工程量清单项目的补充涵盖项目编码、项目名称、项目描述、计量单位、工程计算规则以及包含的工作内容，按《工程量计算规范》附录中相同的列表方式表述。补充项目的编码由专业工程代码（工程量计算规范代码）与 B 和三位阿拉伯数字组成，并应从 XXB001 起顺序编制，同一招标工程的项目不得重码。

（3）与定额工程量计算的区别与联系

《工程量计算规范》是以现行的全国统程预算定额为基础，特别是项目划分、计量单位、工程量计算规则等方面，尽可能多地与定额衔接，但工程量清单中的工程量主要是针对建筑产品而言的（也包括一部分措施项目），这一点与预算定额工程量有所不同。

1）在项目设置上区分实体项目与非实体项目，又有一定灵活性

实体项目即分部分项工程项目，是以工程实体来命名的，是拟完成或已完成的中间产品；非实体项且主要是措施项目。在项目的设置上也体现了一定的灵活性，如对现浇混凝土工程项目的"工作内容"中包括模板工程的内容，同时又在措施项目中单列了现浇混凝土模板工程项目。对此，可由招标人根据工程实际情况选用，若招标人在措施项目清单中未编列现浇混凝土模板项目清单，即表示现浇混凝土模板项目不单列，现浇混凝土工程项目的综合单价中应包括模板工程费用（措施项目费用含在实体项目中）。

2）专业划分更加精细，适用范围扩大，可操作性强

现行工程量计算规范中将建筑、装饰专业进行合并为一个专业建筑与装饰，将仿古从园林专业中分开，拆解为一个新专业，同时新增了构筑物、城市轨道交通、爆破工程三个专业，扩充为九个专业，增加了对清单项目的工程量计算规则、使用范围、项目特征描述原则（哪些必须描述、哪些可以不描述）与方法的说明，增强了规范的可操作性。

3）综合的工作内容不同

一个清单项目与一个定额项目所包含的工作内容不尽相同，《工程量计算规范》中的计算规则是根据主体工程项目设置的，其内容涵盖了主体工程项目及主体项目以外的完成该综合实体（清单项目）的其他工程项目的全部工程内容。一般来说，清单项目综合的作内容要多于定额项目综合的工作内容。如根据《房屋建筑与装饰工程工程量计算规范》GB50854，010101004挖基础土方的工作内容综合了地表排水、土方开挖、围护（挡土板）支拆、基底钎探、运输等内容，而在预算定额中则将上述的工作内容都作为单独的定额子目处理。

4）计算口径的调整

分部分项工程量的计算规则是按施工图纸的净量计算，不考虑施工方法和加工余量；预算定额项目计算则是考虑了不同施工方法和加工余量的实际数量，即预算定额项目计量考虑了一定的施工方法、施工工艺和现场实际情况。

如土方工程中的010101004挖基础土方，按《房屋建筑与装饰工程工程量计算规范》CB50854规定，其工程量按图示尺寸以垫层底面积乘以挖土深度计算，按规范规定应是净量（当然规范中也同时说明了，在编制工程量清单时也工作面增加工程量并入土方工程量内）。预算定额项目计量则是按实际开挖量计算，包括放坡及工作面等的开挖量，即包含了为满足施工工艺要求而增加的加工余量（图8-3）。

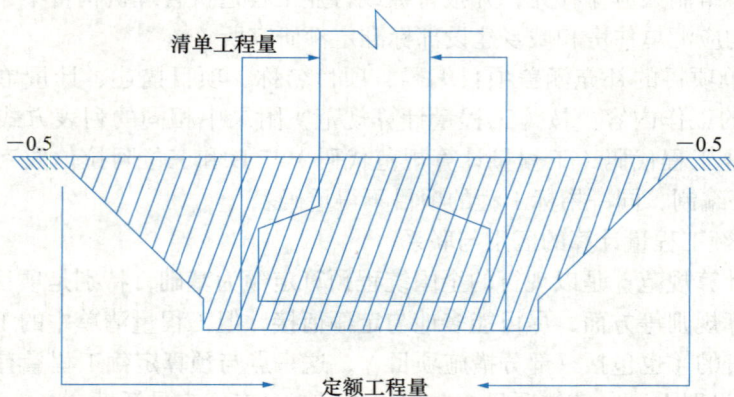

图8-3　挖基础土方清单工程量与定额工程量计算口径比较

5）计量单位的调整

工程量清单项目的计量单位一般采用基本的物理计量单位或自然计量单位，如 m、m^2、m^3、kg、t 等，基础定额中的计量单位一般为扩大的物理计量单位或自然计量单位，如 100m、$100m^2$、$100m^3$ 等。

综上所述，《工程量计算规范》中的工程量计算规则既是预算定额项目工程量计算规

则的发展，又是对预算定额项目工程量计算规则的扬弃。它遵循市场经济规律，注意科学的方法，着眼科学技术的发展，反映了两种不同目标与用途的工程量计算规则的区别。

8.3 建筑工程计价

8.3.1 建筑工程计价概述

1. 建筑工程计价的概念

建筑工程计价就是指计算和确定建筑工程的造价，具体是指工程造价人员在项目实施的各个阶段，根据不同要求，遵循计价原则和程序，采用科学的计价方法，对投资项目最可能实现的合理价格作出科学的计算，从而确定投资项目的工程造价，编制工程造价的经济文件。

8.3
工程造价
计价原理
及两种模式

8.4
招投标阶段

工程造价有两层含义：第一层含义是指建设一项工程预期开支或实际开支的全部固定资产投资费用，包括设备及工、器具购置费，建筑安装工程费，工程建设其他费，预备费，建设期贷款利息和固定资产投资方句调节税；第二层含义是从承发包的角度来定义工程造价是工程承发包价格，对于发包方和承包方来说，就是工程承发包范围以内的建造价格。建设项目总承发包有建设项目工程造价，某单项工程建筑安装任务的承发包有该单项工程的建筑安装工程造价，某工程二次装饰分包有装饰工程造价等。

由于工程造价具有大额性、个别性和差异性、动态性、层次性及兼容性等特点，所以建筑工程计价的内容、方法及表现形式也就各不相同。业主或其委托的咨询单位编制的建设项目的投资估算价、设计概算价、标底价、承包商或分包商提出的报价都是工程计价的不同表现形式。

2. 建筑工程计价的特点

（1）计价的单件性

建筑工程产品的个别差异性决定了每项建设项目都必须单独计算造价。每项建设项目都有其特点、功能与用途，因而导致其结构不同。项目所在地的气象、地质、水文等自然条件，建设的地点、社会经济等都会直接或间接地影响建设项目的计价。因此，每一个建设项目都必须根据其具体情况进行单独计价，任何建设项目的计价都是按照特定空间、一定时间来进行的。即便是完全相同的建设项目，由于建设地点或建设时间不同，仍必须进行单独计价。

（2）计价的多次性

建设项目建设周期长、规模大、造价高，这就要求在工程建设的各个阶段多次计并对其进行监督和控制，以保证工程造价计算的准确性和控制的有效性。计价的多次性特点决定了工程造价不是固定、唯一的，而是随着工程的进行逐步接近实际造价的过程。对于大型建设项目，其计价过程如下：

1）投资估算，指在编制项目建议书、进行可行性研究阶段，根据投资估算指标、类

工程的造价资料、现行的设备材料价格并结合工程的实际情况，对拟建项目的投资需量进行估算。投资估算是可行性研究报告的重要组成部分，是判断项目可行性、进行项目决策、筹资、控制造价的主要依据之一。经批准的投资估算是工程造价的目标限额是编制概预算的基础。

2）设计总概算，指在初步设计阶段，根据初步设计的总体布置，采用概算定额或概算指标等编制项目的总概算。设计总概算是初步设计文件的重要组成部分。经批准设计总概算是确定建设项目总造价、编制固定资产投资计划、签订建设项目承包合同和贷款合同的依据，是控制拟建项目投资的最高限额。概算造价可分为建设项目概算总造价、单项工程概算综合造价和单位工程概算造价三个层次。

3）修正概算，指当采用三阶段设计时，在技术设计阶段随着对初步设计的深化，建设规模、结构性质、设备类型等方面可能要进行必要的修改和变动，因此初步设计概算随之需要做必要的修正和调整。但一般情况下，修正概算造价不能超过概算造价。

4）施工图预算，指在施工图设计阶段，根据施工图纸以及各种计价依据和有关规定编制施工图预算，它是施工图设计文件的重要组成部分。经审查批准的施工图预算是签订建筑安装工程承包合同、办理建筑安装工程价款结算的依据，它比概算造价或修正概算造价更为详尽和准确，但不能超过设计概算造价。

5）合同价，指工程招投标阶段，在签订总承包合同、建筑安装工程施工承包合同、设备材料采购合同时，由发包方和承包方共同协商一致，作为双方结算基础的工程合同价安装工程施工承包合同价格。合同价属于市场价格的性质，它是由发承包双方根据市场行情共同议定和认可的成交价格，但并不等同于最终决算的实际工程造价。

6）结算价，指在合同实施阶段，以合同价为基础，同时考虑实际发生的工程量增减设备材料价差等影响工程造价的因素，按合同规定的调价范围和调价方法对合同价进行必要的修正和调整，确定结算价。结算价是该单项工程的实际造价。

7）竣工决算，指在竣工验收阶段，根据工程建设过程中实际发生的全部费用，由建设单位编制竣工决算，反映工程的实际造价和建成交付使用的资产情况，作为财产交接、考核交付使用财产和登记新增财产价值的依据，它是建设项目的最终实际造价。

以上内容说明，工程的计价过程是一个由粗到细、由浅入深、由粗略到精确，经过多次计价最终达到实际造价的过程。各计价过程之间是相互联系、相互补充、相互制约的关系，前者制约后者，后者补充前者。

（3）计价的组合性

工程造价的计算是逐步组合而成的，一个建设项目总造价由各个单项工程造价组成，一个单项工程造价由各个单位工程造价组成，一个单位工程造价按分部分项工程计算得出，这充分体现了计价组合的特点，可见，工程计价的过程是：分部分项工程造价→单位工程造价→单项工程造价→建设项目总造价。

（4）计价方法的多样性

工程造价在各个阶段具有不同的作用，而且各个阶段对建设项目的研究深度也有很大的差异，因而工程造价的计价方法是多种多样的。在可行性研究阶段，工程造价的计价多采用设备系数法、生产能力指数估算法等。在设计阶段，尤其是施工图设计阶段，设计图纸完整，细部构造及做法均有大样图，工程量已能准确计算，施工方案比较明确，则多采用定额法或实物法计算。

（5）计价依据的复杂性

由于工程造价的构成复杂，影响因素多，且计价方法多种多样，因此计价依据的种类也很多，主要可分为以下七类：

1）设备和工程量的计算依据，包括项目建议书可行性研究报告，设计文件等。

2）计算人工、材料、机械等实物消耗量的依据，包括各种定额。

3）计算工程资源单价的依据，包括人工单价材料单价、机械台班单价等。

4）计算设备单价的依据。

5）计算各种费用的依据。

6）政府规定的税费依据。

7）调整工程造价的依据，如造价文件规定、物价指数、工程造价指数等。

8.3.2　建筑工程计价的类型及其作用

由于建筑产品价格的特殊性，其与一般工业产品价格的计价方法相比，采取了特殊的计价模式，即定额计价模式和工程量清单计价模式。

1. 定额计价模式

建设工程定额计价模式是我国长期以来在工程价格形成中采用的计价模式，是国家通过颁布统一的估价指标、概算定额、预算定额和相应的费用定额对建筑产品价格有计划地进行管理的一种方式。在计价中以定额为依据，按定额规定的分部分项子目逐项计算工程量，套用定额单价（或单位估价表）确定直接费，然后按规定取费标准确定构成工程价格的其他费用和利税（利润和税收的合称），最后汇总即可获得建筑安装工程造价。

建设工程概预算书就是根据不同设计阶段设计图纸和国家规定的定额、指标及各项费用取费标准等资料，预先计算的新建、扩建、改建工程的投资额的技术经济文件。由建设工程概预算书所确定的每一个建设项目、单项工程或单位工程的建设费用实质上就是相应工程的计划价格。

工程造价定额计价模式的基本方法和程序如下。

$$每一计量单位建筑产品的基本构造要素的直接工程费单价$$
$$=工费+材料费+施工机械使用费 \tag{8-19}$$

其中

$$人工费=\sum（人工工日数量 \times 人工日工资标准） \tag{8-20}$$
$$材料费=\sum（材料用量 \times 材料基价）+检验试验费 \tag{8-21}$$
$$施工机械使用费=\sum（机械台班用量 \times 台班单价） \tag{8-22}$$
$$单位工程直接费=\sum（假定建筑产品工程量 \times 直接工程费单价）+措施费 \tag{8-23}$$
$$单位工程概预算造价=单位工程直接费+间接费+利润+税金 \tag{8-24}$$
$$单项工程概算造价=\sum单位工程概预算造价+设备、工器具购置费 \tag{8-25}$$
$$建设项目全部工程概算造价=\sum单项工程概算造价+预备费+有关的其他费用 \tag{8-26}$$

长期以来，我国发承包计价以工程概预算定额为主要依据。因为工程概预算定额是我国几十年计价实践的总结，具有一定的科学性和实践性，所以用这种方法计算和确定工程造价，过程简单、快速、比较准确，也有利于工程造价管理部门的管理。但预算定额是按照计划经济的要求制定，发布、贯彻执行的，定额中人工、材料、机械的消耗量是根据"社会平均水平"综合测定的，费用标准是根据不同地区平均测算的。因此，企业采用这种模式报价时就会表现出平均主义，不能结合项目具体情况、自身技术优势、管理水平和材料采购渠道价格进行自主报价，不能充分调动企业加强管理的积极性，也不能充分体现市场公平竞争的基本原则。

2. 工程量清单计价模式

采用定额计价模式所确定的工程造价是按照我国现行建设行政主管部门发布的工程预算定额消耗量和有关费用及相应价格编制的，反映的是社会平均水平，以此为依据形成的工程造价基本上属于社会平均价格。这种平均价格可作为市场竞争的参考价格，但不能充分反映参与竞争企业的实际消耗和技术管理水平，在一定程度上限制了企业的公平竞争。

而工程量清单计价模式是一种主要由市场定价的计价模式，是由建设产品的买方和卖方在建设市场上根据供求状况、信息状况进行自由竞价，从而最终能够签订工程合同价格的方法。

工程量清单计价模式是在建设工程招投标中按照国家统一的《建设工程工程量清单计价规范》GB 50500—2013（以下简称《计价规范》），招标人或其委托的有资质的咨询机构编制反映工程实体消耗和措施消耗的工程量清单，并作为招标文件的一部分提供给投标人，由投标人依据工程量清单，以及从各种渠道获得的工程造价信息和经验数据，结合企业个别消耗定额自主报价的计价方式。

工程量清单计价模式的基本方法和程序如下：

$$分部分项工程费＝\sum 分部分项工程量 \times 相应分部分项综合单价 \qquad (8-27)$$

$$措施项目费＝\sum 各措施项目费 \qquad (8-28)$$

$$其他项目费＝暂列金额＋暂估价＋计日工＋总承包服务 \qquad (8-29)$$

$$单位工程报价＝分部分项工程费＋措施项目费＋其他项目费＋规费＋税金 \qquad (8-30)$$

$$单项工程报价＝\sum 单位工程报价 \qquad (8-31)$$

$$建设项目总报价＝\sum 单项工程报价 \qquad (8-32)$$

由于工程量清单计价模式需要比较完善的企业定额体系以及较高的市场化环境，短期内难以全面推广。因此，目前我国建设工程造价实行"双轨制"计价管理办法，即定额计价法和工程量清单计价法同时实行，但工程量清单计价是将来我国工程造价计价的发展方向。

3. 影响工程造价的因素

影响工程造价的主要因素有两个，即基本构造要素的单位价格和基本构造要素的实物工程数量，可用下列基本计算式表达：

$$工程造价＝\sum （实物工程量 \times 单位价格） \qquad (8-33)$$

基本子项的单位价格高，工程造价就高；基本子项的实物工程量大，工程造价也就大。在进行工程造价计价时，实物工程量的计量单位是由单位价格的计量单位决定的。如果单位价格计量单位的对象取得较大，得到的工程估算就越粗略，反之，工程估算则较细、较准确。单位子项的实物工程量可以通过工程量计算规则和设计图纸计算而得，它可以直接反映工程项目的规模和内容。

8.4　工程结算与决算

8.4.1　工程结算

1. 工程结算的概念

工程结算，从广义上理解就是工程价款支付的各种计算的总称，主要包括工程预付款（也称备料款）的计算、工程进度价款的结算、竣工后工程价款的结算以及保修金（也称保留金）的扣留计算等工程价款的结清计算。因此，工程结算是工程价款支付的重要经济依据。

根据工程建设的程序及阶段划分，当建设项目通过招标阶段，业主选定承包人，并且双方签订合同生效后，工程就进入了实施阶段。在此阶段，工程价款的支付就是该阶段造价计算与控制的主要内容。也就是说，采取什么方式支付价款、价款如何计算、支付节奏及扣回比例如何控制，这些都是工程结算以合同为依据要解决的主要问题。因此，工程结算是工程项目承包中一项重要的工作。

8.5
施工阶段

8.6
竣工决算
阶段

2. 工程价款的主要结算方式

根据工程规模、性质、进度及工期要求，并通过合同约定，工程结算有多种方式，我国现行的结算方式主要有以下几种：

（1）按月结算

按月结算是旬末或月中预支，月终结算，竣工后清算，每月结算一次的方式。其具体时间通过合同约定。对于跨年度竣工的工程，在年终进行工程盘点，办理年度结算这种结算方式是我国现行建设工程价款结算中较普遍采用的方式。

（2）竣工后一次结算

对于工程项目规模不大、建设期在 12 个月以内、合同价值在 100 万元以下的工程，可以实行预支进度款，竣工后一次结算。双方可以通过协商或合同约定预支的方式、时间及比例，通常情况下是月月预支，这样更有利于工程建设。

（3）分阶段结算

对于工程规模较大、工期较长（跨年度）的单项工程或单位工程，除了按月结算方式以外，也可以根据工程形象进度，划分为不同阶段进行结算，通常是按月预支工程价款，完成阶段形象进度后再结算。分段的划分标准由各部门、自治区、直辖市自行规定。

（4）目标结算

目标结算是通过合同约定，将工程内容分解成不同的控制界面，以业主验收控制界面作为支付工程价款的前提条件。也就是说，将合同中的工程内容分解成不同的验收单元，当承包商完成单元工程内容并经业主（或其委托人）验收后，业主支付构成单元工程内容的工程价款。

目标价款方式中，对控制界面的设定应明确描述，以便于量化和质量控制，同时要适

应项目资金的供应周期和支付频率。通常情况下，一般将建筑安装工程按其分部工程划分为：±0.000以下基础工程、主体工程、装饰装修工程、水及电气安装工程等目标界面。

（5）其他结算方式

承发包双方可以根据工程性质，在合同中约定其他的方式办理结算，但前提是有利于工程质量、进度及造价管理等因素，并且双方同意。

3. 工程价款结算的作用

（1）工程价款结算可办理已完工程的工程价款，确定施工企业的货币收入，补充施工生产过程中的资金消耗。

（2）工程价款结算是统计施工企业完成生产计划和建设单位完成建设任务的依据。

（3）工程价款结算的完成标志着甲、乙双方所承担的合同义务和经济责任的结果。

8.4.2 中间结算

中间结算是指工程进度款的支付，即施工企业在施工过程中，按逐月（或按形象进度）完成的工程数量计算各项费用，向发包人办理工程进度款的支付（即中间结算）以按月结算为例，工程进度款的支付步骤如图。

1. 相关工程量计算

根据《建设工程价款结算暂行办法》的规定，工程量计算的主要规定是：

（1）承包人应当按照合同约定的方法和时间，向发包人提交已完工程量的报告，发包人接到报告后14天内核实已完工程量，并在核实前1天通知承包人，承包人应提供条件并派人参加核实，若承包人收到通知后不参加核实，以发包人核实的工程量作为工程价款支付的依据。若发包人不按约定时间通知承包人，致使承包人未能参加核实，核实结果无效。

（2）发包人收到承包人报告后14天内未核实完工程量，从第15天起，承包人报告中的工程量即视为被确认，作为工程价款支付的依据。双方合同另有约定的，按合同执行。

（3）对承包人超出设计图纸（含设计变更）范围和因承包人原因造成返工的工程量发包人不予计量。

2. 合同收入的组成

中华人民共和国财政部制定的《企业会计准则——建造合同》中对合同收入的组成内容进行了解释。合同收入包括两部分内容：

（1）合同中规定的初始收入，即建造承包商与客户在双方签订的合同中最初商定的合同总金额。它构成了合同收入的基本内容。

（2）因合同变更、索赔、奖励等构成的收入，这部分收入并不构成合同双方在签订合同时已在合同中商定的合同总金额，而是在执行合同过程中由于合同变更、索赔、奖励等原因而形成的追加收入。

3. 工程进度款支付

（1）根据确定的工程量计算结果，承包人向发包人提出支付工程进度款的申请，14天内，发包人应按不低于工程价款的60%、不高于工程价款的90%的比例向承包人支付工程进度款。发包人应按约定时间扣回的预付款，与工程进度款同期结算抵扣。

（2）若发包人超过约定的支付时间不支付工程进度款，承包人应及时向发包人发出要求付款的通知，若发包人收到承包人通知后仍不能按要求付款，可与承包人协商签订延期付款协议，经承包人同意后可延期支付，协议应明确延期支付的时间和从工程量计算结果确认后第 15 天起计算应付款的利息（利率按同期银行贷款利率计）。

（3）发包人不按合同约定支付工程进度款，双方又未达成延期付款协议，导致施工无法进行时，承包人可停止施工，由发包人承担违约责任。

8.4.3　竣工结算

1. 竣工结算的含义

工程竣工结算是指施工企业按照合同规定的内容全部完成所承包的工程，经验收质量合格，并符合合同要求之后，向发包单位进行的最终工程价款结算。工程竣工结算分为单位工程竣工结算、单项工程竣工结算和建设项目竣工总结算。

竣工结算是工程竣工验收后，根据施工过程实际发生的工程变更等情况，对原工程合同价或原施工图预算（按实结算工程）进行调整修正，最终确定工程造价的技术经济文件。由承包人编制、发包人审查，双方最终确定的竣工结算，是承包人与发包人办理工程价款结算的依据，也是业主编制工程总投资额（竣工决算）的基础资料。因此，从这个意义上讲，竣工结算造价应是工程产品业主与承包人两个交易主体最终成交的价格，即工程产品建造的价格，也是工程造价的第二种含义。但它并不是工程项目总的决算投资额，后者是第一种含义的工程造价。因此，结算造价是构成决算的基础，从这里能更好地理解工程价格与投资费用两个概念。

2. 竣工结算的作用

（1）竣工结算是施工单位与建设单位结清工程费用的依据。施工单位有了竣工结算就可向建设单位结清工程价款，以完结建设单位与施工单位之间的合同关系和经济责任。

（2）竣工结算是施工单位考核工程成本，进行经济核算的依据。施工单位统计年竣工建筑面积，计算年完成产值，进行经济核算，考核工程成本时，都必须以竣工结算所提供的数据为依据。

（3）竣工结算是施工单位总结和衡量企业管理水平的依据。通过竣工结算与施工图预算的对比，能发现竣工结算比施工图预算超支或节约的情况，可进一步检查和分析出现这些情况的原因。因此，建设单位、设计单位和施工单位都可以通过竣工结算，总结工作经验和教训，找出不合理设计和施工浪费的原因，逐步提高设计质量和施工管理水平。

（4）竣工结算为建设单位编制竣工决算提供依据。

3. 竣工结算的编制

竣工结算的编制依据、编制方法与工程合同约定的结算方式，以及招投标工程造价制计价的方式都有关。不同性质的合同，不同方式计价的标底与报价，其结算办理方式是不同的。但主要都涉及两个方面，即原合同总价或者合同单价和工程变更及索赔事件等引起的调整费用或单价，但都是以合同为依据，由承包企业编制经业主审查并确认，其具体依据及方法如下：

（1）竣工结算编制的主要依据

1）经业主认可的全套工程竣工图及有关竣工资料等。

2）工程合同及有关补充协议等。

3）计价定额、《计价规范》、材料及设备价格、取费标准及有关计价规定等。

4）施工预算书。

5）设计变更通知单，会签的施工技术核定单，工程有关签证单，隐蔽工程验收记录，材料代用核定单，有关材料设备价格变更文件等工程质保、质检资料。

6）经双方协商统一并办理了签证的应列入工程结算的其他事项。

（2）竣工结算的编制方法

1）对于按工程量清单计价中标的单价合同的工程项目，办理结算时，对新增的清单项目的工程量及综合单价按业主签证同意的量及价进行清单费用调整；当原合同约定的清单项目工程量有增减时，应按实调整。以上两部分调整如果总额在总价包干合同的浮差以内，这种合同一般不作总价调整。关于工程量清单计价的中标工程，由于是单价合同，办理结算时，关键是综合单价确认的有效性，很多风险是在承包人这一方。因此，办理结算时一定要资料完备有效，以合同为依据，以《计价规范》为准则，按时调整并办理竣工结算。

2）对于一般按现行定额单价计价中标的工程，办理结算时，主要是比较原施工图预算的构成内容与实际施工的变化，通常根据各种设计变更资料、现场签证、工程量核定单等相关资料，在原施工图预算的基础上，计算增减，并经业主认可后办理竣工结算。

（3）竣工结算的编制要求

我国《建设工程施工合同（示范文本）》的通用条款中对竣工结算的办理做了如下规定：

1）工程竣工验收报告经发包方认可后28天内，承包方向发包方递交竣工结算报告及完整的结算资料，双方按协议书约定的合同价款及专用条款约定的合同价款调整内容，进行竣工结算。

2）发包方收到承包方递交的竣工结算报告及结算资料后28天内进行核实，给予确认或提出修改意见。发包方确认竣工结算报告后通知经办银行向承包方支付工程竣工结算价款。承包方收到竣工结算价款后14天内将竣工工程交付发包方。

3）发包方收到竣工结算报告及结算资料后28天内无正当理由不支付工程竣工结算价款的，从第29天起按承包方同期向银行贷款利率支付拖欠工程价款的利息，并承担违约责任。

4）发包方收到竣工结算报告及结算资料后28天内不支付工程竣工结算价款的，承包方可以催告发包方支付结算价款，发包方在收到竣工结算报告及结算资料后56天内仍不支付的，承包方可以与发包方协议将工程折价，也可以由承包方申请人民法院将该工程依法拍卖，承包方就工程折价或拍卖的价款优先受偿。

5）工程竣工验收报告经发包方认可后28天内，承包方未能向发包方递交竣工结算及完整结算资料，造成工程竣工结算不能正常进行或工程竣工结算价款不能及时支付，发包方要求交付工程的，承包方应当交付，发包方不要求交付工程的，承包方承担保管责任。

6）发包方和承包方对工程竣工结算价款发生争议时，按约定处理。

在实际工作中，当年开工、当年竣工的工程，只需办理一次性结算；跨年度的工程，在年度办理一次年终结算，将未完工程接转到下一年度，此时竣工结算等于各年度结算的总和。

工程竣工价款结算的金额可用下式表示：

$$竣工结算工程价款＝合同价款＋施工过程中合同价款调整数额$$
$$－预付及已结算工程价款－保修金 \qquad （8-32）$$

8.4.4　竣工决算

1. 竣工决算的概念

竣工决算是以实物数量和货币指标为计量单位，综合反映竣工项目从筹建开始到项目竣工交付使用为止的全部建设费用、建设成果和财务情况的总结性文件，是竣工验收报告的重要组成部分。竣工决算是正确核定新增固定资产价值，考核分析投资效果，建立健全经济责任制的依据，是反映建设项目实际造价和投资效果的文件。

2. 竣工决算的作用

（1）建设项目竣工决算是综合、全面地反映竣工项目建设成果及财务情况的总结性文件。它采用货币指标、实物数量、建设工期和各种技术经济指标综合、全面地反映建设项目自开始建设到竣工为止的全部建设成果和财务状况。

（2）建设项目竣工决算是办理交付使用资产的依据，也是竣工验收报告的重要组成部分。建设单位与使用单位在办理交付资产的验收交接手续时，通过竣工决算反映了交付使用资产的全部价值，包括固定资产的名称、流动资产、无形资产和其他资产的价值同时，它还详细提交了交付使用资产的名称、规格、数量、型号和价值等明细资料，是使用单位确定各项新增资产价值并登记入账的依据。

（3）建设项目竣工决算是分析和检查设计概算的执行情况，考核投资效果的依据。竣工决算反映了竣工项目计划和实际的建设规模、建设工期以及设计和实际的生产能力，反映了概算总投资和实际的建设成本，同时还反映了所达到的主要技术经济指标。通过对这些指标计划数、概算数和实际数进行对比分析，不但可以全面掌握建设项目计划和概算执行情况，而且可以考核建设项目投资效果，为今后制订基建计划，降低建设成本，提高投资效果提供必要的资料。

3. 竣工决算与竣工结算的区别

竣工结算是承包方将所承包的工程按照合同规定全部完工交付之后，向发包单位进行的最终工程价款结算。竣工结算由承包方的预算部门负责编制。竣工决算与竣工结算的区别见表 8-1。

竣工结算与竣工决算的区别　　　　　　　　　　　　　　　　　　　　　　　表 8-1

区别	工程竣工结算	工程竣工决算
编制对象	单位工程或单项工程	建设项目
编制单位	承包方的预算部门	项目业主的财务部门
内容	建设工程项目竣工验收后甲乙双方办理的最后一次结算，反映的是承包方承包施工的建筑安装工程的全部费用。它最终反映了承包方完成的施工产值	建设工程从筹建开始到竣工交付使用为止的全部建设费用，它反映建设工程的投资效益，其内容包括：竣工工程平面示意图、竣工财务决算、工程造价比较分析
性质和作用	1. 承包方与业主办理工程价款最终结算的依据； 2. 双方签订的建筑安装工程承包合同终结的凭证； 3. 业主编制竣工决算的主要材料	1. 业主办理交付、验收、动用新增各类资产的依据； 2. 竣工验收报告的重要组成部分

4. 竣工决算的内容

建设项目竣工决算应包括从筹集到竣工投产全过程的全部实际费用，即包括建筑工程费、安装工程费、设备工器具购置费及预备费和投资方向调节税等费用。按照中华人民共和国财政部、中华人民共和国国家发展和改革委员会和中华人民共和国住房和城乡建设部的有关文件规定，竣工决算是由竣工财务决算说明书、竣工财务决算报表、工程竣工图和工程竣工造价对比分析四部分组成。前两部分又称建设项目竣工财务决算，是工程决算的核心内容。

5. 竣工决算的编制

（1）竣工决算的编制依据

1）经批准的可行性研究报告、投资估算书，初步设计或扩大初步设计，修正总概算及其批复文件。

2）经批准的施工图设计及其施工图预算书。

3）设计交底或图纸会审会议纪要。

4）设计变更记录、施工记录或施工签证单及其他施工发生的费用记录。

5）标底造价、承包合同、工程结算等有关资料。

6）历年基建计划，历年财务决算及批复文件。

7）设备、材料调价文件和调价记录。

8）有关财务核算制度、办法和其他有关资料。

（2）竣工决算的编制要求

为了严格执行建设项目竣工验收制度，正确核定新增固定资产价值，考核分析投资效果，建立健全经济责任制，所有新建、扩建和改建等建设项目竣工后，都应及时、完整正确地编制好竣工决算。建设单位要做好以下工作：

1）按照规定组织竣工验收，保证竣工决算的及时性。所有的建设项目（或单项工程）按照批准的设计文件所规定的内容建成后，具备了投产和使用条件的，都要及时组织验收。对于竣工验收中发现的问题，应及时查明原因，采取措施加以解决，以保证建设项目按时交付使用和及时编制竣工决算。

2）积累、整理竣工项目资料，保证竣工决算的完整性。积累、整理竣工项目资料是编制竣工决算的基础工作，它关系到竣工决算的完整性和质量的好坏。因此，在建设过程中，建设单位必须随时搜集项目建设的各种资料，并在竣工验收前，对各种资料进行系统整理、分类立卷，为编制竣工决算提供完整的数据资料，为投产后加强固定资产管理提供依据。在工程竣工时，建设单位应将各种基础资料与竣工决算一起移交给生产单位或使用单位。

3）清理、核对各项账目，保证竣工决算的正确性。工程竣工后，建设单位要认真核实各项交付使用资产的建设成本；做好各项账务、物资以及债权的清理结余工作，应偿还的及时偿还，该收回的应及时收回，对各种结余的材料、设备、施工机械工具等，要逐项清点核实，妥善保管，按照国家有关规定进行处理，不得任意侵占；对竣工后的结余资金，要按规定上交财政部门或上级主管部门。做完上述工作，在核实各项数字的基础上，再正确编制从年初起到竣工月份止的竣工年度财务决算，以便根据历年的财务决算和竣工年度财务决算进行整理、汇总，编制建设项目决算。

　　按照规定，竣工决算应在竣工项目办理验收交付手续后 1 个月内编制好，并上报主管部门，有关财务成本部分还应送经办行审查签证。主管部门和财政部门对报送的竣工决算审批后，建设单位即可办理决算调整和结束有关工作。

思考及练习题

1. 简述工程造价的基本构成。
2. 简述措施项目的工程量计算规范。
3. 影响工程造价的因素有哪些？
4. 竣工结算和竣工决算的区别是哪些？

答案及解析

教学单元 8

Chapter 09

教学单元 9

BIM 技术应用

知识目标

通过本单元的学习，掌握 BIM 的基础知识、基本理论和基本方法，了解 BIM 技术的应用范围，熟悉在实际工作中使用的相关软件。

能力目标

学习本单元的基本要求是了解 BIM 在建筑施工管理过程中所起的作用，具有分析处理一般问题的基本能力。

特点
价值 — BIM的特点和价值 ——— BIM技术的应用 ——— BIM技术应用范围 — 建设各方 / 建设各阶段

软件分类
软件名称 — BIM软件介绍 ——— BIM在建筑工程施工管理技术上的应用 — 组织 / 进度 / 质量 / 成本

9.1 BIM 技术特点与价值

BIM，建筑信息模型（Building Information Modeling）或建筑信息管理（Building Information Management），其基本原理是通过对建筑工程各项数据信息的收集和整理，构建三维立体化的建筑模型。BIM 技术是一种先进技术，一种有效方法，也是一个科学过程，通过信息收集来提升建筑行业的效率和工程质量，其核心功能体现在建筑工程模型化呈现方面，能够将建筑施工中的各类数据收集起来，经过统一整理分析，构建以数据为依据的电子模型。

9.1.1 BIM 的特点

1. 可视化

可视化即"所见所得"的形式，在建筑行业，可视化的真正运用在建筑业的作用是非常大的，例如经常拿到的施工图纸，只是各个构件的信息在图纸上的线条绘制表达，但是其真正的构造形式就需要建筑业参与人员去自行想象了。对于一般简单的东西来说，这种想象也未尝不可，但是近几年建筑业的建筑形式各异，复杂造型在不断地推出，那么这种光靠人脑去想象的东西就未免有点不太现实了。所以 BIM 提供了可视化的思路，让人们将以往的线条式的构件形成一种三维的立体实物图形展示在人们的面前；建筑业也有设计方面出效果图的事情，但是这种效果图是分包给专业的效果图制作团队进行识读设计制作出的线条式信息制作出来的，并不是通过构件的信息自动生成的，缺少了同构件之间的互动性和反馈性，然而BIM提到的可视化是一种能够同构件之间形成互动性和反馈性的可视，在 BIM 建筑信息模型中，由于整个过程都是可视化的，所以可视化的结果不仅可以用来作为效果图的展示及报表的生成，更重要的是，项目设计、建造、运营过程中的沟通、讨论、决策都在可视化的状态下进行。

2. 协调性

这个方面是建筑业中的重点内容，不管是施工单位还是业主及设计单位，无不在做着协调及互相配合的工作。一旦项目的实施过程中遇到了问题，就要将各有关人士组织起来开协调会，找出施工问题发生的原因及解决办法，然后出变更，做相应补救措施等进行问题的解决。那么这个问题的协调真的就只能出现问题后再进行协调吗？在设计时，往往由于各专业设计师之间的沟通不到位，而出现各种专业之间的碰撞问题，例如暖通等专业中的管道在进行布置时，由于施工图纸是各自绘制在各自的施工图纸上的，真正施工过程中，可能在布置管线时正好在此处有结构设计的梁等构件妨碍着管线的布置，这种就是施工中常遇到的碰撞问题，像这样的碰撞问题的协调解决就只能在问题出现之后再进行吗？BIM的协调性服务就可以帮助处理这种问题，也就是说 BIM 建筑信息模型可在建筑物建造前期对各专业的碰撞问题进行协调，生成协调数据，提供出来。当然 BIM 的协调作用也并不是只能解决各专业间的碰撞问题，它还可以解决例如电梯井布置与其他设计布置及净空要求之协调，防火分区与其他设计布置之协调，地下排水布置与其他设计布置之协调等。

3. 模拟性

模拟性并不是只能模拟设计出的建筑物模型，还可以模拟不能够在真实世界中进行操作的事物。在设计阶段，BIM 可以对设计上需要进行模拟的一些东西进行模拟实验，例如节能模拟、紧急疏散模拟、日照模拟、热能传导模拟等；在招投标和施工阶段可以进行4D 模拟（三维模型加项目的发展时间），也就是根据施工的组织设计模拟实际施工，从而来确定合理的施工方案来指导施工。同时还可以进行 5D 模拟（基于 3D 模型的造价控制），从而来实现成本控制；后期运营阶段可以模拟日常紧急情况的处理方式的模拟，例如地震人员逃生模拟及消防人员疏散模拟等。

4. 优化性

事实上整个设计、施工、运营的过程就是一个不断优化的过程，当然优化和 BIM 也不存在实质性的必然联系，但在 BIM 的基础上可以做更好的优化、更好地做优化。优化受三样东西的制约：信息、复杂程度和时间。没有准确的信息做不出合理的优化结果，BIM 模型提供了建筑物的实际存在的信息，包括几何信息、物理信息、规则信息，还提供了建筑物变化以后的实际存在。复杂程度高到一定程度，参与人员本身的能力无法掌握所有的信息，必须借助一定的科学技术和设备的帮助。现代建筑物的复杂程度大多超过参与人员本身的能力极限，BIM 及与其配套的各种优化工具提供了对复杂项目进行优化的可能。基于 BIM 的优化可以做下面的工作：

（1）项目方案优化：把项目设计和投资回报分析结合起来，设计变化对投资回报的影响可以实时计算出来；这样业主对设计方案的选择就不会主要停留在对形状的评价上，而更多地可以使得业主知道哪种项目设计方案更有利于自身的需求。

（2）特殊项目的设计优化：例如裙楼、幕墙、屋顶、大空间到处可以看到异形设计，这些内容看起来占整个建筑的比例不大，但是占投资和工作量的比例和前者相比却往往要大得多，而且通常也是施工难度比较大以及施工问题比较多的地方，对这些内容的设计施工方案进行优化，可以带来显著的工期和造价改进。

5. 可出图性

BIM 并不是为了出大家日常多见的建筑设计院所出的建筑设计图纸，及一些构件加工的图纸。而是通过对建筑物进行了可视化展示、协调、模拟、优化以后，可以帮助业主出如下图纸：

（1）综合管线图（经过碰撞检查和设计修改，消除了相应错误以后）；

（2）综合结构留洞图（预埋套管图）；

（3）碰撞检查侦错报告和建议改进方案。

由上述内容，我们可以大体了解 BIM 的相关内容。BIM 在世界很多国家已经有比较成熟的标准或者制度。BIM 在中国建筑市场内要顺利发展，必须将 BIM 和国内的建筑市场特色相结合，才能够满足国内建筑市场的特色需求，同时 BIM 将会给国内建筑业带来一次巨大变革。

9.1.2 BIM 的价值

1. 三维渲染，宣传展示

三维渲染动画，给人以真实感和直接的视觉冲击。建好的 BIM 模型可以作为二次渲染开发的模型基础，大大提高了三维渲染效果的精度与效率，给业主更为直观的宣传介绍，提升中标几率。

2. 快速算量，精度提升

BIM 数据库的创建，通过建立 5D 关联数据库，可以准确快速计算工程量，提升施工预算的精度与效率。由于 BIM 数据库的数据粒度达到构件级，可以快速提供支撑项目各条线管理所需的数据信息，有效提升施工管理效率。BIM 技术能自动计算工程实物量，这个属于较传统的算量软件的功能，在国内此项应用案例非常多。

3. 精确计划，减少浪费

施工企业精细化管理很难实现的根本原因在于海量的工程数据，无法快速准确获取以支持资源计划，致使经验主义盛行。而 BIM 的出现可以让相关管理条线快速准确地获得工程基础数据，为施工企业制定精确人才计划提供有效支撑，大大减少了资源、物流和仓储环节的浪费，为实现限额领料、消耗控制提供了技术支撑。

4. 多算对比，有效管控

管理的支撑是数据，项目管理的基础就是工程基础数据的管理，及时、准确地获取相关工程数据就是项目管理的核心竞争力。BIM 数据库可以实现任一时点上工程基础信息的快速获取，通过合同、计划与实际施工的消耗量、分项单价、分项合价等数据的多算对比，可以有效了解项目运营是盈是亏，消耗量有无超标，进货分包单价有无失控等问题，实现对项目成本风险的有效管控。

5. 虚拟施工，有效协同

三维可视化功能再加上时间维度，可以进行虚拟施工。随时随地直观快速地将施工计划与实际进展进行对比，同时进行有效协同，施工方、监理方、甚至非工程行业出身的业主领导都对工程项目的各种问题和情况了如指掌。这样通过 BIM 技术结合施工方案、施工模拟和现场视频监测，大大减少建筑质量问题、安全问题，减少返工和整改现象。

6. 碰撞检查，减少返工

BIM 最直观的特点在于三维可视化，利用 BIM 的三维技术在前期可以进行碰撞检查，优化工程设计，减少在建筑施工阶段可能存在的错误损失和返工的可能性，而且优化净空，优化管线排布方案。最后施工人员可以利用碰撞优化后的三维管线方案，进行施工交底、施工模拟，提高施工质量，同时也提高了与业主沟通的能力。

7. 冲突调用，决策支持

BIM 数据库中的数据具有可计量（computable）的特点，大量工程相关的信息可以为工程提供数据后台的巨大支撑。BIM 中的项目基础数据可以在各管理部门进行协同和共享，工程量信息可以根据时空维度、构件类型等进行汇总、拆分、对比分析等，保证工程基础数据及时、准确地提供，为决策者制订工程造价项目群管理、进度款管理等方面的决策提供依据。

8. 成本核算

BIM 技术在处理实际成本核算中有着巨大的优势。基于 BIM 建立的工程 5D（3D 实体、时间、WBS- 实际人材机成本数据库）关系数据库，可以建立与成本相关数据的时间、空间、工序维度关系，数据粒度处理能力达到了构件级，使实际成本数据高效处理分析有了可能。

9.2　BIM 技术应用范围

工程项目的建设涉及政府、业主、设计方、施工方、运营商等几大类，而每一方包含的工作内容都挺多，例如设计方包含建筑设计、结构设计、机电设计等；施工方包括基础工程、主体结构、装饰装修、机电安装等；同时一个建设项目的完成需要可行性研究、设计、招标投标、施工等各种阶段。而 BIM 技术应用就是要把各方、各阶段全面立体的呈现、管理。以下就建设各方和建设阶段阐述 BIM 的技术应用范围。

9.1
新建工程

9.2
楼层的设置

9.3
钢筋计算
参数的设置

9.2.1　建设项目涉及各方的 BIM 技术应用

1. BIM 模型维护

BIM 模型维护，实质是使用 BIM 平台汇总各项目团队所有的建筑工程信息，消除项目中的信息孤岛，并且将得到的信息结合三维模型进行整理和储存，以备项目全过程中项目各相关利益方随时共享。

由于 BIM 的用途决定了 BIM 模型细节的精度，同时仅靠一个 BIM 工具并不能完成所有的工作，所以目前业内主要采用"分布式"BIM 模型的方法，建立符合工程项目现有条件和使用用途的 BIM 模型。这些模型根据需要可能包括：设计模型、施工模型、进度模型、成本模型、制造模型、操作模型等。

BIM "分布式" 模型还体现在 BIM 模型往往由相关的设计单位、施工单位或者运营单位根据各自工作范围单独建立，最后通过统一的标准合成。这将增加对 BIM 建模标准、

版本管理、数据安全的管理难度，所以有时候业主也会委托独立的 BIM 服务商统一规划、维护和管理整个工程项目的 BIM 应用，以确保 BIM 模型信息的准确、时效和安全。

2. 协同设计（图 9-1）

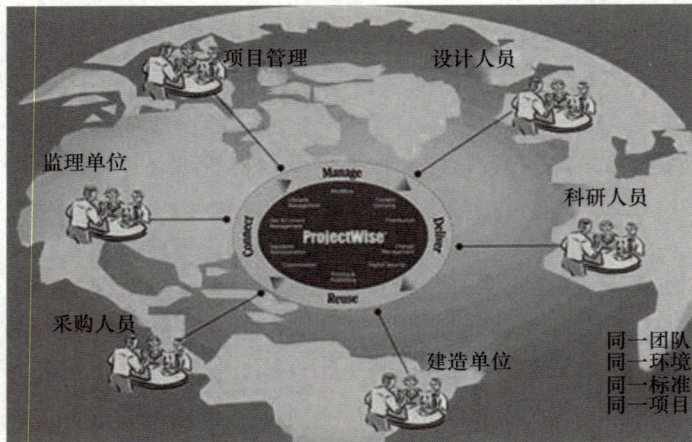

图 9-1 协同设计

协同设计是一种新兴的建筑设计方式，它可以使分布在不同地理位置的不同专业的设计人员通过网络的协同展开设计工作。协同设计是在建筑业环境发生深刻变化、建筑的传统设计方式必须得到改变的背景下出现的，也是数字化建筑设计技术与快速发展的网络技术相结合的产物。

现有的协同设计主要是基于 CAD 平台，并不能充分实现专业间的信息交流，这是因为 CAD 的通用文件格式仅仅是对图形的描述，无法加载附加信息，导致专业间的数据不具有关联性。BIM 的出现使协同已经不再是简单的文件参照，而是为协同设计提供底层支撑，大幅提升协同设计的技术含量。借助 BIM 的技术优势，协同的范畴也从单纯的设计阶段扩展到建筑全生命周期，需要规划、设计、施工、运营等各方的集体参与，因此具备了更广泛的意义，从而带来综合效益的大幅提升。

3. 管线综合

随着建筑物规模和使用功能复杂程度的增加，无论设计企业还是施工企业甚至是业主对机电管线综合的要求愈加强烈。在 CAD 时代，设计企业主要由建筑或者机电专业牵头，将所有图纸打印成硫酸图，然后各专业将图纸叠在一起进行管线综合，由于二维图纸的信息缺失以及缺失直观的交流平台，导致管线综合成为建筑施工前让业主最不放心的技术环节。

利用 BIM 技术，通过搭建各专业的 BIM 模型，设计师能够在虚拟的三维环境下方便地发现设计中的碰撞冲突，从而大大提高了管线综合的设计能力和工作效率。这不仅能及时排除项目施工环节中可以遇到的碰撞冲突，显著减少由此产生的变更申请单，更大大提高了施工现场的生产效率，降低了由于施工协调造成的成本增长和工期延误。

4. 数字化建造（图 9-2）

制造行业目前的生产效率极高，其中部分原因是利用数字化数据模型实现了制造方法的自动化。同样，BIM 结合数字化制造也能够提高建筑行业的生产效率。

图 9-2　数字化建造

通过 BIM 模型与数字化建造系统的结合，建筑行业也可以采用类似的方法来实现建筑施工流程的自动化。建筑中的许多构件可以异地加工，然后运到建筑施工现场，装配到建筑中（例如门窗、预制混凝土结构和钢结构等构件）。

通过数字化建造，可以自动完成建筑物构件的预制，这些通过工厂精密机械技术制造出来的构件不仅降低了建造误差，并且大幅度提高构件制造的生产率，使得整个建筑建造的工期缩短并且容易掌控。

BIM 模型直接用于制造环节还可以在制造商与设计人员之间形成一种自然的反馈循环，即在建筑设计流程中提前考虑尽可能多地实现数字化建造。同样与参与竞标的制造商共享构件模型也有助于缩短招标周期，便于制造商根据设计要求的构件用量编制更为统一的投标文件。同时标准化构件之间的协调也有助于减少现场发生的问题，降低不断上升的建造、安装成本。

5. 物料跟踪

随着建筑行业标准化、工厂化、数字化水平的提升，以及建筑使用设备复杂性的提高，越来越多的建筑及设备构件通过工厂加工并运送到施工现场进行高效的组装。而这些建筑构件及设备是否能够及时运到现场，是否满足设计要求，质量是否合格将成为整个建筑施工建造过程中影响施工计划关键路径的重要环节。

在 BIM 出现以前，建筑行业往往借助较为成熟的物流行业的管理经验及技术方案（例如 RFID 无线射频识别电子标签）。通过 RFID 可以把建筑物内各个设备构件贴上标签，以实现对这些物体的跟踪管理，但 RFID 本身无法进一步获取物体更详细的信息（例如生产日期、生产厂家、构件尺寸等），而 BIM 模型恰好详细记录了建筑物及构件和设备的所有信息。

此外 BIM 模型作为一个建筑物的多维度数据库，并不擅长记录各种构件的状态信息，而基于 RFID 技术的物流管理信息系统对物体的过程信息都有非常好的数据库记录和管理功能，这样 BIM 与 RFID 正好互补，从而可以解决建筑行业对日益增长的物料跟踪带来的管理压力。

9.2.2 建设项目各阶段的 BIM 技术应用

1. 场地分析（图 9-3）

图 9-3 场地分析

场地分析是研究影响建筑物定位的主要因素，是确定建筑物的空间方位和外观、建立建筑物与周围景观的联系的过程。在规划阶段，场地的地貌、植被、气候条件都是影响设计决策的重要因素，往往需要通过场地分析来对景观规划、环境现状、施工配套及建成后交通流量等各种影响因素进行评价及分析。

传统的场地分析存在诸如定量分析不足、主观因素过重、无法处理大量数据信息等弊端，通过 BIM 结合地理信息系统（Geographi Information System，简称 GIS），对场地及拟建的建筑物空间数据进行建模，通过 BIM 及 GIS 软件的强大功能，迅速得出令人信服的分析结果，帮助项目在规划阶段评估场地的使用条件和特点，从而做出新建项目最理想的场地规划、交通流线组织关系、建筑布局等关键决策。

2. 建筑策划

建筑策划是在总体规划目标确定后，根据定量分析得出设计依据的过程。相对于根据经验确定设计内容及依据（设计任务书）的传统方法，建筑策划利用对建设目标所处社会环境及相关因素的逻辑数理分析，研究项目任务书对设计的合理导向，制定和论证建筑设计依据，科学地确定设计的内容，并寻找达到这一目标的科学方法。在这一过程中，除了需要运用建筑学的原理，借鉴过去的经验和遵守规范，更重要的是要以实态调查为基础，用计算机等现代化手段对目标进行研究。

3. 方案论证

在方案论证阶段，项目投资方可以使用 BIM 来评估设计方案的布局、视野、照明、安全、人体工程学、声学、纹理、色彩及规范的遵守情况。BIM 甚至可以做到建筑局部的细节推敲，迅速分析设计和施工中可能需要应对的问题。方案论证阶段还可以借助 BIM 提供方便的、低成本的不同解决方案供项目投资方进行选择，通过数据对比和模拟分析，找出不同解决方案的优缺点，帮助项目投资方迅速评估建筑投资方案的成本和时间。

对设计师来说，通过 BIM 来评估所设计的空间，可以获得较高的互动效应，以便从使用者和业主处获得积极的反馈。设计的实时修改往往基于最终用户的反馈，在 BIM 平台下，项目各方关注的焦点问题比较容易得到直观的展现并迅速达成共识，相应的需要决策的时间也会比以往减少。

4. 可视化设计（图 9-4）

图 9-4　可视化设计

3Dmax、Sketchup 这些三维可视化设计软件的出现有力地弥补了业主及最终用户因缺乏对传统建筑图纸的理解能力而造成的和设计师之间的交流鸿沟，但由于这些软件设计理念和功能上的局限，使得这样的三维可视化展现不论用于前期方案推敲还是用于阶段性的效果图展现，与真正的设计方案之间都存在相当大的差距。

对于设计师而言，除了用于前期推敲和阶段展现，大量的设计工作还是要基于传统 CAD 平台，使用平、立、剖等三视图的方式表达和展现自己的设计成果。这种由于工具原因造成的信息割裂，在遇到项目复杂、工期紧的情况下，非常容易出错。

BIM 的出现使得设计师不仅拥有了三维可视化的设计工具，所见即所得，更重要的是通过工具的提升，使设计师能使用三维的思考方式来完成建筑设计，同时也使业主及最终用户真正摆脱了技术壁垒的限制，随时知道自己的投资能获得什么。

5. 性能化分析

利用 BIM 技术，建筑师在设计过程中创建的虚拟建筑模型已经包含了大量的设计信息（几何信息、材料性能、构件属性等），只要将模型导入相关的性能化分析软件，就可以得到相应的分析结果，原本需要专业人士花费大量时间输入大量专业数据的过程，如今可以自动完成，这大大降低了性能化分析的周期，提高了设计质量，同时也使设计公司能够为业主提供更专业的技能和服务。

6. 工程量统计

BIM 是一个富含工程信息的数据库，能真实地提供造价管理需要的工程量信息，借助这些信息，计算机可以快速对各种构件进行统计分析，大大减少了繁琐的人工操作和潜在错误，非常容易实现工程量信息与设计方案的完全一致。通过 BIM 获得的准确的工程量统计可以用于前期设计过程中的成本估算、在业主预算范围内不同设计方案的探索或者不同设计方案建造成本的比较，以及施工开始前的工程量预算和施工完成后的工程量决算。

7. 施工进度模拟

施工模拟技术可以在项目建造过程中合理制定施工计划、4D 精确掌握施工进度，优化使用施工资源以及科学地进行场地布置，对整个工程的施工进度、资源和质量进行统一管理和控制，以缩短工期、降低成本、提高质量。此外借助 4D 模型，施工企业在工程项目投标中将获得竞标优势，BIM 可以协助评标专家从 4D 模型中很快了解投标单位对投标项目主要施工的控制方法、施工安排是否均衡、总体计划是否基本合理等，从而对投标单位的施工经验和实力作出有效评估。

8. 施工组织模拟

施工组织是对施工活动实行科学管理的重要手段，它决定了各阶段的施工准备工作内容，协调了施工过程中各施工单位、各施工工种、各项资源之间的相互关系。施工组织设计是用来指导施工项目全过程各项活动的技术、经济和组织的综合性解决方案，是施工技术与施工项目管理有机结合的产物。通过 BIM 可以对项目的重点或难点部分进行可建性模拟，按月、日、时进行施工安装方案的分析优化。

借助 BIM 对施工组织的模拟，项目管理方能够非常直观地了解整个施工安装环节的时间节点和安装工序，并清晰把握在安装过程中的难点和要点，施工方也可以进一步对原有安装方案进行优化和改善，以提高施工效率和施工方案的安全性。

9.3 BIM 相关软件简介

目前常用BIM软件数量已有几十个，甚至上百之多，根据分功能不同，分类如图9-5所示。

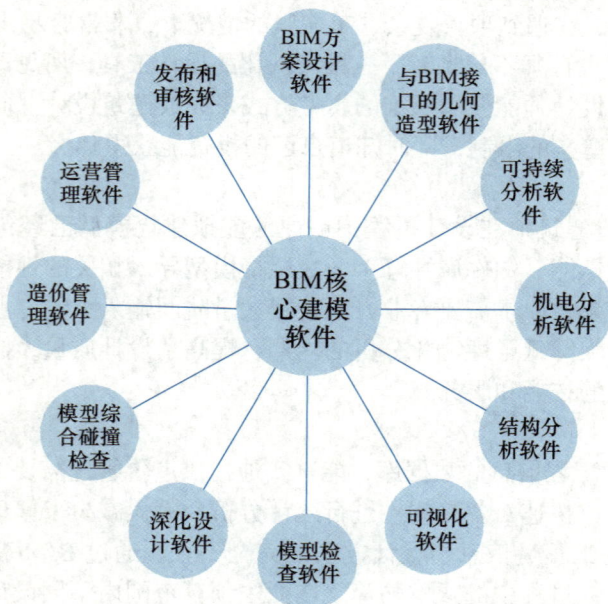

图 9-5　BIM 软件分类

9.3.1 建模软件

选择 BIM 软件平台，首先要选择 BIM 核心建模软件，不司的核心建模软件互通的几何造型、模型碰撞、机电分析等辅助软件也不相同。可以说 BIM 核心建模软件的选择是走上 BIM 道路的第一个分岔口。大部分 BIM 核心建模软件都有相配套的辅助软件或插件。下面详细介绍 REVIT、NAVISWORKS、ArchiCAD、LUMION 系列软件。

1. REVIT

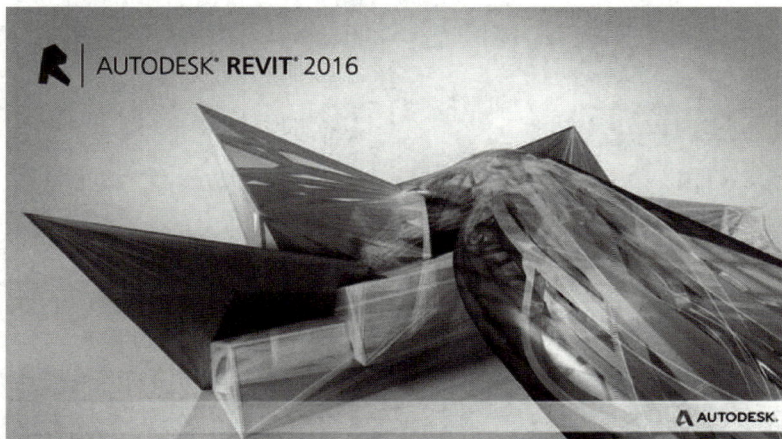

图 9-6 Revit 界面

Revit 是美国 Autodesk 公司一套系列软件的名称。Revit 从 2013 版本结合了 Autodesk Revit Architecture、Autodesk Revit MEP 和 Autodesk Revit Structure 软件的功能。Revit 独有的族库功能把大量 Revit 族按照特性、参数等属性分类归档而成的数据库，相关行业企业或组织随着项目的开展和深入，都会积累到一套自己独有的族库，在以后的工作中，可直接调用族库数据，并根据实际情况修改参数，便可提高工作效率。Revit 族库可以说是一种无形的知识生产力。族库的质量，是相关行业企业或组织的核心竞争力的一种体现。在目前国内建筑市场核心建模软件中 Revit 的市场占有率最高。

另一方面 Revit 由 Autodesk 开发，与旗下的 Auto CAD 相独立，与结构分析软件 ROBOT、RISA 通用，支持格式多，如 Sketchup 等导出的 DXF 文件格式可直接转化为 BIM 模型。Revit 成熟的应用程序编程接口 API（Application programming interface）供二次开发者使用，调用程序内的数据操作读写，极大提高了与其他软件的交互能力。Revit 依赖着良好的 Auto CAD 兼容性，在与 Bentley、Tekla 等公司竞争中占得了先机。Autodesk 公司对中国本土化市场也非常重视，与中国建筑设计研究院建立了长期战略合作伙伴关系，对于 Revit 中国本土化解决方案和标准出台创建了有利条件。

2. NAVISWORKS（图 9-7）

NAVISWORKS 软件是由英国 NAVISWORKS 公司研发并出品，2007 年该公司由美国 Autodesk 公司收购。NAVISWORKS 是一款 3D/4D 协助设计检视软件，针对建筑、工厂和航运业中的项目生命周期，能提高质量，提高生产力。使用 NAVISWORKS 软件，能提高您的工作效率、减少在工程设计中出现的问题，是项目工程流线型发展的稳固平台。支持市场上主流 CAD 制图软件所有的数据格式，拥有可升级的，灵活的和可设计编程的用户界面。

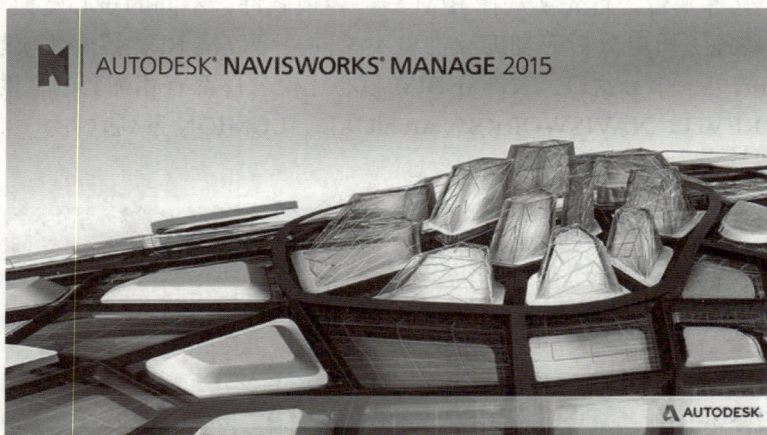

图 9-7　NavisWorks 界面

3. ARCHICAD（图 9-8）

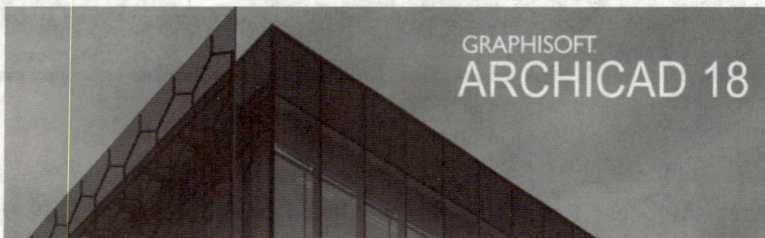

图 9-8　ArchiCAD 界面

ARCHICAD 是 GRAPHISOFT 公司于 1982 年开始开发的专门用于建筑 设计的三维 CAD 软件。自成立之初到现在之间的近 30 年中，GRAPHISOFT 公司一直致力于"建筑信息模型"（BUILDING INFORMATION MOLDELING）的开发，至今全球已有 200 多万个设计项目和 40 万的用户使用，在中国，近年来也有一些建筑师使用 ARCHICAD 进行他们的设计。

ARCHICAD 提供了一个简化的工作流程解决方案，保持设计师在创意设计流程中尽可能减少干扰。了使建筑师能在三维虚拟建筑模型中全面评估其建筑设计而专业打造的一套虚拟模型解决方案。通过全球十几万用户，一百多万个实际项目的检验，ARCHICAD 被证明是建筑师在设计和建造伟大建筑时完全可以信赖的工具。

4. LUMION（图 9-9）

LUMION 是一个实时的 3D 可视化工具，用来制作电影和静帧作品，涉及的领域包括建筑、规划和设计。它也可以传递现场演示。LUMION 的强大就在于它能够提供优秀的图像，并将快速和高效工作流程结合在了一起。

图 9-9　LUMION 界面

9.3.2　虚拟漫游软件：Navisworks 和 Fuzor

1. Navisworks 主要包含三大功能，漫游、碰撞检查、施工模拟。优点是操作简单，功能较全面。最新的版本可以和模型进行实时交互操作。

2. Fuzor 是一款国产漫游软件，优点是漫游效果较好，画面感强，可以在漫游时和 Revit 进行实时交互操作，对漫游中发现的问题能直接反馈到 Revit 模型中进行修改。并且 Fuzor 还支持 VR 演示，可连接 VR 设备，在对外宣传和展示时有一定优势和更好的体验。

9.3.3　渲染动画软件：Navisworks、Fuzor 和 Lumion、3Dmax 等

1. Navisworks 的渲染动画功能主要是指施工模拟，即具体施工方案的演示和施工工艺步骤展示。

2. Fuzor 和 Lumion 主要用于模型漫游展示动画的制作，即模型本身不会运动，主要展示建筑的内部效果以及整体外观。Lumion 比 Fuzor 效果更好，相对的资源消耗更多。

3. 3Dmax 主流的工艺及施工模拟展示动画制作软件，主要用于高品质的施工模拟动画制作，在对外宣传上用得较多，比 Navisworks 画面效果强，与 Lumion 分管漫游和模拟动画。

9.3.4　预算算量类的软件：广联达等。

Revit 可以完成模型中大部分构件的工程量出具，但是对于钢筋这类构件较多、数据量较大的工程量存在一定的困难，一般的解决办法就是使用广联达或者鲁班进行钢筋算量。

9.3.5　施工管理类的软件：广联达的 BIM5D 等

以上介绍的软件基本都是单个点的运用，要想将模型和现场施工相结合就必须使用到 BIM 协同软件。

BIM 协同软件的主要功能包括：多终端操作、模型查看、相关工程资料和模型的挂接、工程量的提取，工期、物料、人工的阶段安排、安全质量问题的位置查看及处理追踪等。功能比较全面，但是现阶段各平台都不算太完善。

9.4 BIM 建筑工程施工管理技术

9.4
分割图纸

9.5
新建或者
识别轴网

9.6
识别校核
柱表

建筑工程本身投资规模巨大，施工周期长，参与部门众多，在整个施工过程中会受到许多因素的影响，如地质水文、气候环境、施工工艺、技术措施和管理方法等，想要切实保证工程的施工质量，需要对上述影响因素进行全面管控。BIM 技术的出现，为建筑工程施工管理提供了全新的理念和方法，能够推动建筑领域生产管理方式的变革，应该得到足够的重视。

BIM 技术在建筑工程施工管理中的应用如下：

1. 施工设计管理

传统建筑工程施工管理中，对于设计阶段的管理往往没有能够真正重视起来，即便开展了深化设计工作，也仅仅是将不同专业的平面图进行简单叠加，依照一定原则，确定不同系统管线的相对位置和标高，然后绘制关键部位剖面图，并没有能够从根本上对不同专业之间的设计碰撞问题进行解决。而 BIM 技术的应用，使得原本的二维设计被三维设计所取代，所有的专业都能够被放在同一个建筑模型中，依照真实尺寸建模的方式解决了二维图纸在表达方面的局限性，配合碰撞检查功能，还可以对各个专业的模型进行整合，自动查找模型碰撞点，给出相应的碰撞检查报告，然后反馈给设计人员进行调整，能够显著提升施工设计管理的效率。

2. 施工组织管理

1）总体布局管理

新时期，建筑行业在城市化进程不断加快的带动下取得了非常显著的成果，对于工程施工的组织协调也提出了许多新的要求。BIM 技术的应用，能够为施工现场总体布局管理提供一个良好的平台，在完成建筑模型及施工现场模型的构建后，可以创建资源模型，对施工现场布局进行模拟，利用颜色来区分施工区域，从而为施工组织设计和场地布置提供可视化方案。另外，也可以将工程周边及现场环境的实际情况，通过数据信息的形式输入到模型中，构建三维现场场地平面布置，依照施工进度计划，对现场在不同阶段的具体情况进行直观模拟，保证现场总体布局的合理性。

2）方案工艺管理

正式施工前，可以利用 BIM 技术实现对施工工艺的模拟展示，确保施工人员能够充分掌握新技术和新工艺，了解复杂节点和关键部位的特殊要求，减少人为主管因素引发的错误理解，提升各部门沟通的效率。

3. 施工进度管理

建筑工程施工周期长，在施工过程中存在诸多影响因素，可能会导致进度延误。不仅如此，如果设计人员制定的施工进度与实际施工存在差异，则伴随着施工的持续，差异会逐渐累积，引发设计变更问题，从而对施工进度和施工质量产生负面影响。运用 BIM 技术，可以构建工程 3D 模型，依照工程图纸和招标文件，能够保证模型构件信息的完整性和准确性，通过 CAD 图纸的相互关联，为进度管理提供参考依据。另外，运用 3D 模型，可以对施工面进行准确定义，从而帮助施工管理人员更加准确地把握作业面的动态变化，确保任务分配合理、计划调整及时，在保证质量和安全的前提下，有效缩短工期。

4. 施工质量管理

施工质量影响因素众多，运用 BIM 技术，项目经理和生产管理人员能够更加及时、更加高效地控制施工质量影响因素。管理人员可以运用移动设备端，进行模型浏览和信息输入，也可以对相应的技术标准和施工方案进行查询，配合分布式云平台，能够对模型进行修改，这样每个用户在打开移动端后，都能够接收到模型更新的提示，从而促进管理效率的提高质量检验人员在现场检查中，如果发现质量问题，可以利用移动设备进行现场取证，然后通过与相关模型的关联，将整改通知下发到对应的分包单位，从而提高现场质量管理的效率。

5. 施工成本管理

施工阶段涉及因素众多，成本控制难度大，需要做好重点管理。施工成本不仅包含了材料费用和设备使用费，还包含了工人的工资支出和施工管理引发的各种费用，BIM 技术的应用，能够实现对施工成本的准确预测、分析和控制。具体来讲，可以依照施工区域，构建人材机成本管理数据库，实现对材料、设备和人工成本清单的提取，为项目商务部门的工程量提取和成本分析提供可靠支撑，也可以提高工程量认定及过程结算的效率。

总而言之，建筑行业飞速发展背景下，BIM 技术是一种必然化趋势，能够实现工程管理的信息化和协同化，通过信息模型，实现从建筑工程设计到运维的全生命周期管理。将 BIM 技术应用到建筑工程施工管理中，能够对建筑工程项目管理模式进行更新，在统一平台上完成各方数据共享与平行对接，提升管理的效率和效果，对于实现建筑工程施工管理的信息化和精细化有着积极意义。

思考及练习题

1. 什么是 BIM，BIM 的特点及价值是什么？
2. BIM 技术的应用范围有哪些？
3. BIM 软件有哪些？
4. BIM 技术在建筑工程施工管理中的应用有哪些？

答案及解析

教学单元 9

参考文献

［1］魏华，王海军主编；徐金花，马艳峰，孙秀丽，赵云副主编；邓爽，汪华莉，周艳参编.房屋建筑学　第2版.西安：西安交通大学出版社，2015.07

［2］裴刚，李元奎编著.建筑概论.广州：华南理工大学出版社，2015.01

［3］宿晓萍，隋艳娥主编.赵万里，常虹副主编.房屋建筑学.北京：中国电力出版社，2016.01

［4］刘宙，张齐欣.建筑材料与检测。武汉：中国地质大学出版社，2014.

［5］齐杰，罗伟兵，王美芬.建筑材料与检测，南京：南京大学出版社，2014.

［6］钱大行.建筑施工技术［M］.大连：大连理工大学出版社，2009.

［7］中国建筑标准设计研究院.16G101-1.混凝土结构施工图平面整体表示方法制图规则和构造详图［S］.北京：中国计划出版社，2016.

［8］崔丽萍.建筑装饰与装修构造［M］.北京：清华大学出版社，2011.

［9］苏德利，徐秀香.地基与基础（第二版）［M］.大连：大连理工大学出版社，2014.

［10］李社生，刘宗波.建筑工程测量（第二版）［M］.大连：大连理工大学出版社，2015.